CMP BOOKS
机工IT

"芯"科技前沿技术丛书

U0166207

TVM编译器
原理与实践

吴建明　吴一昊◎编著

机械工业出版社
CHINA MACHINE PRESS

TVM（Tensor Virtual Machine，张量虚拟机）是一种开源的模型编译框架，旨在将机器学习模型自动编译成可供下层硬件执行的机器语言，从而利用多种类型的算力。其工作原理是，先将深度学习模型进行优化推理、内存管理与线程调度，再借用 LLVM 框架将模型部署在 CPU、GPU、FPGA、ARM 等硬件设备上。

本书全面解析 TVM 的主要功能，帮助读者理解 TVM 工作原理，以及使用 TVM 对深度学习与机器学习进行优化与部署。

本书结合作者多年的工作与学习经验，力求将 TVM 基础理论与案例实践融合在一起进行详细讲解。全书共 9 章，包括 TVM 基本知识，使用 TVM 开发，算子融合与图优化，TVM 量化技术，TVM 优化调度，Relay IR，代码生成，后端部署与 OpenCL（Open Computing Language，开放运算语言），自动调度、自动搜索与成本模型。各章除了包含重要的知识点和实践技能外，还配备了精心挑选的典型案例。

本书适合从事 AI 算法、软件、编译器开发以及硬件开发等专业的工程技术人员、科研工作人员、技术管理人员阅读，也可以作为编译器相关专业高校师生的参考用书。

图书在版编目（CIP）数据

TVM 编译器原理与实践 / 吴建明，吴一昊编著 .—北京：机械工业出版社，2024.1（2024.7 重印）

（"芯"科技前沿技术丛书）

ISBN 978-7-111-73912-8

Ⅰ.①T…　Ⅱ.①吴…②吴…　Ⅲ.①编译程序　Ⅳ.①TP314

中国国家版本馆 CIP 数据核字（2023）第 178354 号

机械工业出版社（北京市百万庄大街 22 号　邮政编码 100037）
策划编辑：李晓波　　　　　责任编辑：李晓波
责任校对：肖　琳　李　婷　责任印制：郜　敏
中煤（北京）印务有限公司印刷
2024 年 7 月第 1 版第 2 次印刷
184mm×240mm · 20 印张 · 497 千字
标准书号：ISBN 978-7-111-73912-8
定价：119.00 元

电话服务　　　　　　　网络服务
客服电话：010-88361066　机　工　官　网：www.cmpbook.com
　　　　　010-88379833　机　工　官　博：weibo.com/cmp1952
　　　　　010-68326294　金　书　网：www.golden-book.com
封底无防伪标均为盗版　机工教育服务网：www.cmpedu.com

前　言
PREFACE

人工智能（Artificial Intelligence，AI）已经在全世界信息产业中获得广泛应用。深度学习模型推动了 AI 技术革命，如 TensorFlow、PyTorch、MXNet、Caffe 等。大多数现有的系统框架只针对小范围的服务器级 GPU 进行过优化，因此需要做很多的优化努力，以便在汽车、手机端、物联网设备及专用加速器（FPGA、ASIC）等其他平台上部署。随着深度学习模型和硬件后端数量的增加，TVM 构建了一种基于中间表示（IR）的统一解决方案。TVM 不仅能自动优化深度学习模型，还提供了跨平台的高效开源部署框架。

有了 TVM 的帮助，只需要很少的定制工作，就可以轻松地在手机、嵌入式设备甚至浏览器上运行深度学习模型。TVM 还为多种硬件平台上的深度学习计算提供了统一的优化框架，包括一些有自主研发计算原语的专用加速器。TVM 是一个深度学习编译器，所有人都能随时随地使用开源框架学习研发。围绕 TVM 形成了多元化社区，社区成员包括硬件供应商、编译器工程师和机器学习研究人员等，共同构建了一个统一的可编程软件堆栈，丰富了整个机器学习技术生态系统。

TVM 是一个新型的 AI 编译器，广泛应用于各种产品研发中，在企业与学术研究中有很大的影响。但是，目前市面上有关 TVM 的书还很少，本书试图弥补这个空缺。全书的特点总结如下：

第一，从 TVM 的概念入手，分析了 TVM 的基本原理和关键支撑技术。

第二，从 TVM 的环境搭建到案例实践逐步展开，分析如何使用 TVM 进行实战开发。

第三，介绍了 TVM 的重要关键技术，如算子与图融合、量化技术、Relay IR（中间表示）、优化调度、编译部署等，分析了这些模块的理论与案例实践。

第四，TVM 对后端相关的技术进行了分析与实践，包括代码生成、自动调度、自动搜索与成本模型等。

本书的写作过程中，得到了家人的全力支持，在此，对他们表示深深的感谢。也感谢机械工业出版社的编辑们，因为有他们的辛勤劳作和付出，本书才得以顺利出版。由于编者技术能力有限，书中难免存在纰漏，还望广大读者不吝赐教。

编　者

第 7 章　CHAPTER.7

代码生成　/　198

第8章 CHAPTER.8 后端部署与 OpenCL / 249

第 9 章　自动调度、自动搜索与成本模型　/　287
CHAPTER.9

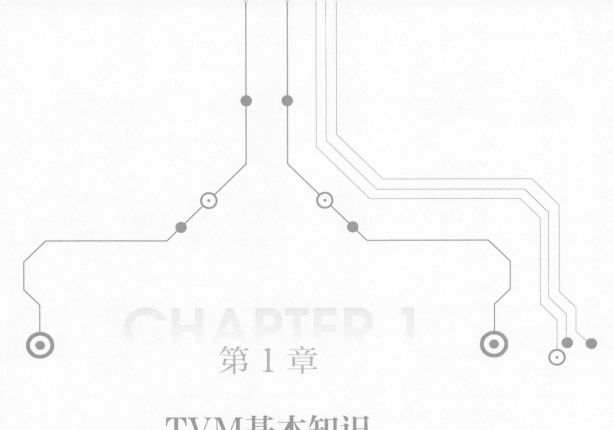

第 1 章

TVM基本知识

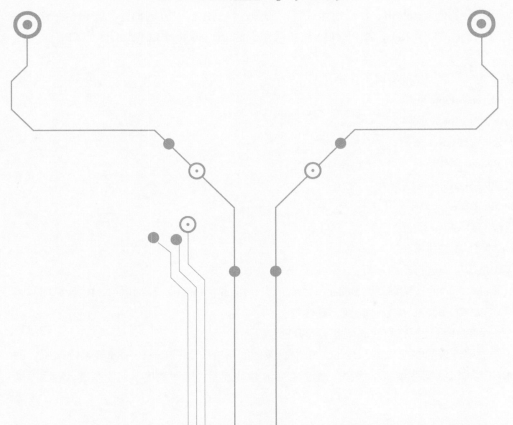

1.1 TVM 基本原理

▶▶ 1.1.1 TVM 概述

TVM（Tensor Virtual Machine，张量虚拟机）是一个开源的、端到端的机器学习编译器框架，旨在将机器学习算法自动编译成可供下层硬件执行的机器语言，从而利用多种类型的算力。也就是将深度学习模型进行高效推理、内存管理与线程调度优化后，再通过 LLVM 部署在 CPU、GPU、FPGA、ARM 等硬件设备上。

1. TVM 的整体架构

TVM 是将深度学习模型编译为针对目标硬件的可执行模块。TVM 堆栈是一个端到端的编译堆栈，用于将深度学习工作负载部署到各种硬件设备上。TVM 可以表述为一种把深度学习模型分发到各种硬件设备上的、端到端的解决方案。也可以使用 TVM 工程中的 LLVM 后端代码生成器，直接将深度学习框架编译为在目标设备上运行的裸机代码。

编译器支持直接接收 AI 深度学习框架的模型，如 TensorFlow、PyTorch、Caffe、MxNet 等，同时也支持一些模型的中间格式，如 ONNX、CoreML（全称 Core Machine Learning，机器学习核心）等。TVM Relay 直接将这些模型编译成 Graph IR（Intermediate Representation，中间表示），同时优化这些 Graph IR，再输出优化后的 Graph IR，然后编译成特定后端，最后生成可以识别的机器码，完成模型推理部署。如在 CPU 上，TVM Relay 会输出 LLVM 可以识别的 IR，再通过 LLVM 编译为 CPU 上可执行的机器码。

现有的 AI 深度学习框架主要有以下几种：

1）Google 的 TensorFlow 框架。

2）FaceBook 的 PyTorch 框架。

3）亚马逊公司的 MxNet 框架。

4）百度的 Paddle 框架。

5）旷视科技的 MegEngine 框架。

6）华为的 Mindspore 计算平台。

7）一流科技的 OneFlow 框架。

图 1.1 所示为 TVM 整体框架。

下面对 TVM 整体框架进行简单解析：

1）输入（load）不同的框架模型（Model）文件，使用 Relay 将 Model 文件转换成 IR 计算图，随后进行优化计算，如算子融合、剪枝、转换、量化等。

2）TVM 优化调度张量运算，将代码调度与计算进行分离。

3）生成不同后端设备的相应代码，用 LLVM 生成包括如 ARM、JavaScript、x86 等系统代码，或用 OpenCL、Metal 与 CUDA 等生成设备代码。通过这种 IR 堆栈表示，能对深度学习模型进行端到端优

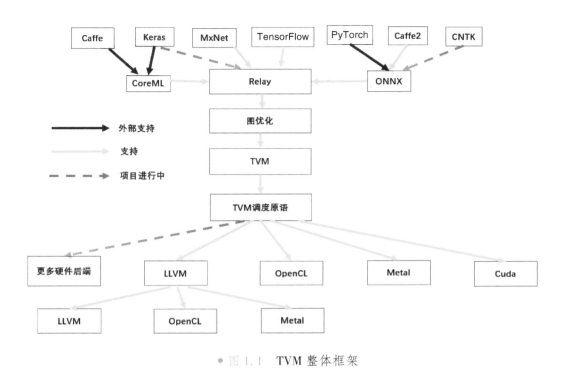

● 图 1.1　TVM 整体框架

化，将算子转换成符合编译规则的文件。

4）在高级图 IR（Intermediate Representation，中间表示）中优化常见的深度学习工作负载。

5）转换计算图，以便进行内存最小化与数据布局优化，并对不同硬件后端进行融合。

6）提供从前端深度学习框架到裸机硬件的端到端编译的 pipeline（管道）。

2. TVM 与人工编译器框架比较

在 TensorFlow 等现有框架使用的传统工作流程中，GPU（Graphics Processing Unit）能对深度神经网络（矩阵乘法与卷积）中的原始运算符进行图形渲染，同时进行性能优化。

另外，可以采用基于 TVM 编译的方法。TVM 自动从 TensorFlow、Keras、PyTorch、MXNet 及 ONNX 等高级框架中提取模型，先使用机器学习方法自动生成编译代码，再使用 SPIR-V 格式计算算子与图形渲染，最后将生成的代码打包成可部署的模块。SPIR-V 是描述 Vulkan 使用的着色器语言，SPIR-V 的格式是二进制表示，SPIR-V 函数以控制流图（Control Flow Graph，CFG）的形式存在，SPIR-V 数据结构保留了高级语言的层级关系。

基于编译方法的一个显著优点是基础架构的重用。通过重用基础架构，优化原生平台（如 CUDA、Metal 和 OpenCL）的 GPU 内核，以便支持网络模型。如果 GPU API 到本机 API 的映射是有效的，只需很少的定制工作，就可以得到类似的性能。AutoTVM 基础架构允许为特定模型定制计算算子与图形渲染，并能生成最佳性能。图 1.2 所示为人工编译器框架（SPIR-V）与 TVM 对比。

TVM 已经提供了 SPIR-V 生成器，用于算子与图形渲染，并使用 LLVM 生成设备及主机程序。TVM 已经有 Vulkan 的 SPIR-V 目标，使用 LLVM 生成主机代码。可以仅将二者重新生成设备和主机程

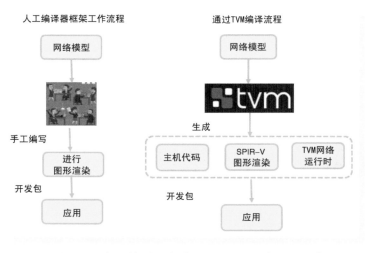

● 图 1.2　人工编译器框架（SPIR-V）与 TVM 对比

序，主要挑战是运行时，需要一个运行时来加载着色器代码，并使主机代码能够正确地与着色器通信。TVM 具有最低的基于 C++的运行时。构建了一个最小的 Web 运行时库，将生成的着色器和主机驱动代码链接，并生成一个 WASM 文件。

3. 第一代 TVM

第一代计算图称为 NNVM（Neural Network Virtual Machine）。NNVM 是亚马逊公司和华盛顿大学合作发布的开源的、端到端的深度学习编译器，支持将包括 TensorFlow、PyTorch、MXNet、Caffe2、CoreML 等在内的深度学习模型编译部署到硬件上，并提供多级别的优化。图 1.3 所示为第一代 TVM NNVM 的演变。NNVM 编译器应用图级和张量级优化，以获得最佳性能。采用与现有深度学习框架不同的方法，后者将图形优化与部署运行时打包在一起。NNVM 编译器采用了编译器的传统知识，将优化与实际部署运行时分开。这种方法提供了实质性的优化，但仍使运行时保持轻量级。编译后的模块仅取决于最小的 TVM 运行时，部署在 Raspberry Pi 或移动设备上时仅需 300KB 左右。

● 图 1.3　第一代 TVM NNVM 的演变

但是，NNVM 只支持静态图计算，而且还存在以下几个缺陷：

1）对分支跳转、循环等控制流支持不力。

2）对计算图输入图支持不力，如 word2vec（word2vec 是一种将单词转为向量的方法）等。

4. 第二代 TVM

第二代 TVM 计算图称为 Relay，它的图计算层变为 Relay VM。Relay 和 NNVM 的主要区别是，

Relay IR 除了支持 dataflow（静态图），还能够更好地处理 controlflow（动态图）。Relay 不仅是一种计算图的中间表示，也支持自动微分。静态图的风格是先定义后执行，动态图的风格是计算定义与执行不分开，进行实时计算。图 1.4 所示为第二代 TVM Relay 的演变。

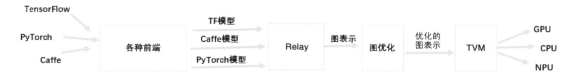

● 图 1.4　第二代 TVM Relay 的演变

第二代 TVM Relay 架构的主要特点为：

1）最高层级支持主流的深度学习前端框架，如 TensorFlow、MXNet、PyTorch 等。

2）Relay IR 支持可微分，该层级进行图融合、数据重排等图优化操作。

3）基于 tensor 张量化计算图，并根据后端进行硬件原语级优化，AutoTVM 根据优化目标探索搜索空间，找到最优解。

4）后端支持 ARM、GPU、CPU、NPU、SOC、ASIC、FPGA 等不同设备平台进行编译运行。

▶▶ 1.1.2　TVM 模型优化部署概述

TVM 属于算子级框架，主要用于张量计算，提供独立于硬件底层的中间表示，采用各种方式（如循环分块、缓存优化等）对相应的计算进行优化。图 1.5 所示为使用 TVM 进行优化部署流程。将 TensorFlow、PyTorch、ONNX 等训练好的模型文件，通过 TVM 的前端优化，使用存储调度管理技术，进行后端编译，最终部署到硬件设备上。

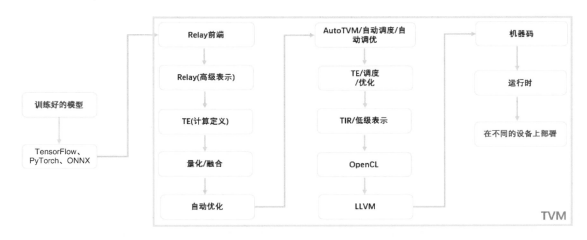

● 图 1.5　使用 TVM 进行优化部署流程

也就是说，输入是已经训练好的神经网络模型，比如 ONNX、TensorFlow、PyTorch 之类。随后通过 TVM 这个框架自定义的算子和计算规则表达方式，把整个模型表达为 Relay，即计算原语。得到计算原语之后，TVM 框架实现了一个算子仓库，算子仓库根据计算原语，重新组装 Compute 和 Schedule，形成最终的推理代码。这一步也是神经网络的编译过程。而编译过程，可以使用 TVM 默认的 Schedule 方式，也就是默认编译方式，也可以使用自动重新搜索的方式，也就是 AutoTVM。一般来说，如果模型目前的推理时间还比较长，比如 10ms，则使用 AutoTVM 的方法往往能取得不错的效果。

如何使用 TVM 进行优化部署呢？下面介绍主要的流程模块。

1. 导入 AI 模型

从 TensorFlow、PyTorch 或 ONNX 等框架导入已经训练好的模型，这里模型框架不限。若模型导入 TVM 时遇到问题，可先转换为 ONNX。TVM 通过 import 命令从 TensorFlow、PyTorch 或 ONNX 等框架导入库文件。如以下程序中，模型文件是在 Python 语言中调用 tvm.runtime.load_module 导入的。

```
import tvm
tvm.runtime.Module = tvm.runtime.load_module("resnet50.so")
```

2. 转换成 Relay IR

Relay 是 TVM 对神经网络模型的中间表示（IR），有以下特点：

1）支持传统的数据流样式表示。

2）支持函数式的作用域、let-binding（绑定），这使得它成为一门功能完备的可微分语言。

3）混合两种编程风格：数据流与函数式。

4）使用图（Graph）优化模型。

3. 编译张量表达式

将高级表示转换为降级（Lowering）表示，称为降级（有的学者称为"降低"或"下译"，本书统一命名为降级）优化。TE（Tensor Expression，张量表达式）用于描述 Tensor（张量）计算，它提供了多种调度原语（Schedule Primitives）来进行降级循环优化，包括平铺（Tiling）、向量化（Vectorization）、并行化（Parallelization）、展平（Unrolling）、融合（Fusion）、张量算子库（TOPI）等。

高级优化后，Relay 用 pass 融合将模型分为分块子图，并降级 TE 表示，用于张量计算。TE 用多个调度执行降级优化，将 Relay 转换为 TE 表达式。TVM 包括张量算子库（TOPI）、常见 Tensor 算子（如二维卷积（Conv2d）、转置（Transpose）等）预定义模板。这里 Conv（全称 Convolutional）表示卷积。

4. 最佳搜索调度

用调度对张量算子或子图进行降级优化，如用 Auto-tuning 搜索最佳调度，将 Cost-model 与端侧计算进行比较。TVM 包括以下两个 Auto-tuning 模块：

1）AutoTVM：基于模板的自动调优模块。它运行搜索算法来查找用户定义模板中可调参数的最佳值。对于通用算子，TOPI 中已经提供了它们的模板。

2）AutoScheduler（简称 Ansor）：一个无模板的自动调优模块。它不需要预定义的调度模板。相反，它通过分析计算定义自动生成搜索空间，然后在生成的搜索空间中搜索最佳调度策略。

5. 选择最优配置

Auto-tuning 自动优化会生成 JSON 调优记录，选择最佳调度子图，包括以下两个主线：

1）将原始模型通过轻量化操作，生成轻量化模型，再通过离线模型转换。可以重用轻量化操作，执行量化模型转换，也可以通过 AI 应用操作，执行 AI 应用模型转换。

2）将原始模型进行离线模型转换，再执行应用模型集成，最后完成 SOC 神经网络加速。也可以通过应用模型集成，进行 NPU 推理，或者执行 CPU 推理，生成各种 *.so 文件。

调优之后，自动调优模块生成 JSON 格式的调优记录。这个步骤为每个子图选择最佳的调度。Auto-tuning 自动调优流程如图 1.6 所示。

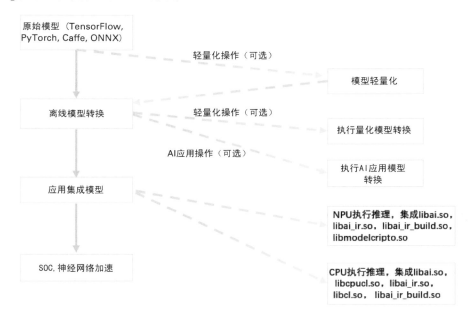

* 图 1.6　Auto-tuning 自动调优流程

6. TVM 降级张量中间表示

将 Tensor 子图降级到 Tensor 中间表示（TIR），这是 TVM 降级中间表示。用 tuning 选择最佳调度参数，将 TE 子图降级到 TIR 底层优化。将优化过的 TIR 降级到目标设备编译器，再生成 CodeGen（全名 CodeGenerator，代码生成）的优化模型。TVM 包括以下编译器后端：

1）LLVM 支持各种微处理器架构，如 x86，ARM，AMD 公司的 AMDGPU 与 NVIDIA 公司的 NVPTX 代码生成编译工具，以及 LLVM 支持的其他平台。

2）OpenCL 与软件驱动接口。

3）专用编译器，如 NVIDIA 的 NVCC（这里 NVCC 表示 CUDA 编译器）。

4）通过 TVM 的自带代码（BYOC）框架实现的嵌入式和专门的目标。

7. 编译成机器码

将编译器代码降级为机器码。这个过程结束时，指定编译器产生的编码将被转换为机器码。TVM 先将模型编译为设备模块，接着由轻量级 TVM 运行时运行，再用 C/C++ API 加载模型，最后通过其他语言（如 Python 和 Rust 等）调用。TVM 将运行时与模型相结合，进行捆绑部署。

1.2 TVM 编译过程

▶▶ 1.2.1 编译流程

TVM 中存在两种类型的 IR，对应于图 1.7 中的 Relay 和 TIR，这两种 IR 都对应于同一个类型的 IRModule。IRModule 与 relay.Function/tir.PrimFunc，类似于 runtime.Module 与 PackedFunc 的关系，即 IRModule 会包含多个 relay.Function/tir.PrimFunc。Relay 中的 IR 是一个高层次的抽象表示，而 TIR 是更接近硬件的表示结构。Relay 中的 IR 通过 relay::function 来描述，Function 描述了整个图结构，是图结构的另外一种描述，function 有输入输出变量，内部是计算序列，很像编程中定义的函数。TIR 中用 PrimFunc 描述，它更接近底层，包含了 tensor 计算算符、load/store 等指令。用户如果有自定义的指令，就可以在 TIR 中定义这些指令。统一的 IRModule 类型可以同时包括 relay.Function 和 tir.PrimFunc，便于优化。

IRModule（Intermediate Representation Module）意思是中间层表示或中间层表达式。另外，为了便于 Python 和 C++混合编程，TVM 使用了统一的 PackedFunc 机制。PackedFunc 可以将 C++中的各类函数打包成统一的函数接口，并自动输出到 Python 模块中进行调用，并且也支持在 Python 中注册一个函数，并打包成 PackedFunc，以便在 C++和 Python 中调用。

这里介绍一下 Graph 图与 Function 函数的关系。如果一个 IRModule 只有一个 Function，这个 Function就对应于完整的 Graph，并且 Function 中的每个语句对应于 Graph 的一个运算。如果有多个 Function，会从一个入口的函数开始执行，而中间可能有其他函数的调用，这样就能完整定义一个 Graph 了。

编译流程包含以下几个步骤：

1）导入：前端将模型引入到 IRModule 中。

2）转换：将 IRModule 变成功能等效或近似等效（如量化）的另一个 IRModule。

3）目标翻译：将 IRModule 翻译（代码生成）为 runtime.Module，可在运行时中进行导出、加载和执行操作。

4）运行时执行：用户加载 runtime.Module 并在运行时编译执行。

TVM 编译器负责对 AI 模型进行优化与编译，接着在目标设备上运行推理代码。整个编译过程如图 1.7 所示。

图 1.7 中蓝色方框表示 TVM 的数据结构，黄色方框表示处理数据结构的算法，粉色的 AutoTVM 表示辅助 Schedule 功能选择参数算法。

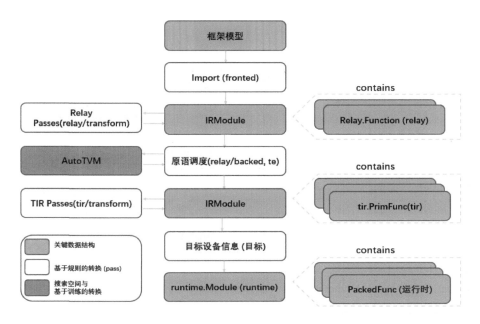

● 图 1.7　TVM 编译流程

▶▶ 1.2.2　TVM 编译数据结构

TVM 编译数据结构（如图 1.7 所示）包括以下几个模块：

1）Model（模型）：TensorFlow、PyTorch、MXNet 等框架模型。

2）IRModule（Relay）：表示图级别 IR。使用 Relay AST 表示数据结构，relay.Function 表示 relay.Expr 子类。这些模块提供 Relay Pass（遍历 Relay AST 的手段）接口。Relay IR 中间表示成为端到端功能。

3）IRModule（TIR）：表示 Tensor 级别 IR。由 AST 组织运算，包括算子（对应网络层）调度细节（如循环嵌套，并行，指令集等）。TIR 由一系列的 tir.PrimFunc 组成，AST 对应 AI 层或融合层（如 Conv+BN+Activation）。

4）运行时模块：最底层编译 IR，在运行时设备上执行。

▶▶ 1.2.3　TVM 编译数据处理

编译数据处理（如图 1.7 所示）包括以下几个模块：

1）Fronted：负责将外部框架生成的神经网络模型转化为 TVM 图级别模型 Relay IR。

2）Relay Passes：负责在图级别优化 IR 的计算过程，常见的图优化 Pass 包括常量折叠、死代码消除、推理简化、内存布局转化、Op 融合等。

3）Scheduling：负责转化 Relay Passes 优化后的 Relay IR 为 Tensor IR。大致的流程是：对每层/融合层对应的算子，执行 graph_runtime_codegen.cc 的 CodeGen，根据 TVM 框架中注册的算子 compute 和

schedule 函数，将每个算子转化为具体的计算调度过程（Relay IR→FTVMCompute→Tensors→FTVM-Schedule→Schedule Stages）。

4）TIR Passes：负责 Tensor 级别的 IR 优化，常见的如 access index simplification，也有负责 IR lower 的 function entry decoratation 等。

5）设备相关的低级别 CodeGen，将 TIR 转化为 TVM Runtime 所需的 Module。

▶▶ 1.2.4　TVM 的 Pass 过程

Pass 又称 transform，每一个 transform 可将现有程序转换并优化为一个等价的程序，也可将程序降级编译到下层。Pass 与 Schedule 的区别在于，前者包括一些 Schedule Primitives（调度原语），用于生成 IR，而后者提供了修改 IR 的方法。

TVM 中的 Pass 有以下两种：

1）Relay 层的 Pass。relay/transforms 包括很多优化图结构用的 Pass，包括图融合（fusion）、常量折叠（constant folding）和死代码删除（dead-code elimination）等，这些模块都属于前端优化。

2）TIR 层的 Pass。tir/transforms 包括偏向编译器方面的优化，如数据预取注入（prefetch），展开循环（unrollLoop）等，属于后端优化。

在实现上，Pass 分为以下等级分类：

（1）模块级 Pass

1）利用全局信息进行优化。

2）可以删减 Function，如 DSE Pass。

3）核心 Pass 函数是 PackedFunc 类型。

（2）功能级 Pass

1）对 Module 中的每个 Function 进行优化，只有局部信息。

2）不允许删减 Function。

Pass 的转化逻辑过程简化为：IRModule → Pass → … → IRModule。

TVM 包括多种类型的 Pass，其中以单个函数为作用域的 Pass，每个函数间是相互独立的。TVM 开源框架中包括以下函数功能模块：

DeadCodeElimination、FoldConstant、FuseOps、RewriteAnnotatedOps、ToCPS、ToGraphNormalForm、SimplifyInference、FastMath、InferType、EliminateCommonSubexpr、CombineParallelConv2D、CombineParallelDense、BackwardFoldScaleAxis/ForwardFoldScaleAxis、CanonicalizeOps、AlterOpLayout、ConvertLayout、Legalize、CanonicalizeCast、MergeComposite、AnnotateTarget。

1.3　TVM 开源工程逻辑架构

▶▶ 1.3.1　代码库代码结构

TVM 开源工程代码库比较庞大，代码结构如下所示：

1）src：用于运算编译和运行时部署的 C++代码。

2）src/relay：Relay 的实现，一种用于深度学习框架的新 IR（中间表示），取代了下面介绍的 nnvm。

3）python：Python 前端，封装了在 src 中实现的 C++函数和对象。

4）topi：标准神经网络 operators 的计算定义和后端调度。

5）nnvm：用于图形优化与编译的 C++代码和 Python 前端。在引入 Relay 之后，为了向后兼容，仍然保留在代码库中。

6）include：include 中的头文件是跨不同模块共享的公共 API。

▶▶ 1.3.2 **代码自动内核**

自动内核（AutoKernel）的输入是算子的计算描述（如 Conv、Poll、Fc 等），输出是经过优化的加速源码。TVM 工具提供底层汇编优化，这一工具的开发旨在降低优化工作的门槛，不需要有底层汇编的知识，不用手写优化汇编，可通过直接调用开发的工具包生成汇编代码。同时还提供了包含 CPU、GPU 的 docker 环境，无须部署开发环境，只需使用 docker 便可。还可通过提供的插件——plugin，把自动生成的算子一键集成到推理框架中——Tengine。图 1.8 所示为自动内核优化流程。

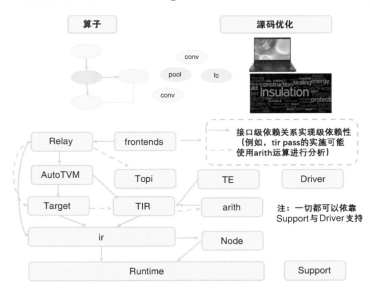

● 图 1.8　自动内核优化流程

算子层自动内核主要包含以下 3 个模块。

1）算子 Generator：算子生成器，采用了开源的 Hallide。

2）AutoSearch：目标是通过机器学习、强化学习常用算法自动搜索出优化策略。

3）AutoKernel 插件：把生成的自动算子以插件的形式插入到 Tengine 中，和人工定制互为补充。

下面来分析这些 TVM 代码框架模块。图 1.9 所示为 GitHub 上 tvm/src 文件夹下的全部子模块。

图 1.10 所示为 GitHub 上 tvm/src/README.md 对 tvm/src 文件夹全部子模块的描述说明。

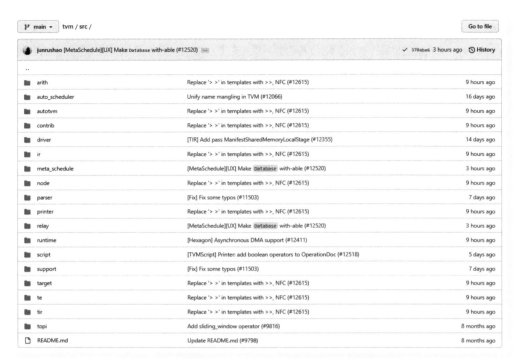

● 图 1.9　GitHub 上 tvm/src 文件夹下的全部子模块

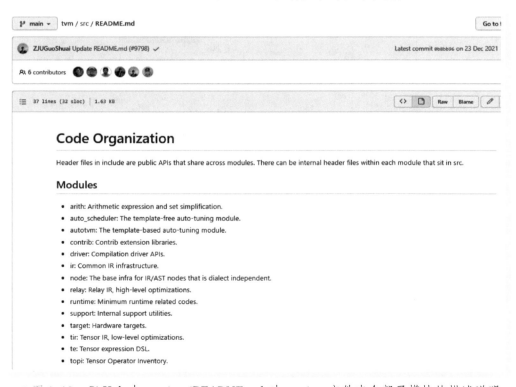

● 图 1.10　GitHub 上 tvm/src/README.md 对 tvm/src 文件夹全部子模块的描述说明

GitHub 上 tvm/src 的全部子模块的具体说明如下：

（1）tvm/src/support

实用程序，如场景分配器、socket 套接字和日志记录等。

（2）tvm/src/runtime

运行时包括 TVM 加载与执行已编译机制，定义 C API 与 Python（或 Rust 等）前端语言交互，包括如下。

1）runtime::Object 与 runtime::PackedFunc 都是 TVM 的数据结构。

2）runtime/rpc 实现了对 PackedFunc 的 RPC 支持。

（3）tvm/src/node

节点包括反射、序列化、结构等价和 Hash 散列。

下面是简单示例：

```
x =tvm.tir.Var("x", "int32")
y =tvm.tir.Add(x, x)
#a 和 y 是 tir.Add 节点的字段。
#可以直接使用字段名访问 IR 结构,如:
assert y.a == x
```

（4）tvm/src/ir

tvm/src/ir 包括 IR 所有数据结构与 API 接口。tvm/src/ir 组件包括 tvm/src/relay 和 tvm/src/tir，具体内容包含以下 4 部分：

1）IR 模块。

2）类型。

3）PassContext 与 Pass。

4）操作。

IRModule 中包括不同的函数变体（如 relay.Function 与 tir.PrimFunc）。

下面提供了 PassContext 配置 Pass 的代码：

```
#配置 tir.UnrollLoop pass 的性能,受 Pass 上下文影响的代码
with tvm.transform.PassContext(config={"tir.UnrollLoop": { "auto_max_step": 10 }}):
```

（5）tvm/src/target

将 IRModule 变成 runtime.Module 的所有 CodeGen（代码生成或代码生成器）。

（6）tvm/src/arith

arith 提供分析数学运算的工具，包括变量范围与表达迭代空间的整数集。

（7）tvm/src/tir

降级程序定义，用 tir::PrimFunc 表示 TIR 转换的函数。PrimFunc（Prim Function）表示元张量函数（Primitive Tensor Function）。一个典型的机器学习模型的执行包含许多步，其中的每一步都被称为元张量函数。

（8）tvm/src/te

张量表达式。用 tensor 构造 tir::PrimFunc 变体，构建 IRModule。te/schedule 用调度原语表达生成函数。

（9） tvm/src/topi

topi（张量算子库）提供 TE 或 TIR 中由 NumPy 预定义的算子，包括调度模板、执行跨不同目标平台的高性能实现。

（10） tvm/src/relay

模型的高级 IR。relay.transform 定义了不同种类型优化。Relay 包括多种方言，支持特定的优化，包括 QNN（导入预量化模型）、VM（降级到动态虚拟机）、内存优化。

（11） tvm/src/autotvm

AutoTVM 与 AutoScheduler 表示自动搜索与调度策略，包括以下几个模块：

1） 成本模型（Cost Models）和特征提取。

2） 存储成本模型构建结果的记录格式。

3） 程序变换的搜索策略。

（12） tvm/python/tvm/relay/frontend

图 1.11 所示为 GitHub 上 tvm/python/tvm/relay 文件夹全部子模块，图 1.12 所示为 GitHub 上 tvm/

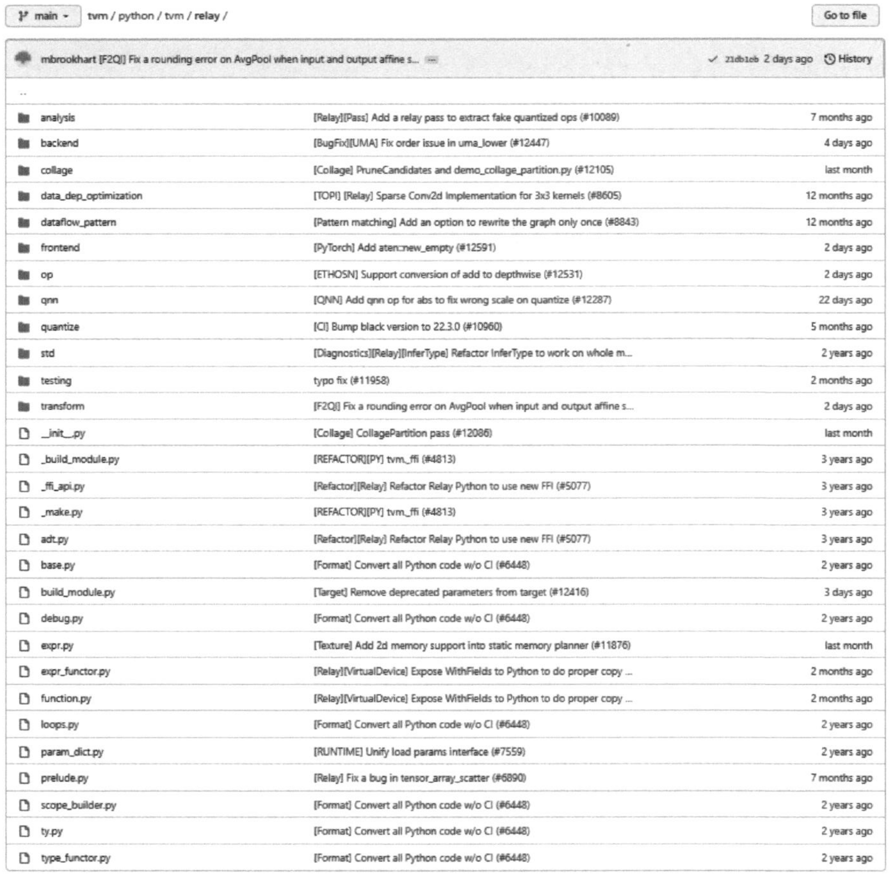

main ▾ tvm / python / tvm / relay /   Go to file

mbrookhart [F2Q] Fix a rounding error on AvgPool when input and output affine s... ✓ 21db1eb 2 days ago History

..		
analysis	[Relay][Pass] Add a relay pass to extract fake quantized ops (#10089)	7 months ago
backend	[BugFix][UMA] Fix order issue in uma_lower (#12447)	4 days ago
collage	[Collage] PruneCandidates and demo_collage_partition.py (#12105)	last month
data_dep_optimization	[TOPI] [Relay] Sparse Conv2d Implementation for 3x3 kernels (#8605)	12 months ago
dataflow_pattern	[Pattern matching] Add an option to rewrite the graph only once (#8843)	12 months ago
frontend	[PyTorch] Add aten::new_empty (#12591)	2 days ago
op	[ETHOSN] Support conversion of add to depthwise (#12531)	2 days ago
qnn	[QNN] Add qnn op for abs to fix wrong scale on quantize (#12287)	22 days ago
quantize	[CI] Bump black version to 22.3.0 (#10960)	5 months ago
std	[Diagnostics][Relay][InferType] Refactor InferType to work on whole m...	2 years ago
testing	typo fix (#11958)	2 months ago
transform	[F2Q] Fix a rounding error on AvgPool when input and output affine s...	2 days ago
__init__.py	[Collage] CollagePartition pass (#12086)	last month
_build_module.py	[REFACTOR][PY] tvm._ffi (#4813)	3 years ago
_ffi_api.py	[Refactor][Relay] Refactor Relay Python to use new FFI (#5077)	3 years ago
_make.py	[REFACTOR][PY] tvm._ffi (#4813)	3 years ago
adt.py	[Refactor][Relay] Refactor Relay Python to use new FFI (#5077)	3 years ago
base.py	[Format] Convert all Python code w/o CI (#6448)	2 years ago
build_module.py	[Target] Remove deprecated parameters from target (#12416)	3 days ago
debug.py	[Format] Convert all Python code w/o CI (#6448)	2 years ago
expr.py	[Texture] Add 2d memory support into static memory planner (#11876)	last month
expr_functor.py	[Relay][VirtualDevice] Expose WithFields to Python to do proper copy ...	2 months ago
function.py	[Relay][VirtualDevice] Expose WithFields to Python to do proper copy ...	2 months ago
loops.py	[Format] Convert all Python code w/o CI (#6448)	2 years ago
param_dict.py	[RUNTIME] Unify load params interface (#7559)	2 years ago
prelude.py	[Relay] Fix a bug in tensor_array_scatter (#6890)	7 months ago
scope_builder.py	[Format] Convert all Python code w/o CI (#6448)	2 years ago
ty.py	[Format] Convert all Python code w/o CI (#6448)	2 years ago
type_functor.py	[Format] Convert all Python code w/o CI (#6448)	2 years ago

● 图 1.11　GitHub 上 tvm/python/tvm/relay 文件夹全部子模块

python/tvm/relay/frontend 文件夹全部子模块。tvm.relay.frontend 指模型获取 API 的命名空间，将各种框架模型添加到 TVM 堆栈中。

main / tvm / python / tvm / relay / frontend /		Go to file
shingjan [PyTorch] Add aten::new_empty (#12591)	✓ 4bbdea8 2 days ago	⏱ History
..		
__init__.py	[RELAY][FRONTEND] Initial OneFlow frontend support. (#8790)	4 months ago
caffe.py	[Fix] Fix some typos (#11503)	7 days ago
caffe2.py	[Format] Convert all Python code w/o CI (#6448)	2 years ago
change_datatype.py	[Refactor] Rename asnumpy -> numpy in NDArray (#8083)	15 months ago
common.py	[Pytorch] add aten::rnn_tanh, aten::rnn_relu (#12017)	2 months ago
coreml.py	[Coreml] Fix Coreml Input Shape Handling (#8562)	13 months ago
darknet.py	[Frontend][Relay][Parser] fix unparsable yolo formals (#6963)	2 years ago
keras.py	Fix TFLite 2.9 tests (#12130)	4 days ago
mxnet.py	[Topi][Op][PyTorch][Vitas] Fix inconsistent kernel layout conventions...	10 months ago
mxnet_qnn_op_utils.py	[Format] Convert all Python code w/o CI (#6448)	2 years ago
nnvm_common.py	[Format] Convert all Python code w/o CI (#6448)	2 years ago
oneflow.py	Oneflow fronted support more model and fix bug (#11321)	3 months ago
onnx.py	[Fix] Fix some typos (#11503)	7 days ago
paddlepaddle.py	fix bug: KeyError, can't find some parameter key (#12211)	27 days ago
pytorch.py	[PyTorch] Add aten::new_empty (#12591)	2 days ago
pytorch_utils.py	[Frontend][PyTorch][Bugfix] Ignore Cuda in PyTorch version number whe...	3 months ago
qnn_torch.py	[Fix] Fix some typos (#11503)	7 days ago
tensorflow.py	Revert "[Frontend] Add Span filling for frontends to Relay (#9723)" (#...	7 months ago
tensorflow2.py	Revert "[Frontend] Add Span filling for frontends to Relay (#9723)" (#...	7 months ago
tensorflow2_ops.py	[Refactor] Rename .asnumpy() to .numpy() (#8659)	13 months ago
tensorflow_ops.py	Add tensorflow Einsum op converter (#12064)	last month
tensorflow_parser.py	[REFACTOR] Remainings of util => utils (#6778)	2 years ago
tflite.py	Infer the value of shape expr to avoid dynamic (#12313)	17 days ago
tflite_flexbuffer.py	fix minor misspelling (#8476)	14 months ago

● 图 1.12　GitHub 上 tvm/python/tvm/relay/frontend 文件夹全部子模块

1.4　TVM 应用支持

▶▶ 1.4.1　TVM 的工作流程

将 AI 模型表示成统一 IR（Intermediate Representation，中间表示），进行图优化，并生成设备代码。使用 Relay，将模型转换成计算图，进行算子融合、量化、剪枝、图变换等优化。

TVM 对张量进行优化，将代码的调度与计算分离。通过 IR，用 LLVM 生成包括 ARM、x86、OpenCL、Javascript/WASM、Metal 与 CUDA 的 GPU 等设备代码，实现端到端的模型优化与部署。

▶▶ 1.4.2　支持多语言与多平台

TVM 的优势之一是它可以支持多种语言和平台。

1. 支持多语言与多平台

TVM 支持多平台与多语言包含以下几项内容：

1）编译器栈：其中包含完整的优化库以产生优化的机器代码。

2）轻量级运行环境：提供在不同平台上部署编译模块所需的可移植性；支持不同部署平台，如 Android、iOS、树莓派等。

3）支持多语言：支持不同编程语言，如 Python、C/C++、Java、JavaScript 等。

2. 如何解决编译器对多种语言的适配

可以把编译器抽象分为编译器前端，编译器中端，编译器后端，具体分工如下：

1）编译器前端：接收 C、C++、Java 等不同语言，进行代码生成，输出 IR。

2）编译器中端：接收 IR，进行不同编译器后端优化，如常量替换、死代码消除、循环优化等，输出优化后的 IR。

3）编译器后端：接收优化后的 IR，进行不同硬件平台的相关优化与硬件指令生成，输出目标文件。

1.4.3 TVM 应用场景

TVM 支持主流深度学习框架（如 TensorFlow、PyTorch、MXNet 等）导出的模型作为输入，经过一系列的图优化操作以及算子级的自动优化操作后最终转化为针对目标运行时（CPU/GPU/ARM 等）的部署模型。优化后的模型理论上可以最大化地利用目标硬件的资源，以最小化模型的推理延迟。

TVM 可用于优化深度学习模型在 CPU、GPU、ARM 等任意目标环境下的推理运行速度，常见的应用场景如下：

1）需要兼容所有主流模型作为输入，并针对任意类型的目标硬件生成优化部署模型的场景。

2）对部署模型的推理延迟、吞吐量等性能指标有严格要求的场景。

3）需要自定义模型算子、自研目标硬件、自定义模型优化流程的场景。

1.4.4 TVM 优化模型推理

模型推理场景下，用于模型优化、部署的软件框架仍处于"百家争鸣"的状态，其原因在于推理任务的复杂性：训练后的模型需要部署在多样的设备上（如 Intel CPU、NVGPU、ARM CPU、FPGA、AI 芯片等），要在这些种类、型号不同的设备上都能保证模型推理的高效是一项极有挑战的工作。

一般来说，主流的硬件厂商会针对自家硬件推出对应的推理加速框架以最大化利用硬件性能，如 Intel 的 OpenVINO、ARM 的 ARM NN、Nvidia 的 TensorRT 等，但这些框架在实际应用场景中会遇到不少问题，比如：

1）厂商推理框架对主流训练框架产生的模型的算子种类支持不全，导致部分模型无法部署。

2）模型部署侧的开发人员需要针对不同的硬件编写不同的框架代码，需要关注不同框架对算子的支持差异和性能差异等。

因此，一套可以在任意硬件上高效运行任意模型的统一框架就显得尤其有价值，而 TVM 正是这样一套框架。

实际上，"运行模型/代码到任意种类的硬件"在概念上并不是一个全新的课题。在计算机编程语言发展的早期阶段（第二代编程语言），人们也曾遇到过类似的困境，即一种硬件平台必须配套一种汇编语言且不同汇编语言无法跨平台运行的情况。随着该领域的发展，人们给出了解决之道——引入高级语言和编译器，低级语言与高级语言编译如图 1.13 所示。

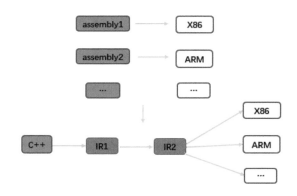

● 图 1.13　低级语言与高级语言编译

汇编语言向高级语言和编译器发展，带来以下优点：

1）程序员负责用高级语言描述上层业务逻辑，不必关注具体硬件特性。

2）编译器将高级语言逐层转化为更底层的符号，也称中间表示（IR），其中最底层的 IR 可以对接不同的硬件，进而转化为针对不同目标的机器码。

TVM 框架正是借鉴了这种思想，可以把 TVM 理解成一种广义的"编译器"。TensorFlow、PyTorch 等框架导出的模型可以认为是"高级语言"，而 TVM 内部的图级别表达式树、算子级的调度 Stages 则可以认为是"高级语言"的"中间表示"，如图 1.14 所示。

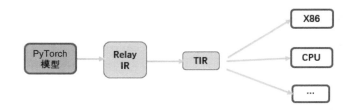

● 图 1.14　TVM 内部的图级别表达式与深度学习模型编译器

▶▶ 1.4.5　TVM 编译器与运行时组件

以"模型部署"为边界，TVM 可以分为 TVM 编译器和 TVM 运行时两个组件，如图 1.15 所示。

1）编译器：包含完整的优化以便生成优化后的机器代码。

2）运行时：这是轻量级的，提供了在不同平台上部署编译模块所需的可移植性。

● 图 1.15　TVM 编译器和 TVM 运行时

TVM 编译器包括编译与优化，支持以下几个功能：

1）编译优化过程支持 Python 和 C++接口。

2）系统环境支持 Linux、Windows 以及 macOS 平台（部分功能如 AutoTVM 在非 Linux 平台可能受限）。

运行时负责在目标设备上执行编译器生成的模型推理代码。

1）部署过程支持 JS，Java，Python，C++语言。

2）部署平台除了支持 Linux、Windows 以及 macOS 系统外，还支持 Android、iOS、树莓派等端侧系统。

▶▶ 1.4.6　TVM 运行时主要模块

TVM 包括多种编程语言的编译开发与部署。TVM 运行时的主要模块需要满足很多要求，具体包括如下几个模块：

1）部署：用 Python、Java、C++调用已编译函数。

2）调试：在 Python 中定义函数并从编译的函数中调用。

3）链接：编写代码以调用设备代码（CUDA）并从编译的主机中调用。

4）原型：在 Python 中定义一个 IR 通道并从 C++ 后端调用。

5）暴露：用 C++开发的编译器暴露给前端（即 Python 前端）。

6）实验：将编译后的函数发送到嵌入式设备上直接运行。

▶▶ 1.4.7　TVM 简单代码生成编译示例

1. 代码生成的接口

TVM 代码生成的接口和主要类型可以总结为两个 build、两个 module、两个 function。它提供了两个代码生成的接口：tvm.build 和 tvm.relay.build，前者是针对算子的代码生成，后者是针对 relay 计算图的代码生成。在 0.7 版本中，TVM 进行了 IR 的统一，使得两个 build 的输入参数类型都可以是 IRModule，输出类型都是运行时 module。尽管两个 build 接口统一了输入类型，但是内部包含的函数类型是不一样的。算子编译时函数类型是 tvm.tir.function.PrimFunc，而 relay 图编译时函数类型是 tvm.relay.function.Function。TVM 在设计时提供了方便的调试功能，通过 IRModule 的 astext 函数可以查看 IR 中间描述，通过运行时 module 的 get_source 函数查看生成的代码。下面通过两个简单的例子查看算子和 relay 计算图的 IR 以及对应生成的源代码。下面是主要的代码生成接口：

1）tvm.build。

2）tvm.relay.build。

3）tvm.ir.module.IRModule。

4）tvm.runtime.module.Module。

5）tvm.tir.function.PrimFunc。

6）tvm.relay.function.Function。

2. 算子编译示例

这是一个 TVM 算子编译示例，可以让读者体验多个操作功能。

```
import tvm
from tvm import te

M = 1024
K = 1024
N = 1024

#算法
k = te.reduce_axis((0, K),'k')
A = te.placeholder((M, K), name='A')
B = te.placeholder((K, N), name='B')
C = te.compute(
        (M, N),
        lambda x, y: te.sum(A[x, k] * B[k, y], axis=k),
        name='C')

#默认调度
s = te.create_schedule(C.op)
ir_m =tvm.lower(s, [A, B, C], simple_mode=True,name='mmult')
rt_m =tvm.build(ir_m, [A, B, C], target='c', name='mmult')

#打印 tir
print("tir:\n", ir_m.astext(show_meta_data=False))
#print source code
print("source code:\n",rt_m.get_source())
```

3. relay 图编译示例

SSL 是指安全套接字层，简而言之，它是一项标准技术，可确保互联网连接安全，保护两个系统之间发送的任何敏感数据，防止网络违法读取和修改任何传输信息。两个系统可能是指服务器和客户端，也可能是两个服务器，编译代码如下。

```
import ssl
ssl._create_default_https_context = ssl._create_unverified_context

from tvm import relay
from tvm.relay import testing
from tvm.contrib import util
```

```
import tvm

#Resnet18 workload
resnet18_mod, resnet18_params = relay.testing.resnet.get_workload(num_layers=18)

with relay.build_config(opt_level=0):
    _,resnet18_lib, _ = relay.build_module.build(resnet18_mod, "llvm", params=resnet18_params)

#print relay ir
print(resnet18_mod.astext(show_meta_data=False))

#print source code
print(resnet18_lib.get_source())
```

▶▶ 1.4.8 TVM 各模块之间的关系

通过前文的分析，相信读者对 TVM 有了初步的概念。为了帮助读者深入理解 TVM 的整体框架，这里总结了 TVM 各模块之间的关系，描述了各模块的原理与功能函数，图 1.16 所示为 TVM 整体框架，随后对各功能模块进行详细介绍。

下面详细介绍各模块的功能，包括 7 个部分：

1. 前端

TVM 前端，完成各种深度学习框架从计算图到 Relay IR 的转化。

2. IRModule

对 IRModule 从以下 4 个方面进行介绍：

（1）来源

1）Import（前端）：导入各种深度学习框架的模型。

2）Transform：将 IRModule 等价转换，达到优化的效果。

（2）结构（functions 集合）

1）上层 Relay::function（支持控制流、递归等计算图）。在编译阶段，一个 Relay::function 可能被降级成多个 tir::PrimFunc。

2）下层 Relay::function（底层 threading、vector/tensor 的指令等 op 执行端）。

（3）IR 分类

1）前端的 IR：定义高级计算图描述，用 IR 描述神经网络结构。

2）LLVM 的底层 IR（TIR）：借助目标元类实现统一的抽

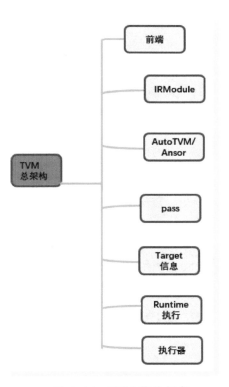

● 图 1.16　TVM 整体框架

象语法树（Abstract Syntax Tree，AST）节点表示。

（4）主要模块

1）TOPI：tensor 计算库，包含很多神经网络通用算子（如矩阵计算、卷积等）。

2）TE（Tensor Expression）：用户可以通过 TE 中的函数来构建 Tir（直接用 TE 写神经网络）。

3）Node：允许用户对一些函数进行访问。

4）Arith：与 Tir 有关，优化 Tir 进行一些分析。

3. AutoTVM/Ansor

下面介绍 3 个有关 AutoTVM/Ansor 的内容。

1）Relay Pass 到 Tir Pass 的过程。

2）调度原语，如循环变换（split，unrool 等）、内联、向量化等。

3）可选的自动优化模块，不断运行程序，记录性能，调整调度选择，从 log 文件中选择最优性能进行执行。

4. Pass

下面介绍 4 个有关 Pass 的信息。

1）定义：Pass 是对计算图的优化与转化，如常量折叠、算符融合、死代码消除等。

2）按 transformer 分类：第一类是 Relay Pass（Relay 变换），包括常规计算（常量折叠、死代码消除）与张量计算（转换、缩放因子折叠）；第二类是 Tir Pass（Tir 变换），主要功能是降级与一些优化，如多维数据扁平化、后端 intrinsic 扩展。

3）按实现分类，包括 3 种分类。按模块级分类，包括全局性能优化、可删减函数；按功能级分类，包括对模块级每个函数进行优化，只有局部信息；按序列级分类，包括顺序执行的一些 Pass。

4）新增 Pass 步骤。第一，遍历 AST，修改 node，用 TVM_REGISTER_GOLBAL 宏注册，开放支持 Pass；第二，新增 AST 检测，确定哪些 node 需要修改；第三，新增场景变化，修改替换满足条件的 node。

5. Target 信息

下面介绍 4 个有关 Target 的信息。

1）编译器将 TIR 转换为目标硬件上可执行的格式（代码生成）。

2）对 x86 和 ARM CPU，TVM 使用 LLVM IR Builder 在内存中构建 LLVM IR。

3）生成源码级别的语言，如 CUDA 与 OpenCL 代码。

4）支持直接从 Relay 函数到特定后端的 CodeGen。

6. Runtime 执行

Runtime 执行包含以下 3 类文件。

1）module/relay/backend。Runtime 模块封装编译 DSO（Direct Sparse Odometry，直接稀疏测距）的核心单元，包含很多 PackedFunc，根据名称获取。其分为三种模式：一是模型是静态图，没有控制流，需要降级编译到图形运行时；二是模型是动态图，有控制流，需要使用虚拟机后端；三是直接将子图级别的程序转换为可执行原语功能的级别。

2）runtime.PackedFunc。后端生成的函数，对应深度学习的核函数。

3）runtime.NDArray。封装了执行期的 Tensor 结构。

7. 执行器

执行器包括以下 3 种类型。

1）图运行时：支持静态张量图及控制流程序。

2）Relay 虚拟机：支持动态张量图与控制流，只支持推理，不支持训练。

3）Relay 解释器：只支持 debug 调试，用遍历 AST 执行程序，效率低。

1.5　TVM 特色与挑战

▶▶ 1.5.1　TVM 特色

TVM 特色如下。

1. 算子计算与调度分离

TVM 按照 Halide 计算与调度分离思想，将 AI 解耦，其中：

1）计算（Compute）定义了 Relay 运算过程。

2）调度（Schedule）细化了实际计算细节。

TVM 的计算与调度分离特色，提供了 API 自定义性能调度。

2. AutoTVM

TVM 针对目标（如 x86、ARM、CUDA 等）提供调度配置，高效利用计算资源。AutoTVM 搜索不同硬件最优调度，步骤如下：

1）使用各种调度原语，执行与计算结果等价的 Relay。

2）寻找 Relay 最优调度配置。

3）搜索空间选择通常有几十亿种，探索最优/局部最优解。

TVM 有以下两种搜索方法：

1）遍历所有可能的参数，这种方式耗时大。

2）训练一个性能评估函数，评估部分参数，寻找更好的配置，指导搜索过程。用 XGBoost 模型（或其他回归预测模型）评估调度配置性能的 Cost Model（成本模型），寻找最优调度配置。

AutoTVM 存储搜索记录的最优配置，代替目标调度。图 1.17 所示为编译优化过程。

虽然可以在当前运行时获得端到端基准测试结果，但在独立设备上部署这些模型仍是努力攻破的方向。为了在边缘设备上发挥作用，AutoTVM 的运行时（Runtime）需要依赖主机分配张量以及调度执行，需要通过 μTVM 的传播途径生成一个可在裸机设备上运行的单一二进制文件。这样用户就可以将这个二进制文件包含进这些边缘应用程序，从而使机器学习模型快速集成到对应的应用程序中。

图 1.18 所示为 TVM 的 Relay 模块及张量化示例。

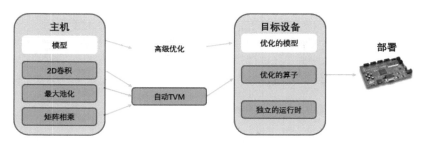

● 图 1.17　编译优化过程

```
w, x = t. placeholder ((8, 8)), t.placeholder ((8, 8))
k = t. reduce_axis ((0, 8))
y = compute ((8, 8), lambda i, j:
                t.sum(w[i, k] * x [j, k], axis = k))

def gemm_intrin_lower (inputs, outputs):
    ww_ptr = inputs [0].access_ptr("r")
    xx_ptr = inputs [1].access_ptr("r")
    zz_ptr = inputs [0].access_ptr("w")
    compute = t.hardware_intrin ("gemm8*8", ww_ptr, xx_ptr,
zz_ptr)
    reset = t.hardware_intrin ("fill_zero", zz_ptr)
    update = t.hardware_intrin ("fuse_gemm8*8_add",
ww_ptr, xx_ptr, zz_ptr)
    return compute, reset, update

    gemm8*8 = t.decl_tensor_intrin(y.op, gemm_intrin_lower)
```

声明

用下译规则生成执行计算的硬件属性

● 图 1.18　TVM 的 Relay 模块及张量化示例

1.5.2　支持多种后端设备

支持的后端设备包括 CUDA、Metal、OpenCL、ARM、VTA 等，包含下面 5 种功能。

1）生成硬件所需的数据打包与指令流。

2）VTA 与 CPU 的交互式运行环境：driver 与 JIT。

3）用索引递归计算，构建低级表示，图 1.19 所示为递归计算方法。

```
import tvm
m, n, h = tvm.var('m'), tvm.var('n'), tvm.var('h')
A = tvm.placeholder(m, h), name = 'A')
B = tvm.placeholder(m, h), name = 'B')

K = tvm.reduce_axis((0, h), name = 'k')
C = tvm.compute((m, n), lambda i, j: tvm.sum(A[i, k] * B[j, k], axis = k))
```

输入

大小结果

运算规则

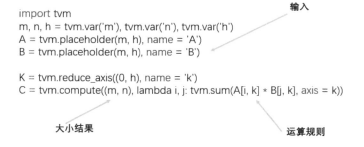

● 图 1.19　递归计算方法

4）TVM 采用图像处理语言（如 Halide 或 darkroom），构建了降级优化。

5）通过 TensorFlow、MXNet、Theano 等，用数据流语言优化算法，TVM 对硬件后端进行转换。

▶▶ 1.5.3　TVM 应对的挑战

TVM 可以使用以下 3 个关键模块解决优化编译方面的挑战。

1. 使用张量表达式语言

执行算子程序优化转换，生成各种程序原语。基于 Halide 计算与调度分离原理，分离设备原语与变换原语，对算子与原语进行加速。为应对 GPU 发展，增加转换原语，部署加速算子。用各种程序转换给定的算子，形成高效程序空间。

2. 搜索自动优化的张量算子

利用机器学习的成本模型，获取设备后端数据，持续调整与改进模型。

3. 利用高级算子级自动优化生成代码

TVM 对神经网络模型进行高级与低级优化，在 CPU、GPU、FPGA 等设备上执行代码生成与算子加速运算。TVM 能跨后端加速，支持手工优化功能，主要包括以下工作：

1）硬件后端支持神经网络可移植性优化。

2）自定义调度与跨线程内存重用，升级硬件原语。

3）自动优化搜索算子。

4）创建端到端编译堆栈优化，在 TensorFlow、MXNet、PyTorch、Keras、CNTK 等框架中，对 CPU、GPU、FPGA 等设备进行神经网络模型优化部署。

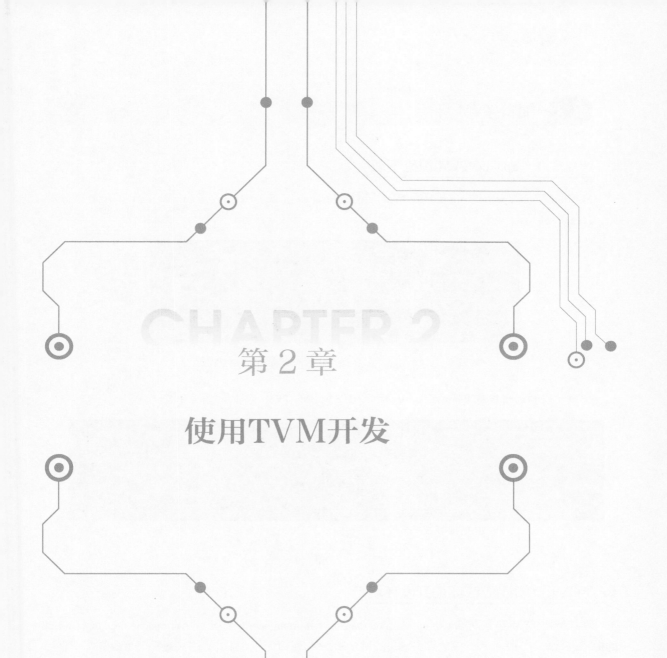

第 2 章

使用TVM开发

2.1 配置 TVM 环境

▶▶ 2.1.1 apache TVM 源码下载

从 github.com/apache/tvm 上下载 TVM，可用 git clone（或 git clone --recursive）命令下载 TVM 源码，如图 2.1 所示。

```
(base) root@82684b9a371e:~# git clone https://github.com/apache/tvm
Cloning into 'tvm'...
remote: Enumerating objects: 148114, done.
remote: Counting objects: 100% (239/239), done.
remote: Compressing objects: 100% (207/207), done.
remote: Total 148114 (delta 105), reused 118 (delta 26), pack-reused 147875
Receiving objects: 100% (148114/148114), 67.86 MiB | 2.38 MiB/s, done.
Resolving deltas: 100% (111531/111531), done.
Checking connectivity... done.
(base) root@82684b9a371e:~#
```

• 图 2.1　在 apache 登录 TVM 的网址下载 TVM 源码

下载完成后，用 ls 或 ls-a 命令，可看到图 2.2 所示的 TVM 工程目录全貌。

```
(base) root@82684b9a371e:~/tvm# ls
3rdparty        Jenkinsfile  Makefile  README.md  cmake    conftest.py  gallery  jvm       pyproject.toml  src          vta
CMakeLists.txt  KEYS         NEWS.md   apps       conda    docker       golang   licenses  python          tests        web
CONTRIBUTORS.md LICENSE      NOTICE    ci         configs  docs         include  mypy.ini  rust            version.py
(base) root@82684b9a371e:~/tvm# ls -a
.               .gitattributes   3rdparty          LICENSE     apps     conftest.py  include   python          vta
..              .github          CMakeLists.txt    Makefile    ci       docker       jvm       rust            web
.asf.yaml       .gitignore       CONTRIBUTORS.md   NEWS.md     cmake    docs         licenses  src
.clang-format   .gitmodules      Jenkinsfile       NOTICE      conda    gallery      mypy.ini  tests
.git            .pre-commit-config.yaml  KEYS      README.md   configs  golang       pyproject.toml  version.py
(base) root@82684b9a371e:~/tvm#
```

• 图 2.2　TVM 工程目录全貌

▶▶ 2.1.2 配置 TVM 的开发环境

建议按照 TVM 官方网站 tvm.apache.org/docs/install/from_source.html 或 tvm.apache.org/docs/install 的提示进行配置，不要因为图省事，跳过关键步骤。熟悉了以后，可以将这些配置项写成脚本，直接启用脚本来配置，以免做重复劳动。

配置 conda 环境，运行 TVM 依赖项。按照 conda 安装指南，安装 miniconda 或 anaconda。在 conda 中运行如下命令。

```
#激活创建的环境
conda activate tvm-build
```

▶▶ 2.1.3 TVM conda 环境使用方法

TVM conda 环境启动和退出命令如下。

1）启动命令：conda activate tvm-build

2）退出命令：conda deactivate

图 2.3 所示为 TVM conda 使用方法。

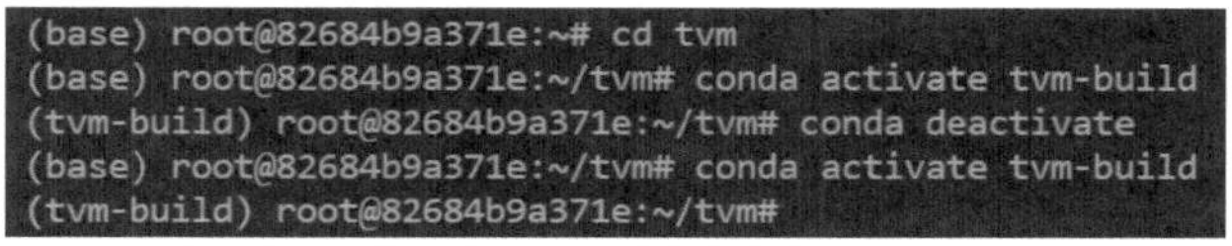

(base) root@82684b9a371e:~# cd tvm
(base) root@82684b9a371e:~/tvm# conda activate tvm-build
(tvm-build) root@82684b9a371e:~/tvm# conda deactivate
(base) root@82684b9a371e:~/tvm# conda activate tvm-build
(tvm-build) root@82684b9a371e:~/tvm#

● 图 2.3　TVM conda 使用方法

安装所有依赖项，如 cmake 与 LLVM 等。

conda 用二进制文件，可将 LLVM 配置静态模式集 set（USE_LLVM " llvm-config --link-static"），生成无关 conda 的动态 LLVM 库。如果已经使用 conda 作为软件包管理器，可直接将 TVM 构建并安装为 conda 软件包，即将 TVM 作为 conda 库构建与安装，操作命令如下。

```
conda build --output-folder=conda/pkg  conda/recipe
#Run conda/build_cuda.sh to build with cuda enabled
conda install tvm -c./conda/pkg
```

▶▶ 2.1.4　编译实现

编译代码如下。

```
cd tvm
mkdir build
cp cmake/config.cmake build
cd build
cmake ..
make runtime
```

编译执行后，如果出现图 2.4 所示的信息，就说明编译成功了。

[77%] Building CXX object CMakeFiles/tvm_runtime_objs.dir/src/runtime/rpc/rpc_server_env.cc.o
[77%] Building CXX object CMakeFiles/tvm_runtime_objs.dir/src/runtime/rpc/rpc_session.cc.o
[77%] Building CXX object CMakeFiles/tvm_runtime_objs.dir/src/runtime/rpc/rpc_socket_impl.cc.o
[77%] Building CXX object CMakeFiles/tvm_runtime_objs.dir/src/runtime/graph_executor/graph_executor.cc.o
[77%] Building CXX object CMakeFiles/tvm_runtime_objs.dir/src/runtime/graph_executor/graph_executor_factory.cc.o
[88%] Building CXX object CMakeFiles/tvm_runtime_objs.dir/src/runtime/graph_executor/debug/graph_executor_debug.cc.o
[88%] Building CXX object CMakeFiles/tvm_runtime_objs.dir/src/runtime/vm/profiler/vm.cc.o
[88%] Building CXX object CMakeFiles/tvm_runtime_objs.dir/src/runtime/aot_executor/aot_executor.cc.o
[88%] Building CXX object CMakeFiles/tvm_runtime_objs.dir/src/runtime/aot_executor/aot_executor_factory.cc.o
[88%] Building CXX object CMakeFiles/tvm_runtime_objs.dir/src/runtime/contrib/random/random.cc.o
[100%] Building CXX object CMakeFiles/tvm_runtime_objs.dir/src/runtime/contrib/sort/sort.cc.o
[100%] Built target tvm_runtime_objs
Scanning dependencies of target tvm_libinfo_objs
[100%] Building CXX object CMakeFiles/tvm_libinfo_objs.dir/src/support/libinfo.cc.o
[100%] Built target tvm_libinfo_objs
Scanning dependencies of target tvm_runtime
[100%] Linking CXX shared library libtvm_runtime.so
[100%] Built target tvm_runtime
Scanning dependencies of target runtime
[100%] Built target runtime
(tvm-build) root@82684b9a371e:~/tvm/build#

● 图 2.4　TVM 全仓编译成功示例

▶▶ 2.1.5 导入模型方法

TVM 通过 Python 的 tvm.runtime.load_module 命令完成模型文件导入，代码如下。

```
import tvm
tvm.runtime.Module = tvm.runtime.load_module("resnet50.so")
```

TVM 可重用工具链，对前端与多个硬件后端代码进行编译。表 2.1 所示为以 MXNet 框架为例演示导入模型的方法。

表 2.1　以 MXNet 框架为例演示导入模型的方法

模　　块	实　现　方　法
Input Model	import mxnet
Framework	#加载现有编译图 sym＝mxnet.sym.load（"resnet.json"）
Compile	m＝tvm.bind（sym，target，device，shape＝｛'data': data_shape，'software_label': label_shape｝）
Deploy	#运行直方图，可将模块部署在目标设备上 set_input，run，get_output＝m［'set_input'］，m［'run'］，m［'get_output'］ set_input（0，batch.data［0］） run()

2.2　在 conda 环境编译优化 TVM yolov3 示例

本节将介绍在 conda 环境编译优化 TVM yolov3 的示例（可编译成功），内容包括优化流程和需要注意的事项，对读者的实际项目具有一定的参考价值。

示例：tvm_yolov3_optimize.py 代码。

注意：建议直接用本地下载好的文件路径参数，以便提高运算效率。

（1）导入 numpy 和 matplotlib

```
import numpy as np
import matplotlib.pyplot as plt
import sys
import ast
```

（2）导入 tvm 和 relay

```
import tvm
from tvm import relay
from ctypes import *
#from tvm.contrib.download import download_testdata
from tvm.relay.testing.darknet import __darknetffi__
import tvm.relay.testing.yolo_detection
import tvm.relay.testing.darknet
```

```
import datetime
import os
```

（3）设置 Model 文件名

```
MODEL_NAME = 'yolov3'
##################################################
```

（4）下载所需文件（本例实际上是直接用已下载到本地的文件）

```
#----------------------
#程序下载 cfg 及权重文件
CFG_NAME = MODEL_NAME + '.cfg'
WEIGHTS_NAME = MODEL_NAME + '.weights'
#REPO_URL = 'https://github.com/dmlc/web-data/blob/master/darknet/'
#CFG_URL = REPO_URL + 'cfg/' + CFG_NAME + '?raw=true'
#WEIGHTS_URL = 'https://pjreddie.com/media/files/' + WEIGHTS_NAME
#cfg_path = download_testdata(CFG_URL, CFG_NAME, module="darknet")
```

（5）直接用本地下载好的文件路径

```
cfg_path = "/home/jianming.wu/tvm/darknet-master/cfg/yolov3.cfg"
#weights_path = download_testdata(WEIGHTS_URL, WEIGHTS_NAME, module="darknet")
weights_path =
"/home/jianming.wu/tvm/darknet-master/weights/yolov3.weights"
#下载并加载 DarkNet Library
if sys.platform in ['linux', 'linux2']:
    DARKNET_LIB = 'libdarknet2.0.so'
  #DARKNET_URL = REPO_URL + 'lib/' + DARKNET_LIB + '?raw=true'
elif sys.platform == 'darwin':
    DARKNET_LIB = 'libdarknet_mac2.0.so'
  #DARKNET_URL = REPO_URL + 'lib_osx/' + DARKNET_LIB + '?raw=true'
else:
    err = "Darknet lib is not supported on {} platform".format(sys.platform)
    raise NotImplementedError(err)
#lib_path = download_testdata(DARKNET_URL, DARKNET_LIB, module="darknet")
lib_path = "/home/jianming.wu/tvm/darknet-master/lib/libdarknet2.0.so"
#****** timepoint1-start*******
start1 = datetime.datetime.now()
#****** timepoint1-start*******
DARKNET_LIB = __darknetffi__.dlopen(lib_path)
net = DARKNET_LIB.load_network(cfg_path.encode('utf-8'), weights_path.encode('utf-8'), 0)
#net = DARKNET_LIB.load_network(cfg_path.encode('utf-8'), weights_path.encode('utf-8'), 0)
dtype = 'float32'
batch_size = 1
data = np.empty([batch_size, net.c, net.h, net.w],dtype)
shape_dict = {'data': data.shape}
print("Converting darknet to relay functions...")
#func, params = relay.frontend.from_darknet(net, dtype=dtype, shape=data.shape)
func, params = relay.frontend.from_darknet(net, dtype=dtype, shape=data.shape)
```

```
#s1 = ast.literal_eval(func)
#s2 = ast.literal_eval(params)
s1 =func
s2 =params
#################################################
```

（6）将图导入 Relay

```
#------------------------
#编译模型
#target ='llvm'
#target_host ='llvm'
#ctx = tvm.cpu(0)
target =tvm.target.Target("llvm", host="llvm")
dev =tvm.cpu(0)
#wujianming20210713start
#优化
print("optimize relay graph...")
with tvm.relay.build_config(opt_level=2):
    func = tvm.relay.optimize(func, target, params)
#quantize
print("apply quantization...")

from tvm.relay import quantize
with quantize.qconfig():
    func = quantize.quantize(s1, s2)
#wujianming20210713finsih
print("Compiling the model...")
#print(func.astext(show_meta_data=False))
#with relay.build_config(opt_level=3):
#graph, lib, params = tvm.relay.build(func, target=target, params=params)
#Save the model
#tmp = util.tempdir()
#tmp =tempdir()
#lib_fname = tmp.relpath('model.tar')
#lib_fname =os.path.relpath('model.tar')
#lib.export_library(lib_fname)
#[neth, netw] = shape['data'][2:] #Current image shape is 608x608
#############################################
#Import the graph to Relay
#------------------------
#target =tvm.target.Target("llvm", host="llvm")
#dev =tvm.cpu(0)
data = np.empty([batch_size, net.c, net.h, net.w],dtype)
shape = {"data": data.shape}
print("Compiling the model...")
with tvm.transform.PassContext(opt_level=3):
    lib = relay.build(func, target=target, params=params)
[neth, netw] = shape["data"][2:]  #Current image shape is 608x608
```

```
###############################################
#****** timepoint1-end*******
end1 = datetime.datetime.now()
#****** timepoint1-end*******
###############################################
```

（7）加载测试图片

```
#----------------
test_image = 'dog.jpg'
print("Loading the test image...")
#img_url = REPO_URL +'data/' + test_image +'?raw=true'
#img_path = download_testdata(img_url, test_image, "data")
img_path = "/home/jianming.wu/tvm/darknet-master/data/dog.jpg"
#****** timepoint2-start*******
start2 = datetime.datetime.now()
#****** timepoint2-start*******
data =tvm.relay.testing.darknet.load_image(img_path, netw, neth)
###############################################
#在 TVM 上执行
#----------------------
#过程与其他示例没有差别
#from tvm.contrib import graph_runtime
from tvm.contrib import graph_executor

#m = graph_runtime.create(graph, lib,ctx)
m = graph_executor.GraphModule(lib["default"](dev))
```

（8）设置输入

```
m.set_input('data',tvm.nd.array(data.astype(dtype)))
m.set_input(** params)
#执行打印
print("Running the test image...")

m.run()
```

（9）获得输出

```
tvm_out = []
if MODEL_NAME == 'yolov2':
    layer_out = {}
    layer_out['type'] = 'Region'
    #获取区域层属性(n, out_c, out_h, out_w, classes, coords, background)
    layer_attr = m.get_output(2).asnumpy()
    layer_out['biases'] = m.get_output(1).asnumpy()
    out_shape = (layer_attr[0], layer_attr[1]//layer_attr[0],
                 layer_attr[2], layer_attr[3])
    layer_out['output'] = m.get_output(0).asnumpy().reshape(out_shape)
    layer_out['classes'] = layer_attr[4]
    layer_out['coords'] = layer_attr[5]
```

```
        layer_out['background'] = layer_attr[6]
    tvm_out.append(layer_out)

    elif MODEL_NAME == 'yolov3':
        for i in range(3):
            layer_out = {}
            layer_out['type'] = 'Yolo'
            #获取 Yolo 层属性 (n, out_c, out_h, out_w, classes, total)
            layer_attr = m.get_output(i* 4+3).asnumpy()
            layer_out['biases'] = m.get_output(i* 4+2).asnumpy()
            layer_out['mask'] = m.get_output(i* 4+1).asnumpy()
            out_shape = (layer_attr[0], layer_attr[1]//layer_attr[0],
                        layer_attr[2], layer_attr[3])
            layer_out['output'] =
    m.get_output(i* 4).asnumpy().reshape(out_shape)
            layer_out['classes'] = layer_attr[4]
            tvm_out.append(layer_out)
```

（10）检测，并进行框选标记

```
    thresh = 0.5
    nms_thresh = 0.45
    img = tvm.relay.testing.darknet.load_image_color(img_path)
    _, im_h, im_w =img.shape
    dets = tvm.relay.testing.yolo_detection.fill_network_boxes((netw, neth), (im_w, im_h),
    thresh, 1, tvm_out)
    last_layer = net.layers[net.n - 1]
    tvm.relay.testing.yolo_detection.do_nms_sort(dets, last_layer.classes, nms_thresh)
    #****** timepoint2-end*******
    end2 = datetime.datetime.now()
    #****** timepoint2-end*******
    #coco_name = 'coco.names'
    #coco_url = REPO_URL +'data/' + coco_name +'?raw=true'
    #font_name = 'arial.ttf'
    #font_url = REPO_URL +'data/' + font_name +'?raw=true'
    #coco_path = download_testdata(coco_url, coco_name, module='data')
    #font_path = download_testdata(font_url, font_name, module='data')
    coco_path = "/home/jianming.wu/tvm/darknet-master/data/coco.names"
    font_path = "/home/jianming.wu/tvm/darknet-master/data/arial.ttf"
    #****** timepoint3-start*******
    start3 = datetime.datetime.now()
    #****** timepoint3-start*******
    with open(coco_path) as f:
        content = f.readlines()
    names = [x.strip() for x in content]
    tvm.relay.testing.yolo_detection.draw_detections(font_path, img, dets, thresh, names,
    last_layer.classes)
    #****** timepoint3-end*******
    end3 = datetime.datetime.now()
```

```
#****** timepoint3-end******
print(end1-start1)
print(end2-start2)
print(end3-start3)
plt.imshow(img.transpose(1, 2, 0))
plt.show()
```

通过 TVM 优化后的 TVMyolov3 目标检查模型，成功编译运行结果如图 2.5 所示。

● 图 2.5　成功编译运行结果

2.3　Python 与 C++的调用关系

TVM 包含很多功能模块，这里介绍 Python 与 C++互相调用的功能模块示例。不使用第三方的开源库（如 boost.python、pybind11 等），自主实现一套复杂但精致、高效、强大的机制，具体包括以下 3 部分。

1）最底层的 C++数据结构（C++端的 PackedFunc 类）。

2）基于 PackedFunc 类的函数注册（TVM_REGISTER_GLOBAL）。

3）偏上层的 Python 调用细节（ctypes 内置库和 Python 端 PackedFunc 类）。

▶▶ 2.3.1　TVM 中底层 C++数据结构

1. 调用 PackedFunc 类

PackedFunc 类是 Python 和 C++互相调用的桥梁，此类实现代码在 include/tvm/runtime/packed_func.h 文件中。这里面还有一个 TypedPackedFunc 类，它只是 PackedFunc 类的一个 wrapper（封装），主要增加了类型检查的功能，开发 TVM 的 C++代码要尽可能使用这个类。但是为了把问题尽可能简化，只关注 PackedFunc 这个最底层类，其中用到了下面这几个关键的数据结构。

（1）TVMValue

这是最基本的一个数据结构，是一个 union，实现在 include/tvm/runtime/c_runtime_api.h 文件中，

主要是为了存储 C++和其他语言交互时所支持的几种类型的数据，代码很简单（其中 **DLDataType** 和 **DLDevice** 是两个复合数据类型，下面没有全部列出来，感兴趣的读者可去 github 查看相关细节）。

```
// include/tvm/runtime/c_runtime_api.h
typedef union {
  int64_t v_int64;
double v_float64;
  void* v_handle;
  const char* v_str;
  DLDataType v_type;
  DLDevice v_device;
}TVMValue;
```

（2）TVMArgs

这个类主要是为了封装传给 PackedFunc 类的所有参数。这个类也比较简单，主要基于 **TVMValue** 类、参数类型编码、参数个数来实现，代码如下所示。

```
class TVMArgs {
 public:
  const TVMValue* values;
  const int* type_codes;
  int num_args;
TVMArgs(const TVMValue* values,
        const int* type_codes,
        int num_args) { ...}
  inline int size() const { return num_args; }
  inline TVMArgValue operator[](int i) const {
      return TVMArgValue(values[i], type_codes[i]);
  }
};
```

（3）TVMPODValue_

这是一个内部使用的基类，主要服务于后面介绍的 **TVMArgValue** 和 **TVMRetValue** 类，从名字可以看出，这个类主要是处理 POD 类型的数据，POD 是 Plain Old Data 的缩写。POD 类型的实现核心是强制类型转换运算符重载（在 C++中，类型的名字，包括类的名字本身也是一种运算符，即类型强制转换运算符），如下面代码所示。

```
class TVMPODValue_ {
 public:
  operator double() const { return value_.v_float64; }
  operator int64_t() const { return value_.v_int64; }
  operator void* () const { return value_.v_handle; }
  template <typename T>
  T* ptr() const { return static_cast<T* >(value_.v_handle); }
 protected:
  TVMValue value_;
  int type_code_;
};
```

（4）TVMArgValue

这个类继承自前面的 TVMPODValue_类，用于表示 PackedFunc 类的一个参数，它和 TVMPODValue_的区别是扩充了一些数据类型的支持，比如 string、PackedFunc、TypedPackedFunc 等，其中对后两个类型的支持是在 C++代码中能够调用 Python 函数的根本原因。这个类只使用所保存的 underlying data（源数据），而不会执行释放操作，代码如下所示。

```
class TVMArgValue : public TVMPODValue_ {
 public:
  TVMArgValue() {}
  TVMArgValue(TVMValue value, int type_code)
  :TVMPODValue_(value, type_code) {}
  operator std::string() const {}
  operator PackedFunc() const { return * ptr<PackedFunc>(); }
  const TVMValue& value() const { return value_; }
  template <typename T>
  inline operator T() const;
  inline operator DLDataType() const;
  inline operator DataType() const;
};
```

（5）TVMRetValue

这个类也是继承自 TVMPODValue_类，主要作用是作为存放调用 PackedFunc 类返回值的容器，它和 TVMArgValue 类的区别是，它会管理所保存的 underlying data，会对其做释放。这个类主要由以下 4 部分构成。

1）构造函数与析构函数。

2）对强制类型转换运算符重载的扩展。

3）对赋值运算符的重载。

4）辅助函数，包括释放资源的 Clear 函数。

具体代码如下所示。

```
class TVMRetValue: public TVMPODValue_ {
 public:
  // ctor 与 dtor, dtor 将释放相关缓冲区
  TVMRetValue() {}
  ~TVMRetValue() { this→Clear(); }
  // conversion operators
  operator std::string() const { return * ptr<std::string>(); }
  operator DLDataType() const { return value_.v_type; }
  operator PackedFunc() const { return * ptr<PackedFunc>(); }
  // Assign operators
  TVMRetValue& operator=(double value) {}
  TVMRetValue& operator=(void* value) {}
  TVMRetValue& operator=(int64_t value) {}
  TVMRetValue& operator=(std::string value) {}
  TVMRetValue& operator=(PackedFunc f) {}
 private:
```

```
// judge type_code_,发布基础数据
void Clear() {
  if (type_code_ ==kTVMStr ||type_code_ == kTVMBytes) {
    delete ptr<std::string>();
  } else if(type_code_ == kTVMPackedFuncHandle) {
    delete ptr<PackedFunc>();
  } else if(type_code_ ==kTVMNDArrayHandle) {
    NDArray::FFIDecRef(
      static_cast<TVMArrayHandle>(value_.v_handle));
  } else if(type_code_ ==kTVMModuleHandle
      ||type_code_ ==kTVMObjectHandle ) {
    static_cast<Object* >(value_.v_handle)→DecRef();
  }
  type_code_ =kTVMNullptr;
  }
};
```

（6）TVMArgsSetter

这是一个给 **TVMValue** 对象赋值的辅助类，主要通过重载函数调用运算符来实现，实现代码如下所示。

```
class TVMArgsSetter {
 public:
  TVMArgsSetter(TVMValue* values, int* type_codes)
    : values_(values), type_codes_(type_codes) {}
  void operator()(size_t i, double value) const {
    values_[i].v_float64 = value;
    type_codes_[i] =kDLFloat;
  }
  void operator()(size_t i, const string& value) const {
    values_[i].v_str = value.c_str();
    type_codes_[i] =kTVMStr;
  }
  void operator()(size_t i, const PackedFunc& value) const {
    values_[i].v_handle = const_cast<PackedFunc* >(&value);
    type_codes_[i] = kTVMPackedFuncHandle;
  }
 private:
 TVMValue* values_;
  int* type_codes_;
};
```

2. PackedFunc 类的实现

有了前面所述的数据结构作为基础，再来看 PackedFunc 的实现。PackedFunc 类的实现很简单，内部只使用了一个存储函数指针的变量，再通过重载函数调用运算符来调用这个函数指针所指向的函数，实现代码如下所示。

```
class PackedFunc {
 public:
```

```
using FType = function<void(TVMArgs args, TVMRetValue* rv)>;
PackedFunc() {}
explicit PackedFunc(FType body) : body_(body) {}

template <typename...Args>
inline TVMRetValue operator()(Args&&...args) const {
  const int kNumArgs = sizeof...(Args);
  const int kArraySize = kNumArgs > 0 ? kNumArgs : 1;
  TVMValue values[kArraySize];
  int type_codes[kArraySize];
  detail::for_each(TVMArgsSetter(values, type_codes),
    std::forward<Args>(args)...);
  TVMRetValue rv;
  body_(TVMArgs(values, type_codes, kNumArgs), &rv);
  return rv;
}
inline void CallPacked(TVMArgs args, TVMRetValue* rv) const {
  body_(args, rv);
}
private:
FType body_;
};
```

总之，这里先调用 PackedFunc 类，将参数传给 TVMArgs 类，再用 TVMRetValue 类进行返回。

▶▶ 2.3.2 进行函数注册

1. 概述

本节主要讲 C++端的函数注册，Python 端对 C++端的函数调用都来源于 C++端的注册函数，最重要的一个函数注册宏是 **TVM_REGISTER_GLOBAL**。代码库里大概用了 1300 多次，除了这个注册宏，TVM 里还有许多其他的注册宏，这里不一一细说了。

下面先介绍一下 Lambda 表达式的基础知识，其对学习随后的内容有帮助。使用 Lambda 表达式可避免内部类定义过度。lambda 表达式的语法格式为：（parameters）→expression 或（parameters）→{ statements；} 。

以下是 lambda 表达式的重要特征。

1）可选的类型声明：不需要声明参数类型，编译器可以统一识别参数值。

2）可选的参数圆括号：一个参数无须定义圆括号，但多个参数需要定义圆括号。

3）可选的大括号：如果主体包含了一个语句，就不需要使用大括号。

4）可选的返回关键字：如果主体只有一个表达式返回值，则编译器会自动返回值，大括号需要指定表达式返回了一个数值。

2. 多种注册接口

注册的函数可以是普通函数，也可以是 lambda 表达式。注册接口有三个，分别是 set_body、set_

body_typed、set_body_method。第一个使用的是 PackedFunc 类，后面两个使用的是 TypedPackedFunc 类。前文已经讲过，TypedPackedFunc 类是 PackedFunc 类的一个封装，实现比较复杂，下面举三个简单示例来展示这三个注册接口的使用。

1）使用 set_body 接口注册 lambda 表达式（以 src/topi/nn.cc 中的 topi.nn.relu 为例），代码如下。

```
// src/topi/nn.cc
TVM_REGISTER_GLOBAL("topi.nn.relu")
    .set_body([](TVMArgs args, TVMRetValue* rv) {
  * rv =relu<float>(args[0]);
});
```

2）使用 set_body_typed 接口注册 lambda 表达式（以 src/te/schedule/graph.cc 中的 schedule.PostDF-SOrder 为例），代码如下。

```
// src/te/schedule/graph.cc
TVM_REGISTER_GLOBAL("schedule.PostDFSOrder")
    .set_body_typed([](
        const Array<Operation>& roots,
        const ReadGraph& g) {
    return PostDFSOrder(roots, g);
    });
```

3）使用 set_body_method 接口注册类内函数（以 src/ir/module.cc 中的 ir.Module_GetGlobalVar 为例），代码如下。

```
// src/ir/module.cc
TVM_REGISTER_GLOBAL("ir.Module_GetGlobalVar")
    .set_body_method<IRModule>(&IRModuleNode::GetGlobalVar);
```

3. TVM_REGISTER_GLOBAL 宏定义

这个宏定义在 include/tvm/runtime/registry.h 文件中，它的本质就是在注册文件中定义了一个 static 的引用变量，引用注册机内部 new（新建）出来的一个新的 Registry 对象，实现代码如下。

```
// include/tvm/runtime/registry.h
#define TVM_REGISTER_GLOBAL(OpName)
  static ::tvm::runtime::Registry& __mk_TVMxxx =
      ::tvm::runtime::Registry::Register(OpName)
```

上面代码中的 xxx 其实是__COUNTER__编译器扩展宏生成的一个唯一标识符，GCC 文档里对这个宏有详细的描述。

4. Registry::Manager 注册方法

先来看最核心的 Manager 类。它定义在 src/runtime/registry.cc 文件中，是 Registry 的内部类，用来存储注册的对象，实现代码如下。

```
// src/runtime/registry.cc
struct Registry::Manager {
  static Manager* Global() {
```

```
    static Manager* inst = new Manager();
    return inst;
  }
  std::mutex mutex;
  unordered_map<std::string, Registry* >fmap;
};
```

这个数据结构很简单，从上面代码能得到下面几点信息。

1）数据结构里面带锁，可以保证线程安全。

2）Manager 是个单例，用于限制类的实例化对象个数（如 0、1 或 N）。

3）使用 unordered_map 来存储注册信息，注册对象是 Registry 指针。

5. Registry 注册类

Registry 是注册机的核心数据结构，定义在 include/tvm/runtime/registry.h 文件中，简化后的代码如下（只保留了关键的数据结构和接口，原文使用了大量的模板、泛型等机制）。

```
// include/tvm/runtime/registry.hclass Registry {
 public:
  Registry& set_body(PackedFunc f);
  Registry& set_body_typed(FLambda f);
  Registry& set_body_method(R (T::* f)(Args...));
  static Registry& Register(const std::string& name);
  static const PackedFunc* Get(const std::string& name);
  static std::vector ListNames();
 protected:
  std::string name_;
  PackedFunc func_;
  friend struct Manager;
};
```

Registry 的功能可以为 3 部分，相关的实现代码也比较简单，总结如下。

1）设置注册函数的 set_body 系列接口，使用 Registry 的一系列 set_body 方法，可以把 PackedFunc 类型的函数对象设置到 Registry 对象中。

2）创建 Registry 对象的 Register 静态接口，代码如下。

```
Registry& Registry::Register(const std::string& name) {
  Manager* m = Manager::Global();
  std::lock_guard<std::mutex> lock(m→mutex);
  Registry* r = new Registry();
  r→name_ = name;
  m→fmap[name] = r;
  return * r;
}
```

3）获取注册函数的 Get 静态接口，代码如下。

```
const PackedFunc* Registry::Get(const std::string& name) {
  Manager* m = Manager::Global();
```

```
        std::lock_guard<std::mutex> lock(m→mutex);
        auto it = m→fmap.find(name);
        if (it == m→fmap.end()) return nullptr;
        return &(it→second→func_);
    }
```

总之，在 Python 与 C++间的相互调用中，编译器会使用注册技术实现注册功能。本节内容相对简单，但是对于 Python、C++的互相调用却至关重要，而且注册机也是一个深度学习框架、编译器都会用到的技术，很有必要了解清楚。

▶▶ 2.3.3　上层 Python 调用

1. TVM 用 Python 调用 C++代码 API 原理

TVM 使用 Python 的 ctypes 模块来调用 C++代码提供的 API，ctypes 是 Python 内建的、可以用于调用 C/C++动态链接库函数的功能模块。

对于动态链接库提供的 API，需要使用符合 C 语言编译和链接约定的 API，因为 Python 的 ctypes 只和 C 兼容，而 C++编译器会对函数和变量名进行 name mangling（名称修饰），所以需要使用__cplusplus 宏和 extern "C" 来得到符合 C 语言编译和链接约定的 API。现以 TVM 为 Python 提供的接口为例，实现代码如下。

```
// TVM 为 Python 提供的接口主要都在下面这个文件。
// include/tvm/runtime/c_runtime_api.h
//下面主要展示__cplusplus 和 extern "C"的用法，以及几个关键的 API
#ifdef __cplusplus
extern "C" {
#endif

int TVMFuncListGlobalNames(int* out_size, const char*** out_array);
int TVMFuncGetGlobal(const char* name, TVMFunctionHandle* out);
int TVMFuncCall(TVMFunctionHandle func, TVMValue* args, int* arg_type_codes, int num_
args, TVMValue* ret_val, int* ret_type_code);

#ifdef __cplusplus
}  // TVM_EXTERN_C
#endif
```

2. 加载 TVM 动态库

TVM 的 Python 代码从 python/tvm/__init__.py 中开始真正执行，实现代码如下。

```
from ._ffi.base import TVMError, __version__
#这句简单的 import 代码，会执行 python/tvm/_ffi/__init__.py:
from .base import register_error
from .registry import register_func
from .registry import _init_api, get_global_func
#上面的第一句，会导致 python/tvm/_ffi/base.py 中下面的代码被执行。
```

```
def _load_lib():
    lib =ctypes.CDLL(lib_path[0], ctypes.RTLD_GLOBAL)
    return lib, os.path.basename(lib_path[0])
_LIB, _LIB_NAME = _load_lib()
```

上面代码的 lib_path[0] 是 TVM 动态链接库的全路径名称。在 Linux 系统中，链接库的名称是 /xxx/libtvm.so（不同的系统动态库的名字会有所不同，Windows 系统是.dll，苹果系统是.dylib，Linux 系统是.so）。在_load_lib 函数执行完成后，_LIB 和_LIB_NAME 都完成了初始化。其中_LIB 是一个 ctypes.CDLL 类型的变量，它是能够操作 TVM 动态链接库的 export_symbols 的一个全局句柄，_LIB_NAME 是 libtvm.so 的字符串。这样后续在 Python 中，就能通过_LIB 这个桥梁不断地和 C++进行交互。

3. Python 关联 C++的 PackedFunc 类

前面已经对 C++中的 PackedFunc 类做了详细的剖析，下面主要讲解 Python 代码中是怎么使用这个核心组件的。还是通过代码，一步步来看。

Python 获取 C++ API 的底层函数是_get_global_func。实现代码如下。

```
#python/tvm/_ffi/_ctypes/packed_func.py
def _get_global_func(func_name):
    handle =ctypes.c_void_p()
    _LIB.TVMFuncGetGlobal(c_str(name), ctypes.byref(handle))
    return _make_packed_func(handle, False)
```

上述代码中的 handle 相当于 void 类型的一个指针变量，因为从 ctypes 的官方文档中可以查到，如表 2.2 所示。

表 2.2　C 语言基本数据类型

ctype type	c type	python type
c_void	void*	int or None

_get_global_func 中调用了 TVMFuncGetGlobal 这个 API。从这个 API 的实现就可以发现，handle 最终保存了一个 C++代码在堆中 new 出来的 PackedFunc 对象指针，实现代码如下。

```
// src/runtime/registry.cc
int TVMFuncGetGlobal(const char* name, TVMFunctionHandle* out) {
  const tvm::runtime::PackedFunc* fp
      =tvm::runtime::Registry::Get(name);
  * out = newtvm::runtime::PackedFunc(*fp);
}
```

与 C++ PackedFunc 类的关联工作这时候才完成一半，在_get_global_func 的最后调用了_make_packed_func 函数，实现代码如下。

```
#python/tvm/_ffi/_ctypes/packed_func.py
def _make_packed_func(handle, is_global):
    obj =PackedFunc.__new__(PackedFuncBase)
    obj.is_global = is_global
```

```
        obj.handle = handle
        return obj
```

可以看到_make_packed_func 函数中创建了一个定义在 python/tvm/runtime/packed_func.py 中的Python PackedFunc 对象，PackedFunc 其实是一个空实现。它继承自 PackedFuncBase 类，PackedFuncBase 类中定义了一个__call__函数，实现代码如下。

```
#python/tvm/_ffi/_ctypes/packed_func.py
class PackedFuncBase(object):
  def __call__(self, * args):
    values,tcodes, num_args = _make_tvm_args(args, temp_args)
    ret_val =TVMValue()
    ret_tcode = ctypes.c_int()
    _LIB.TVMFuncCall(
        self.handle,
        values,
        tcodes,
        ctypes.c_int(num_args),
        ctypes.byref(ret_val),
        ctypes.byref(ret_tcode),
    )
    return ret_val
```

从上面的代码可以看出，Python 的__call__函数调用了 C 的 TVMFuncCall API，把前面保存有 C++ PackedFunc 对象地址的 handle 对象以及相关的函数参数传了进去，TVMFuncCall 的主体代码如下。

```
// src/runtime/c_runtime_api.cc
int TVMFuncCall(TVMFunctionHandle handle, TVMValue* args, ...)
  (* static_cast<const PackedFunc* >(handle))
      .CallPacked(TVMArgs(args, arg_type_codes, num_args), &rv);
}
```

至此就完成了把 C++中的 PackedFunc 映射到了 Python 中的 PackedFunc，在 Python 代码中只需要调用创建好的 PackedFunc 对象，就会通过上述的路径来一步步调用 C++的代码。

4. 把注册关联到 Python

注册的函数既包括在 C++中注册的，也包括在 Python 中注册的，其中主要是 C++中注册的。通过 list_global_func_names 函数（实际上调用的是 TVMFuncListGlobalNames 这个 C++ API）可以得到在C++中注册的所有函数，目前有 1500 多个。

先看_init_api 函数，这个函数是把注册函数关联到各模块的关键，实现代码如下。

```
#python/tvm/_ffi/registry.py
def _init_api(prefix, module_name):
    target_module = sys.modules[module_name]
    for name in list_global_func_names():
        if not name.startswith(prefix):
            continue
        fname = name[len(prefix) + 1 :]
```

```
f = get_global_func(name)
ff = _get_api(f)
ff.__name__ = fname
ff.__doc__ = "TVM PackedFunc % s." % fname
setattr(target_module, ff.__name__, ff)
```

下面对以上代码进行分析，具体如下。

1）第 3 行：sys.modules 是一个全局字典，每当程序员导入新的模块时，sys.modules 将自动记录该模块。当再次导入该模块时，Python 会直接到字典中查找，从而加快了程序运行的速度。

2）第 8 行：get_global_func 等同于前文详细描述的_get_global_func 函数，这个函数返回一个 Python 端的 PackedFunc 对象，它的 handle 成员存储了 C++中 new 出来的 PackedFunc 对象（以注册函数作为构造参数）的地址。Python 端的 PackedFunc 对象的__call__函数调用了 C++的 TVMFuncCall API，handle 是这个 API 的参数之一。C++端再把 handle 转成 C++的 PackedFunc 对象来执行，这样就完成了从 Python 端 PackedFunc 对象的执行到 C++端 PackedFunc 对象的执行的映射。

3）第 12 行：把前面代码构造的 Python 端 PackedFunc 对象作为属性设置到相应的模块上，然后各模块对_init_api 进行一次全局调用，就完成了关联。下面列出几个示例代码。

```
#python/tvm/runtime/_ffi_api.py
tvm._ffi._init_api("runtime", __name__)
#python/tvm/relay/op/op.py
tvm._ffi._init_api("relay.op", __name__)
#python/tvm/relay/backend/_backend.py
tvm._ffi._init_api("relay.backend", __name__)
```

5. 从 Python 映射到 C++的示例分析

以 TVM 中求绝对值的 abs 函数为例，这个函数的实现在 tir 模块中。函数的功能很简单，不会造成额外的理解负担，只关注从 Python 调用是怎么映射到 C++中的即可。先看在 C++中 abs 函数的定义和注册，执行代码如下。

```
// src/tir/op/op.cc
#函数定义
PrimExpr abs(PrimExpr x, Span span) { ...}
#函数注册
TVM_REGISTER_GLOBAL("tir.abs").set_body_typed(tvm::abs);
#再看 Python 端调用
#python/tvm/tir/_ffi_api.py
#C++ tir 注册函数 Python PackedFunc
#关联_ffi_api 模块
tvm._ffi._init_api("tir", __name__)
#python/tvm/tir/op.py
#定义绝对值 abs 的 Python 函数
#关联_ffi_api 的 Python PackedFunc 对象
def abs(x, span=None):
    return _ffi_api.abs(x, span)
#使用函数实现
```

```
import tvm
from tvm import tir

rlt = tir.abs(-100)
print("abs(-100) =% d" % (rlt)
```

2.4 TVM 自定义代码示例

▶▶ 2.4.1 TVM 如何添加代码

因为要添加的设备是一种类似于 GPU 的加速卡，TVM 中提供了对 GPU 编译器的各种支持，如 OpenCL、OpenGL 和 CUDA 等。这里选取比较熟悉的 CUDA 进行模仿生成。总体来看，TVM 是一个多层的结构。

TVM 在 Python 这一层提供了相关的设备接口，再使用 tvm.build 进行编译，然后调用 get_source 函数来获得想要的源码（或者 IR，如 LLVM 选项提供的是 LLVM 的 IR，而 PTX 选项提供的是 NVPTX 类型的 IR）。

添加新设备步骤如下。

（1）补全相应的 Python 接口

测试代码中可使用字符串解析的方式，但是从其他资料中发现，还存在 tvm.target.cuda() 的设备建立方式，这个很明显比字符串解析找起来相对容易（字符串最终对应的也是这种方式）。按照这种方式找到 tvm/python/tvm/target.py 文件，这个类中定义了现在能支持的 target，而添加新的 target 叫作 dpu，实现代码如下。

```
def dpu(model='unknown', options=None):
// Returns a dpu 目标
    Parameters
    ----------
    model: str
        The model of dpu device
    options : str or list of str
        Additional options

    opts = _merge_opts(['-model=% s'% model], options)
return _api_internal._TargetCreate("dpu", * opts)
```

每个设备都包括硬件自身的上下文信息和在硬件上运行软件的运行时（runtime）信息。TVM 相关的软件运行时信息在 tvm/python/tvm/_ffi/runtime_ctypes.py 文件中，添加对 dpu 的支持在 class TVMContext 的两个掩码 MASK2STR 和 STR2MASK 中，分别用如下所示的命令添加：

```
13:'dpu',
```

与

'dpu':13。

（2）找到 Python 与 C 交互接口

回到刚才的 target.py 文件中来，核心的代码只有如下两句。

```
opts = _merge_opts(['-model=%s' % model], options)
return _api_internal._TargetCreate("dpu", * opts)
```

第 1 句是将 model 和相关的 options 组合在一起，属于字符串的拼接，没有特别多需要关注的内容；第 2 句是_api_internel._TargetCreate 函数的调用，这个函数非常重要，是创建 Target 的关键。Python 与 C 交互接口如图 2.6 所示。

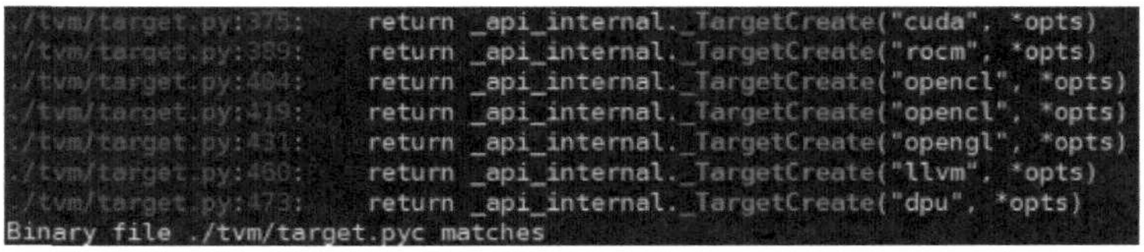

```
./tvm/target.py:375:     return _api_internal._TargetCreate("cuda", *opts)
./tvm/target.py:389:     return _api_internal._TargetCreate("rocm", *opts)
./tvm/target.py:404:     return _api_internal._TargetCreate("opencl", *opts)
./tvm/target.py:419:     return _api_internal._TargetCreate("opencl", *opts)
./tvm/target.py:431:     return _api_internal._TargetCreate("opengl", *opts)
./tvm/target.py:460:     return _api_internal._TargetCreate("llvm", *opts)
./tvm/target.py:473:     return _api_internal._TargetCreate("dpu", *opts)
Binary file ./tvm/target.pyc matches
```

图 2.6 Python 与 C 交互接口

前文已经提到过在 TVM 中使用的是 Python 提供的接口，真正的实现都是在 C++中。图 2.7 所示为 TVM 代码文件列表。

TVM 代码文件列表中，部分模块介绍如下。

1）3rdparty 是很多第三方库的实现。

2）docs 是相关的文档。

3）include 是 C++代码的主目录。

4）jvm 是 Java 相关的文件夹。

5）nnvm 是中间算子所在的目录。

6）python 是 Python 文件所在的目录，所有与 Python 相关的文件都在该目录中。

7）rust、apps、conda、docker、golang、web 都是特有领域中的内容，对一般项目没有影响。

8）tests 是测试文件，中间包含了很多测试代码，是学习 TVM 的另一个手段。

9）tutorials 是官网上相关的历程。vta 是 TVM 的软件栈。

10）cmake 包含了所有的编译配置文件，与 CmakeLists.txt 共同工作。

11）src 是全部的 C++代码。

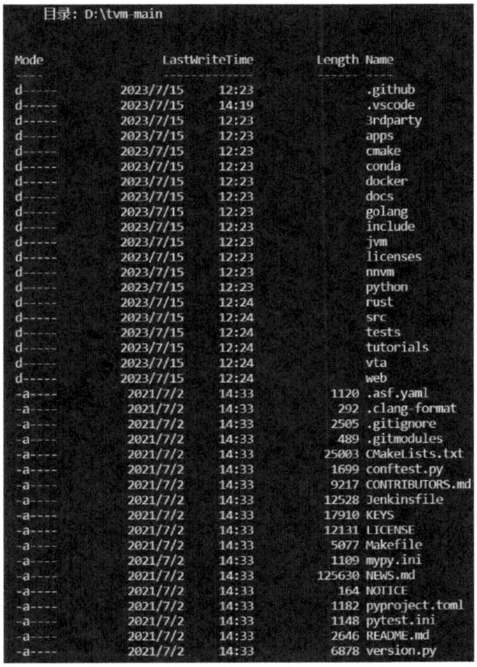

```
    目录: D:\tvm-main

Mode                 LastWriteTime         Length Name
----                 -------------         ------ ----
d-----          2023/7/15     12:23                .github
d-----          2023/7/15     14:19                .vscode
d-----          2023/7/15     12:23                3rdparty
d-----          2023/7/15     12:23                apps
d-----          2023/7/15     12:23                cmake
d-----          2023/7/15     12:23                conda
d-----          2023/7/15     12:23                docker
d-----          2023/7/15     12:23                docs
d-----          2023/7/15     12:23                golang
d-----          2023/7/15     12:23                include
d-----          2023/7/15     12:23                jvm
d-----          2023/7/15     12:23                licenses
d-----          2023/7/15     12:23                nnvm
d-----          2023/7/15     12:23                python
d-----          2023/7/15     12:24                rust
d-----          2023/7/15     12:24                src
d-----          2023/7/15     12:24                tests
d-----          2023/7/15     12:24                tutorials
d-----          2023/7/15     12:24                vta
d-----          2023/7/15     12:24                web
-a----           2021/7/2     14:33           1120 .asf.yaml
-a----           2021/7/2     14:33            292 .clang-format
-a----           2021/7/2     14:33           2505 .gitignore
-a----           2021/7/2     14:33            489 .gitmodules
-a----           2021/7/2     14:33          25003 CMakeLists.txt
-a----           2021/7/2     14:33           1699 conftest.py
-a----           2021/7/2     14:33           9217 CONTRIBUTORS.md
-a----           2021/7/2     14:33          12528 Jenkinsfile
-a----           2021/7/2     14:33          17910 KEYS
-a----           2021/7/2     14:33          12131 LICENSE
-a----           2021/7/2     14:33           5077 Makefile
-a----           2021/7/2     14:33           1109 mypy.ini
-a----           2021/7/2     14:33         125630 NEWS.md
-a----           2021/7/2     14:33            164 NOTICE
-a----           2021/7/2     14:33           1182 pyproject.toml
-a----           2021/7/2     14:33           1148 pytest.ini
-a----           2021/7/2     14:33           2646 README.md
-a----           2021/7/2     14:33           6878 version.py
```

图 2.7 TVM 代码文件列表

在 TVM 代码文件列表的 src 目录下搜索_TargetCreate，可以看到在 src/codegen/build_module.cc:116 中有相关的

内容，实现代码如下。

```
TVM_REGISTER_API("_TargetCreate")
.set_body([](TVMArgs args, TVMRetValue* ret) {
  std::string target_name = args[0];
  std::vector<std::string> options;
  for (int i = 1; i < args.num_args; ++i) {
    std::string arg = args[i];
    options.push_back(arg);
  }
  * ret =CreateTarget(target_name, options);
});
```

这段代码的意思就是通过 TVM_REGISTER_API 的注册机制，注册_TargetCreate 函数，真正的函数体是在.set_body 内执行的，实际上是 C++中的 tvm::CreateTarget 函数。TVM_REGISTER_API 的注册机制在 TVM 项目中非常普遍，其不是本节主要的研究内容，这里不做过多叙述，感兴趣的读者可查阅相关材料。

（3）正确维护中间代码的 IR Pass 变换中新设备引入的特性

前文提到，在 src/codegen/build_module.cc 文件中的 tvm::CreateTarget 函数中添加对 dpu 的支持，实现代码如下。

```
else if (target_name == "dpu") {
    t→device_type =kDLDPU;
  }
```

上述代码的 kDLDPU 是一个 DLDeviceType 类型值，实现是在 3rdparty/dlpack/include/dlpack/dlpack.h 中添加的。

```
kDLDPU =13,
```

同时在 include/tvm/runtime/device_api.h：200 中补充对 kDLDPU 的支持，代码如下。

```
case kDLDPU: return "dpu";
```

Target 部分添加完后，还需要补充运行时的内容。运行时的内容在 src/runtime/目录下，需要在 module.cc 中添加对 dpu 的支持。在 RuntimeEnabled 函数中，增加以下代码。

```
else if (target == "dpu") {
    f_name = "device_api.dpu";
  }
```

这只是添加了一个名字的支持，还需要新建一个 dpu 目录，里边存放 DPUModuleNode、DPUWorkspace 等支持。测试代码的 getSource 函数的实现也存放在这里，主要用于模仿 CUDA 和 OpenCl 的实现。目前存放有 dpu_common.h、dpu_device_api.cc、dpu_module.cc、dpu_module.h 四个文件，大概 1000 行代码，实现逻辑也不是很复杂。

（4）代码生成对新设备和新特征的支持

上边准备好了 module 部分，也就是运行时，但是这里第一步想要实现的是一个能在 dpu 编译器上运行的 C 代码，因此需要在 codegen 部分添加对 dpu 设备的支持。codegen 是在 tvm.build（Python）中形成的，在其对应的 C++ 实现上是 codegen/build_module.cc 文件，之前添加了名字的支持，现在还需要添加 Target 调用点，实现代码如下。

```
Target DPU(const std::vector<std::string>& options ) {
  return CreateTarget("dpu", options);
}
```

其实最主要的 codegen 对 DPU 的支持是新建 CodeGenDPU 类，这个类的实现在该目录的 codegen_dpu.h 和 codegen_dpu.cc 文件内。特别说明一下，其他的函数可以不实现，BuildDPU 函数必须实现，实现代码如下。

```
runtime::Module BuildDPU(Array<LoweredFunc> funcs) {
  using tvm::runtime::Registry;
  bool output_ssa = false;
  CodeGenDPU cg;
  cg.Init(output_ssa);
  for (LoweredFunc f: funcs) {
    cg.AddFunction(f);
  }
  std::string code = cg.Finish();
  if (const auto* f = Registry::Get("tvm_callback_dpu_postproc")) {
    code = (* f)(code).operator std::string();
  }
  return DPUModuleCreate(code, "dpu", ExtractFuncInfo(funcs), code);
}
TVM_REGISTER_API("codegen.build_dpu")
.set_body([](TVMArgs args, TVMRetValue* rv) {
    * rv =BuildDPU(args[0]);
  });
```

（5）添加编译选项支持

前文完成了从设备添加到代码生成的部分，但是如果只有以上部分的话，新添加的设备还是一直无法运行。通过排查发现是因为部分代码未编译进去导致的，所以需要修改 cmake 配置。

前文提到，编译需要打开 LLVM 和 CUDA 选项，这里新添加了 dpu 的设备，需要增加一个新的编译选项，在 cmake/config.cmake 中添加，实现代码如下。

```
#Build DPU
set(USE_DPU ON)
```

cmake 目录下包括 modules 和 util 子目录，其中，modules 用于指定相关设备的目录配置，util 用来寻找 CUDA 等 GPU 硬件配置。暂时只需要在 modules 目录下添加 DPU.cmake 配置即可。这部分的配置代码相对比较简单，就是指定 runtime 对应的目录，代码如下。

```
#DPU Module
if(USE_DPU)
  message(STATUS "Build with DPU support")
  file(GLOB RUNTIME_DPU_SRCS src/runtime/dpu/* .cc)
```

```
    list(APPEND RUNTIME_SRCS ${RUNTIME_DPU_SRCS})
else()
    message(STATUS "NOT BUILD DPU SUPPORT")
endif(USE_DPU)
```

这里修改完 config.cmake，需要重新复制到 build 目录下，以使下次配置生效。在前文也提到过，编译 TVM 时是 cmake 目录下的 config.cmake 和 CMakeLists.txt 文件共同工作生效的。在 CMakeLists.txt 中添加，实现代码如下。

```
tvm_option(USE_DPU "Build with DPU" ON)
include(cmake/modules/DPU.cmake)
```

然后在 build 目录下，运行 cmake 命令，重新编译生效。

```
cmake  -DCMAKE_BUILD_TYPE=Debug ../
make
```

这里不加 -DCMAKE_BUILD_TYPE=Debug 的话，C++代码无法进行调试。

▶▶ 2.4.2 TVM 代码生成实现示例

TVM 代码生成实现步骤如下。

（1）使用 relay.build

TVM 自动代码生成的接口是 tvm.build 和 tvm.relay.build。tvm.build 是用来做算子的代码生成，而 tvm.relay.build 是用来做 relay 计算图的自动代码生成（这里的代码生成已经包含了编译流程）。接下来就从这两个函数讲起，一直到 TVM 的 Codegen 的具体实现。通常的模型编译，由以下两条语句完成，实现代码如下。

```
#Build with Relay
with relay.build_config(opt_level=0):
graph, lib,params = relay.build(func, target, params=params)
```

（2）调试跟踪代码

怎样调试代码呢？在 vscode 中的函数上按下〈Alt〉键的同时，单击"跳转"按钮，通过 pycall-graph 进行可视化（用 pip 安装），再用 GCN 编译，实现代码如下。

```
from pycallgraph import PyCallGraph
from pycallgraph.output import GraphvizOutput
from pycallgraph import Config
graphviz = GraphvizOutput()
graphviz.output_file ='relay_callgraph.png'
config = Config(max_depth=5)
with PyCallGraph(output=graphviz,config=config):
#用 Relay 编译
    with relay.build_config(opt_level=0):
graph, lib, params = relay.build(func, target, params=params)
```

归纳起来，包括以下步骤。

1）实现函数调用，例如：

```
tvm.relay.build_module.build→tvm.relay.build_module.BuildModule.build
```

2）实现 FFI 打包调用，如 C++ 与 Python 互调。

3）标注的节点（执行时间长的）是关键路径。

4）如 tvm.build_module.lower 调用节点 14 次，类似 Relay 算子，用 Relay IR 进行计算图可视化。

跟踪 relay.build 模块，转到 python/tvm/relay/build_module.py（在 relay/__init__.py 中，将 build 直接导入到 relay，绕过 build_module 层），这里 build 是 build_module 全局函数，实现代码如下。

```
def build(mod, target=None, target_host=None,params=None):
#do somthing
if isinstance(autotvm.DispatchContext.current, autotvm.FallbackContext):
  tophub_context = autotvm.tophub.context(list(target.values()))
else:
  tophub_context = autotvm.util.EmptyContext()
with tophub_context:
  bld_mod = BuildModule()
  graph_json, mod, params = bld_mod.build(func, target, target_host, params)
return graph_json, mod, params
```

寻找 AutoTVM 是否有 tune 记录。先构造 tophub_context，再构建 BuildModule，然后跳转到 Build-Module.build 中，最后返回到 BuildModule.__init__ 中，实现代码如下。

```
class BuildModule(object):
//构建一个 Relay 函数
//以便在 TVM 图形运行时上运行

def __init__(self):
self.mod = _build_module._BuildModule()
self._get_graph_json = self.mod["get_graph_json"]
self._get_module = self.mod["get_module"]
self._build = self.mod["build"]
self._optimize = self.mod["optimize"]
self._set_params_func = self.mod["set_params"]
self._get_params_func = self.mod["get_params"]
def build(self,func, target=None, target_host=None, params=None):
target = _update_target(target)
#Setup the params.
    if params:
        self._set_params(params)
        #Build the function
        self._build(func, target, target_host)
        #Get artifacts
        graph_json = self.get_json()
        mod = self.get_module()
        params = self.get_params()
    return graph_json, mod, params
```

_build_module._BuildModule( )通过 FFI 模块，在 python/tvm/relay/_build_module.py 中与 C++建立联系（tvm._ffi._cytpes.function.Function._ _call_ _），实现代码如下。

```
from tvm._ffi.function import _init_api
_init_api("relay.build_module", __name__)
//对应 C++在 src/relay/backend/build_module.cc 中
runtime::Module RelayBuildCreate() {
    auto exec = make_object<RelayBuildModule>();
    return runtime::Module(exec);
}
TVM_REGISTER_GLOBAL("relay.build_module._BuildModule")
.set_body([](TVMArgs args, TVMRetValue* rv) {
    * rv =RelayBuildCreate();
});
```

先注册 RelayBuildModule，再在 RelayBuildModule 中搜索 build 函数，实现代码如下。

```
PackedFunc GetFunction(const std::string& name,
const ObjectPtr<Object>& sptr_to_self) final {
if (name == "build") {
    return PackedFunc([sptr_to_self, this](TVMArgs args, TVMRetValue* rv) {
        CHECK_EQ(args.num_args, 3);
        this→Build(args[0], args[1], args[2]);
    });
}
```

使用 this→Build，指向 BuildRelay，实现代码如下。

```
void BuildRelay(
Function func,
const std::unordered_map<std::string,tvm::runtime::NDArray>& params) {
    // Optimize input Relay Function and returns Relay Module
    relay::Module relay_module = Optimize(func, targets_, params);
    // Get the updated function.
    func = relay_module→Lookup("main");
    // Generate code for the updated function.
    graph_codegen_ = std::unique_ptr<GraphCodegen>(new GraphCodegen());
    graph_codegen_→Init(nullptr, targets_);
    graph_codegen_→Codegen(func);
    ret_.graph_json = graph_codegen_→GetJSON();
    ret_.params = graph_codegen_→GetParams();
    auto lowered_funcs = graph_codegen_→GetLoweredFunc();
    if (lowered_funcs.size() == 0) {
        LOG(WARNING) << "no lowered funcs exist in the compiled module";
    } else {
        ret_.mod =tvm::build(
        lowered_funcs,
        target_host_,
        BuildConfig::Current());
    }
}
```

转到 build 核中，接着进行后续的具体模块工作。

（3）图优化张量计算

在 Relay 上做的优化，同 LLVM IR 的优化类似，都是通过 Pass 来完成的。而在 TVM 中添加 Pass 和运行 Pass 的工作交给了 RelayBuildModule::Optimize 来完成，添加到 pass_seqs 的就是 pass 的实体。

优化与设备无关的内容。使用 graph-level 优化 tensor（Pass 在 C++中优化，Relay 在 Python 调用），包括 AlterOpLayout、judge & do、处理异构编译，以及可融合算子等功能模块，实现代码如下。

```cpp
relay::Module Optimize(
Function func,
const TargetsMap& targets,
const std::unordered_map<std::string, runtime::NDArray>& params) {
    // BindParamsByName(func, params)
    // Perform Module→Module optimizations.
    relay::Module relay_module = relay::ModuleNode::FromExpr(func);
    Array<Pass> pass_seqs;
    // 运行所有语言合法化 passes.
     ...
    pass_seqs.push_back(transform::SimplifyInference());
    //
    // fskip
    //
    pass_seqs.push_back(transform::EliminateCommonSubexpr(fskip));
    pass_seqs.push_back(transform::CombineParallelConv2D(3));
    pass_seqs.push_back(transform::CombineParallelDense(3));
    pass_seqs.push_back(transform::FoldConstant());
    pass_seqs.push_back(transform::FoldScaleAxis());
    pass_seqs.push_back(transform::CanonicalizeCast());
    pass_seqs.push_back(transform::CanonicalizeOps());
    // AlterOpLayout
    pass_seqs.push_back(transform::FoldConstant());
    // Create a sequential pass and perform optimizations.
    transform::Pass seq = transform::Sequential(pass_seqs);
    // judge & do
    relay_module = seq(relay_module);
    // 处理异构编译
    transform::PassContext pass_ctx = PassContext::Current();
    if (targets_.size() > 1) {
        relay_module =
        RunDeviceAnnotationPass(relay_module, pass_ctx→fallback_device);
    }
    // 如果需要,可融合操作
    relay_module = transform::FuseOps()(relay_module);
    relay_module = transform::InferType()(relay_module);
    CHECK(relay_module.defined());
    return relay_module;
}
```

（4）生成计算图

类似 GraphCodegen，通过 src/relay/backend/build_module.cc 中的 relay.build_module._GraphRuntime-Codegen 模块，跳转到 src/relay/backend/graph_runtime_codegen.cc 中，使用 TVM_REGISTER_GLOBAL 进行注册，即用 GraphRuntimeCodegenModule 生成相应的 Object。

而 graph_codegen_→Codegen 是 PackedFunc 的模块，这是在 GraphRuntimeCodegen.Codegen 中使用 relay::Function func 生成的计算图。

（5）生成后端代码

Relay 得到降级编译后的函数后，最后一步交给 tvm::build 执行代码生成。先跳转到 src/codegen/build_module.cc 中的 build 函数（注意这里重载了多个版本）中，接着跳转到核心的 build 模块。注意这里的 build 函数支持异构编译，只要再 inputs 划分好不同硬件设施即可。实现代码如下。

```
// 构建异构执行
runtime::Module build(const Map<Target, Array<LoweredFunc>>& inputs,
const Target& target_host,
const BuildConfig& config) {
    Array<LoweredFunc> fhost_all;
    std::vector<runtime::Module> device_modules;
    Target target_host_val = target_host;
    if (! target_host.defined()) {
        for (const auto& it : inputs) {
            if (it.first→device_type ==kDLCPU) {
                target_host_val = it.first;
                break;
            }
        }
    }
    if (! target_host_val.defined()) {
        target_host_val =DefaultTargetHost(target_host_val);
    }
    for (const auto& it : inputs) {
        auto host_dev_funcs =
        split_dev_host_funcs(it.second, it.first, target_host_val, config);
        auto& fhost = host_dev_funcs[0];
        auto& fdevice = host_dev_funcs[1];
        // 获取特定目标的模块
        runtime::Module mdev = DeviceBuild(fdevice, it.first);
        for (const auto& it :fhost) {
            fhost_all.push_back(it);
        }
        device_modules.push_back(mdev);
    }
    runtime::Module mhost = codegen::Build(fhost_all, target_host_val→str());
    // 导入所有模块
    for (const auto& it : device_modules) {
        if (it.operator→()) {
            mhost.Import(it);
```

```
                }
            }
            return mhost;
        }
    //在 mhost = codegen::Build 核中,进行代码生成( src/codegen/codegen.cc)
    runtime::Module Build(const Array<LoweredFunc>& funcs,
    const std::string& target) {
        // do something
        std::string build_f_name = "codegen.build_" + mode;
        // the build function.
        const PackedFunc* bf = runtime::Registry::Get(build_f_name);
        runtime::Module m = transformed_funcs.empty() ?
        (* bf)(funcs, target) :
        (* bf)(transformed_funcs, target);
        return m;
    }
```

以 LLVM IR 为例，先调用 LLVMModuleNode→Init，再通过 codegen.build_llvm 在 src/codegen/llvm/llvm_module.cc 中注册，然后转至 src/codegen/llvm/codegen_llvm.cc 中的 CodeGenLLVM 执行代码生成。

（6）配置 tvm.build

用 tvm.build 进行编译，按如下所示代码实现。

```
s =tvm.create_schedule(C.op)
tgt = "llvm" # "cuda"
fadd = tvm.build(s,[A,B,C],target=tgt,name="myadd")
```

调用 tvm.build 后，转至 python/tvm/build_module.py。再使用 build 执行两步，第一步生成降级高层代码，第二步生成设备代码。

（7）代码转换

接下来处理降级编译代码，包括 Initialization、CanonicalSimplify、VectorizeLoop、Instrument Bound-Checkers、LoopPartition、StorageFlatten 等功能模块。实现代码如下所示：

```
flist = lower(inputs, args, name=name, binds=binds)
//lower 在 python/tvm/build_module.py 中,对应 relay.build 中 Optimize,进行 operator-level
优化
def lower(sch,
    args,
    name="default_function",
    binds=None,
    simple_mode=False):
#initialization
#Phase 0
if isinstance(sch, schedule.Schedule):
    stmt = form_body(sch)
    for f in lower_phase0:
    stmt = f(stmt)
    compact = ir_pass.VerifyCompactBuffer(stmt)
```

```
        binds, arg_list = get_binds(args, compact, binds)
    #Phase 1
        stmt = ir_pass.RewriteForTensorCore(stmt, sch, binds)
        stmt = ir_pass.StorageFlatten(stmt, binds, 64, cfg.instrument_bound_checkers)
        stmt = ir_pass.CanonicalSimplify(stmt)
    for f in lower_phase1:
        stmt = f(stmt)
    #Phase 2
    if not simple_mode:
        stmt = ir_pass.LoopPartition(stmt, cfg.partition_const_loop)
    if cfg.disable_vectorize:
        stmt = ir_pass.SkipVectorize(stmt)
    else:
        stmt = ir_pass.VectorizeLoop(stmt)
        stmt = ir_pass.InjectVirtualThread(stmt)
        stmt = ir_pass.InjectDoubleBuffer(stmt, cfg.double_buffer_split_loop)
        stmt = ir_pass.StorageRewrite(stmt)
        stmt = ir_pass.UnrollLoop(
        stmt,
        cfg.auto_unroll_max_step,
        cfg.auto_unroll_max_depth,
        cfg.auto_unroll_max_extent,
        cfg.unroll_explicit)
    for f in lower_phase2:
        stmt = f(stmt)
    #Phase 3
        stmt = ir_pass.Simplify(stmt)
        stmt = ir_pass.RemoveNoOp(stmt)
    if not cfg.disable_select_rewriting:
        stmt = ir_pass.RewriteUnsafeSelect(stmt)
        for f in lower_phase3:
        stmt = f(stmt)
    #Instrument BoundCheckers
    if cfg.instrument_bound_checkers:
        stmt = ir_pass.InstrumentBoundCheckers(stmt)
        if simple_mode:
        return stmt
    return ir_pass.MakeAPI(stmt, name, arg_list, 0, cfg.restricted_func)
```

在 src/api/api_pass.cc 中，用 tvm.ir_pass 进行注册（C++在 TVM 里，搜索 ir_pass 的 API）。

（8）执行代码生成

调用 codegen.build_module 模块，先跳转至 tvm/python/tvm/target/codegen.py 文件，再通过 FFI 对 C++函数 build 进行调用。这里命名空间是"target"。build 函数的 C++实现在 tvm/src/target/codegen.cc 文件中，后续流程就与 relay.build 一致了，根据不同的硬件平台生成代码。

接着降级到设备进行代码生成，对应以下 build 函数。

```
mhost = codegen.build_module(fhost_all, str(target_host))
```

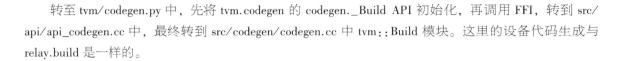

转至 tvm/codegen.py 中，先将 tvm.codegen 的 codegen._Build API 初始化，再调用 FFI，转到 src/api/api_codegen.cc 中，最终转到 src/codegen/codegen.cc 中 tvm::Build 模块。这里的设备代码生成与 relay.build 是一样的。

2.5 用 TVM 实现算法全流程

下面介绍一个向量加法程序示例，详细描述张量表示与降级代码，然后完整分析 tvm.build 的生成代码流程。

▶▶ 2.5.1 配置张量与创建调度

1. 从张量开始

使用张量表达式（Tensor Expression，TE）来处理算子，即在 TVM 中使用张量表达式来定义张量计算和实现循环优化。张量表达式用纯函数语言描述张量计算，即每个表达式都没有副作用。当在 TVM 的整体上下文中查看时，Relay 将计算描述为一组算子，并且其中每一个算子都可以表示为张量表达式，同时每个张量表达式获取输入张量并生成输出张量。

TVM 使用领域专用（Domain Specific）的张量表达式来高效地构造内核。通过张量表达式创建与优化调度，如划分内外循环调度等，使用 split 实现调度张量表达式。如果 GPU 已启用，可更改为相应的 GPU。如对 CUDA、Opencl、Rocm，Tests 等不同功能模块，可通过配置 target 与 target_host，再调用 build 设备代码来实现，执行代码如下。

```
import tvm
import numpy as np

#张量表示
#args: (shape, label)
A =tvm.placeholder((10,), name='A')
B =tvm.placeholder((10,), name='B')
#args: (shape, function, label)
#function represented in lambda expression (element-wise)
#lambda axis1, axis2, ...: f(axis1, axis2, ...)
C =tvm.compute((10,), lambda i: A[i] + B[i], name="C")

#创建调度
s =tvm.create_schedule(C.op)
#print low level codes
print(tvm.lower(s,[A,B,C],simple_mode=True))
//tvm 定义 compute,各维度 A、B 对应值相加。schedule 为 s 生成嵌套循环,打印
//输出降级代码验证
for (i: int32, 0, 10) {
  C_2[i] = ((float32* )A_2[i] + (float32* )B_2[i])
}
```

```
//优化 schedule,如划分内外循环,用 split 实现
#split(parent[, factor, nparts])
// 根据提供外部范围的因子分解,返回迭代的外部值和内部值
bx, tx = s[C].split(C.op.axis[0],factor=2)
print(tvm.lower(s,[A,B,C],simple_mode=True))
//打印降级代码,将单层循环划分为内外循环
for (i.outer: int32, 0, 5) {
    for (i.inner: int32, 0, 2) {
      C_2[((i.outer* 2) + i.inner)] = ((float32* )A_2[((i.outer* 2) + i.inner)] + (float32* )
B_2[((i.outer* 2) + i.inner)])
    }
  }
//调度张量表示。配置 target 与 target_host,调用 build 设备代码
tgt_host = "llvm"
// 如果 GPU 已启用,可更改为相应的 GPU,例如:cuda、opencl、rocm
tgt = "llvm" #cuda llvm
n = 10
fadd = tvm.build(s, [A, B, C], tgt, target_host=tgt_host, name="myadd")
ctx = tvm.context(tgt,0)
a =tvm.nd.array(np.random.uniform(size=n).astype(A.dtype), ctx)
b =tvm.nd.array(np.random.uniform(size=n).astype(B.dtype), ctx)
c =tvm.nd.array(np.zeros(n,dtype=C.dtype), ctx)
fadd(a,b,c) #run
#test
tvm.testing.assert_allclose(c.asnumpy(),a.asnumpy() + b.asnumpy())
print(fadd.get_source())
```

2. 用 tvm.build 生成设备代码

tvm.build()(定义在 python/tvm/driver/build_module.py 中)接收一个 schedule,输入和输出一个张量,以及一个 target,并返回一个 tvm.runtime.Module 对象。tvm.runtime.Module 对象包含可调用的编译过的函数。

tvm.build 的处理分为以下两个阶段进行。

1)降级。由高层的原型循环嵌套结构转变为最终的底层 IR。

2)代码生成。由底层 IR 生成目标机代码。

在 tvm/python/tvm/driver/build_module.py 中,build 执行降级与设备代码生成。build 参数包括 Schedule、LoweredFunc、[LoweredFunc]、{target:[LoweredFunc]}。输入 schedule.Schedule,用降级进行 Schedule 优化,实现代码如下。

```
def build(inputs,args=None,target=None,target_host=None,name="default_function",
binds=None):
    if isinstance(inputs, schedule.Schedule):
        if args is None:
            raise ValueError("args must be given for build from schedule")
        input_mod = lower(inputs, args,name=name,binds=binds)
        // skip some code.....
```

```
//整理成如下形式:
target_input_mod = {'target': [LoweredFunc]}
```

▶▶ 2.5.2　进行降级算子优化

降级编译是指将 IR 映射成更偏硬件的过程。降级 Intrin（sic）是 TIR 的 Pass 之一，将 TIR 函数映射到 LLVM 的内置函数。降级 Intrin 和 legalization（合法化）类似，区别在于是否是直译。前者支持原函数到 LLVM 内置函数的直接映射，后者支持在原函数没有对应的内置函数时，将原函数转译为内置函数可表达的函数。如，exp=>llvm.exp 属于降级，因为 LLVM 没有 sigmoid，将 sigmoid（x）先转译为 1/（1+exp（x）），然后仍然要通过 exp=>llvm.exp 来完成。可见 legalization 还是要通过降级处理的。目标平台可以是别的类型，如 CUDA 等，不一定是 LLVM。这里 Lower Intrin 表示降级编译 intrinics。

为了支持循环变换，通过降级进行 operator-level 优化，包括 InjectPrefetch、StorageFlatten、BF16Legalize、NarrowDataType、Simplify、VectorizeLoo、InjectVirtualThread、InjectDoubleBuffer、StorageRewrite、UnrollLoop、Simplify、RemoveNoOp 等功能模块，实现代码如下。

```python
def lower(sch,args,name="main",binds=None,simple_mode=False):
    #config setup
    pass_ctx = PassContext.current()
    instrument_bound_checkers = bool(pass_ctx.config.get(
        "tir.instrument_bound_checkers", False))
    disable_vectorize = bool(pass_ctx.config.get(
        "tir.disable_vectorize", False))
    add_lower_pass = pass_ctx.config.get("tir.add_lower_pass", [])
    lower_phase0 = [x[1] for x in add_lower_pass if x[0] == 0]
    lower_phase1 = [x[1] for x in add_lower_pass if x[0] == 1]
    lower_phase2 = [x[1] for x in add_lower_pass if x[0] == 2]
    lower_phase3 = [x[1] for x in add_lower_pass if x[0] > 2]
    #Phase 0
    if isinstance(sch, schedule.Schedule):
        mod = form_irmodule(sch, args, name, binds)
    else:
        mod = sch
    pass_list = lower_phase0
    #Phase 1
    pass_list += [
        tvm.tir.transform.InjectPrefetch(),
        tvm.tir.transform.StorageFlatten(64, instrument_bound_checkers),
        tvm.tir.transform.BF16Legalize(),
        tvm.tir.transform.NarrowDataType(32),
        tvm.tir.transform.Simplify(),
    ]
    pass_list += lower_phase1
    #Phase 2
    if not simple_mode:
        pass_list += [(tvm.tir.transform.LoopPartition())]
```

```
        pass_list += [
            tvm.tir.transform.VectorizeLoop(not disable_vectorize),
            tvm.tir.transform.InjectVirtualThread(),
            tvm.tir.transform.InjectDoubleBuffer(),
            tvm.tir.transform.StorageRewrite(),
            tvm.tir.transform.UnrollLoop()
        ]
        pass_list += lower_phase2
        #Phase 3
        pass_list += [
            tvm.tir.transform.Simplify(),
            tvm.tir.transform.RemoveNoOp(),
        ]
        pass_list += [tvm.tir.transform.RewriteUnsafeSelect()]
        pass_list += [tvm.tir.transform.HoistIfThenElse()]
        pass_list += lower_phase3
        #Instrument BoundCheckers
        if instrument_bound_checkers:
            pass_list += [tvm.tir.transform.InstrumentBoundCheckers()]
        optimize =tvm.transform.Sequential(pass_list)
        mod = optimize(mod)
        return mod
```

▶▶ 2.5.3　构建 host 目标程序

TVM 生成特定的 host 侧代码，包括内存管理、内核启动等。在底层 TVM 中，可自动分配设备内存并管理内存转换。因此，为每个后端定义相应的 Device API（在 include/tvm/runtime/device_api.h 中定义）子类，并提供内存管理方法，以便使用对应设备的 API。如 CUDA 后端实现 CUDA Device API（见 src/runtime/ CUDA /cuda_device_api.cc），以便使用 cudaMalloc，cudaMemcpy 等接口。

主要功能模块，包括忽略跳过一些代码，编译设备模型，生成统一的主机模块，Import 各种模型处理等工作。实现代码如下所示：

```
    def build(inputs, args=None, target=None, target_host=None,
    name="default_function", binds=None):
        #跳过一些代码......
        device_modules = []
        for tar, input_mod in target_input_mod.items():
            #build for device module
            mod_host,mdev = _build_for_device(input_mod, tar, target_host)
            mod_host_all.update(mod_host)
            device_modules.append(mdev)
        #生成统一的主机模块
        rt_mod_host =codegen.build_module(mod_host_all, target_host)
        #Import all modules.
        for mdev in device_modules:
            if mdev:
```

```
                rt_mod_host.import_module(mdev)
            return rt_mod_host
```

▶▶ 2.5.4 实现后端代码生成

根据需要的不同图形表示形式，涵盖以下两种类型的代码生成器。

1. 生成 C 代码

如果硬件已经具有经过优化的 C/C++库，如 CPU 拥有 Intel CBLAS/MKL，GPU 拥有 NVIDIA CUBLAS等。幸运的是，C 源代码模块与 TVM runtime 模块完全兼容，生成的代码可由具有适当编译标志的任何 C/C++编译器进行编译。唯一的任务就是实现一个为子图生成 C 代码的代码生成器和一个 C 源模块，再集成到 TVM runtime 模块中。随后，就是解决如何为硬件实现 C 代码生成器的问题。

2. 生成任何其他图形表示

硬件可能需要其他形式的图形表示形式，如 JSON 等。在这种情况下，不仅需要实现代码生成，还需要实现自定义的 TVM runtime 模块，使 TVM runtime 知道应该如何执行图形表示。如果已经为硬件配备了完整的图形执行引擎，可以考虑采用这种解决方案，如用于 GPU 的 TensorRT。

在完成代码生成和 runtime 后，可以让用户使用自定义标签注释模型。在 tvm/python/tvm/target/codegen.py 中，调用 codegen.build_module，通过 FFI 调用 build，这里" target" 称为命名空间。C++实现在 tvm/src/target/codegen.cc 中，在不同设备平台中生成代码，后续流程与 relay.build 类似，实现代码如下。

```
runtime::Module Build(IRModule mod, Target target) {
    if (transform::PassContext::Current()
            →GetConfig<Bool>("tir.disable_assert", Bool(false))
            .value()) {
      mod =tir::transform::SkipAssert()(mod);
    }
    std::string build_f_name;
    if (target→kind→name == "micro_dev") {
      build_f_name = "target.build.c";
    } else {
      build_f_name = "target.build." + target→kind→name;
    }
    // the build function.
    const PackedFunc* bf = runtime::Registry::Get(build_f_name);
    CHECK(bf !=nullptr) << build_f_name << "is not enabled";
    return (* bf)(mod, target);
}
TVM_REGISTER_GLOBAL("target.Build").set_body_typed(Build);
```

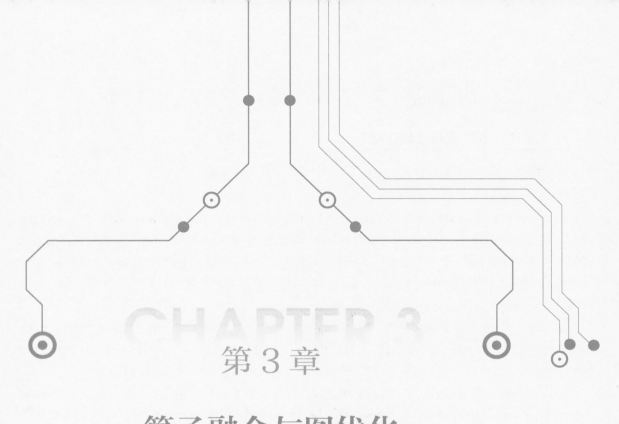

第 3 章

算子融合与图优化

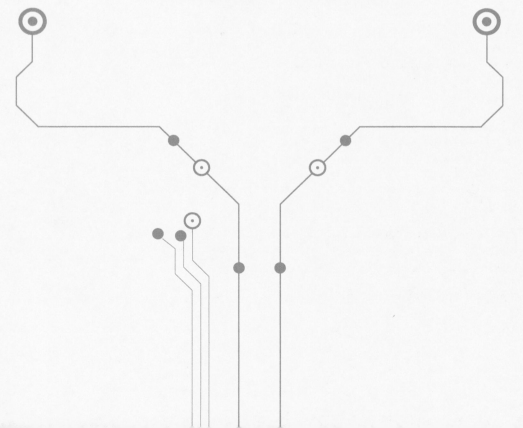

3.1 算子概述

▶▶ 3.1.1 TVM 融合组件示例

本节通过示例介绍 TVM 的融合组件。编译堆栈支持 AI 框架与 CoreML/ONNX 等交换格式，以 CPU、GPU 与专用加速器为目标。

算子层级（Operator Level/Kernel Level）主要是张量计算。为了在硬件上高效实现这些计算，发挥芯片的性能，通常芯片硬件上要配有专门优化的算子计算库，如 Intel 的 MKL，NVIDIA 的 CuDNN、TensorRT。这个层级需要支持每个硬件后端的算子实现。通过算子融合的方式，避免中间数据在寄存器和内存中间直接来回频繁读写，从而提升整体的推理性能。

计算图是一种高级表示，提供了对于算子的全局视野，不需要指明实现的细节。就像 LLVM IR，计算图可以转换成功能等价的子图，以便适配各种优化手段。

TVM 对计算图的优化具体包括：算子融合（Operator Fusion）、常量折叠（Constant Folding）、静态内存规划（Static Memory Planning）、数据布局变换（Data Layout Transformation）等。

TVM 的融合工作流程，具体包括：

1）读取现有框架中的模型，生成计算图表示。

2）进行高层级数据流重写（High-level Dataflow Rewriting），生成优化后的计算图。

3）进行算子层级优化，为计算图中的融合算子生成高效代码。

4）算子由张量表达语言定义，执行细节不需要指定。

5）利用机器学习的成本模型，从目标机潜在的优化集合中搜索算子的最优代码。

6）将生成的代码包装成可部署的模块。

图 3.1 所示为 TVM 的融合组件架构。该系统首先将现有框架中的模型作为输入，转换为计算图表示。然后执行高级数据流重写，生成优化的图表达式结构。算子级优化模块必须生成高效代码融合运算符。运算符是用张量表达式语言指定的，但没有指定执行细节。TVM 优化硬件目标算子，形成一个很大的空间，使用基于机器学习的成本模型（CostModel），寻找最优的算子代码。最后，系统将生成的代码打包到可部署的模块中。

以下所示程序示例中，先从 AI 框架中得到模型，再用 TVM API 模块进行部署。

● 图 3.1 TVM 的融合组件架构

```
import tvm as t
#Use keras framework as example, import model
graph,params = t.frontend.from_keras(keras_model)
```

```
target = t.target.cuda()
graph, lib,params = t.compiler.build(graph, target, params)
```

本例编译后的运行时模块，包含以下三个组件。

1）计算图。

2）算子库。

3）模块参数。

下面用以上三个组件将模型部署到设备后端，实现代码如下。

```
import tvm.runtime as t
module = runtime.create(graph, lib, t.cuda(0))
module.set_input(** params)
module.run(data=data_array)
output =tvm.nd.empty(out_shape, ctx=t.cuda(0))
module.get_output(0, output)
```

TVM 包括多个部署设备，如 C++、Java 及 Python 等。说明一下，为节省篇幅，本例省略了描述 TVM 结构、介绍如何优化算子、如何在设备上部署这些代码的方法的内容，感兴趣的读者可查阅相关资料。

▶▶ 3.1.2 优化计算图

1. TVM 计算图高级优化

计算图是深度学习图形结构表示方法。高级 IR 中间表达式与后端编译 IR（如 LLVM IR）间的区别，实际上就是大型多维张量表达式的中间数据项。计算图替代就是找到另外一个计算图，在功能上等效替代当前的计算图，在替代的同时可以减少计算时间与计算量。计算图类似 LLVM IR，可变成等效图优化，同时对图形结构进行优化。

先看 TensorFlow AI 框架，提供以下计算图优化器。

1）常量折叠优化器：通过折叠计算图中的常量节点来静态推断张量的值，并用常量使得结果具体化。

2）算术优化器：通过消除常见的子表达式并简化算术语句来简化算术运算。

3）布局优化器：优化张量布局以便更高效地执行依赖于数据格式的运算，如卷积计算。

4）重新映射优化器：通过将常见的子计算图替换为经过优化后的融合一体化内核，将子计算图重新映射到更高效的实现上。

5）内存优化器：分析计算图以便检查每个运算的峰值内存使用量，并插入 CPU-GPU 内存复制操作，以便将 GPU 内存交换到 CPU 中，从而减少峰值内存使用量。

6）依赖项优化器：移除或重新排列控制依赖项，以便缩短模型步骤的关键路径或实现其他优化。另外，还移除了实际上无运算的节点，例如 Identity 优化。

7）剪枝优化器：修剪对计算图的输出没有影响的节点。通常会首先运行剪枝来减小计算图的大小并加快其他 Grappler 优化器传递中的处理速度。

8）函数优化器：优化 TensorFlow 程序的函数库，并内嵌函数体以实现其他程序间优化。

9）形状优化器：优化对形状相关信息进行运算的子计算图。

10）自动并行优化器：通过沿批次维度拆分来自动并行化计算图。默认情况下，此优化器处于关闭状态。

11）循环优化器：通过将循环不变式子计算图提升到循环外并通过移除循环中的冗余堆栈运算来优化计算图控制流。另外，还优化具有静态已知行程计数的循环，并移除条件语句中静态已知的无效分支。

12）范围分配器优化器：引入范围分配器以便减少数据移动，并合某些运算。

13）固定到主机优化器：将小型运算交换到 CPU 上。默认情况下，此优化器处于关闭状态。

14）自动混合精度优化器：在适当情况下将数据类型转换为 float16，以便提高性能。

15）调试剥离器：从计算图中剥离与调试运算相关的节点，如 tf.debugging.Assert、tf.debugging.check_numerics 和 tf.print。默认情况下，此优化器处于关闭状态。

2. 卷积层维度计算与设置

（1）卷积 CNN 结构

Input（输入层）→Conv（卷积）→Relu（激活）→Pool（池化）→FC（全连接）。

（2）输入层参数介绍

1）batch_size：相当于一次训练的样本数。

2）weight/height：图片宽和高。

3）channels：图片通道数，1 是黑白，3 是 RGB。

（3）卷积层参数介绍

1）filter：卷积核（1×1，3×3，5×5）。

2）feature map：卷积之后得到的输出结果。

3）weight/height：卷积核大小。

4）in_channels：输入图片的通道数（这个是可以根据需要来设置的）。

5）out_channels：输出图片通道数。

6）padding：填充值，在输入特征图的每一边添加一定数目的行列，使得输出的特征图的长、宽等于输入的特征图的长、宽。

7）stride：步长，卷积核经过输入特征图的采样间隔。

（4）卷积计算公式

N 输出大小 =（W 输入大小 − filter + 2padding）/stride + 1。

（5）反卷积计算公式：

N 输出大小 =（W 输入大小 − 1）× stride + filter − 2 × padding。

图 3.2 所示为两层卷积神经网络的计算图示例。数据流图可以表达软件系统的数据存储、数据源点和终点、数据流向和数据加工。

张量运算可以通过属性参数化，确定运算模式（如 padding 或 stride）。节点表示对张量或程序输入的算子，边表示操作之间的数据依赖关系。

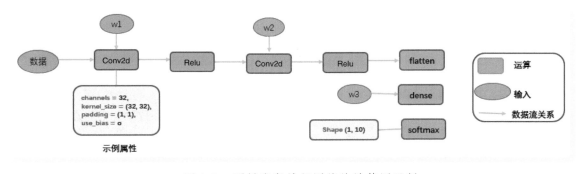

● 图 3.2　两层卷积神经网络的计算图示例

但真实的计算图框架实现，会遇到非常多的问题，如：

1）如何统一搭建算子的架构。

2）如何表示残差（梯度）。

3）正向图和反向图一起构建会增大计算图设计复杂度。

4）计算图细粒度太大，不能充分优化。

为了更好地理解计算图的反向传播，需要对计算图加以具象化，才能将计算图架构中的缺点暴露出来。具象化计算图的第一步是具象化输入和输出，然后才是具象化算子。紧接着定义网络结构，根据具体的网络，再对正向传播和反向传播进行具象化，从而更加了解一个算子应该做什么事情，以及到底是怎么做的。

3. 实现多级图形优化

TVM 实现多级图形优化，具体包括以下几个部分。

1）算子融合：将多个小算子融合在一起。

2）常量折叠：预先计算可静态确定的图形部分，节省执行成本。

3）静态内存规划过程：预先分配内存来容纳每个中间张量。

4）数据布局转换：用于转换内部数据布局到后端友好的形式。

4. 算子融合与数据转换

算子融合，即将多个算子组合在一起放到同一核中，通过算子融合的方式，不需要将中间结果保存在全局内存中。这种优化可以大大减少执行时间，特别是在 GPU 和专用加速器中。具体包括以下 4 类图算子。

1）injective（单射性）：一对一的映射，如 add/sqrt/exp/sum 等操作算子（operator）。

2）reduction（简约）：多对少的映射，如 sum/max/min 等操作算子。

3）complex-out-fusable：逐元素复用映射到输出，如 Conv2d/BN/Relu 等操作算子。

4）opaque：不能被复用，不透明不融合，如 sort 等。

这种算子组合太多了，专门针对这些组合手写底层优化不太现实，需要做一些自动代码生成。TVM 提供了融合这些算子的通用规则，多个映射算子可以融合成另一个映射算子。归约算子可以与输入映射算子融合（如融合 scale 和 sum）。如 Conv2d 类的算子是复杂的、可外融合的，可以将元素算子融合到输出中。可以应用这些规则，将计算图转换为融合版本。

图 3.3 所示为融合和非融合算子间性能的比较。TVM 生成的算子用 NVIDIA Titan X 测试。通过减少内存访问，使得融合算子可达到数倍的加速比。

在计算图中存储给定张量有多种方法，最常见的数据布局选择是列主视图和行主视图。例如，深度学习加速器可能利用 4×4 矩阵运算，需要将数据平铺到 4×4 块中，优化局部访问。

如图 3.4 所示为在专用加速器上优化矩阵乘法调度变换的示例。为进行数据布局优化，可以使用更好的内部数据布局，转换计算图形，在目标硬件上执行图形。先指定每个算子的首选数据布局，给定内存层次结构指定的约束。然后，如果生产者和消费者的首选数据布局不匹配，将在两者间执行适当的布局转换。布局转换主要包括以下内容。

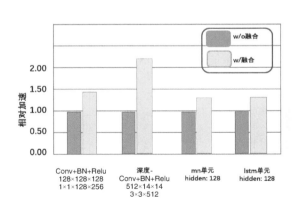

● 图 3.3　融合和非融合算子间性能的比较

● 图 3.4　在专用加速器上优化矩阵乘法调度变换的示例

1）基础变量定义。

2）循环平铺。

3）加速器特殊缓存 cache 数据。

4）映射到加速器的张量指令。

高级图优化具体包括以下几个特征。

1）虽然高级图优化可以极大地提高深度学习工作负载的效率，但效率仅与操作库（Operator Library）提供的一样高。

2）目前，支持算子融合的少数深度学习框架，要求算子库提供融合模式的实现。

3）随着更多的网络算子定期推出，融合的内核数量可能会大幅增加。

4）当针对越来越多的硬件后端时，这种方法不再具有可持续性，因为所需的融合模式实现数量，随着必须支持的数据布局、数据类型和加速器内部结构的数量逐步增长。

5）提出了一种代码生成方法，可以为给定模型的算子生成各种可能的实现。

3.2　图 GCN 融合

Graph Convolutional Networks 简称 GCN，Graph Neural Networks 简称 GNN，GCN 是 GNN 的分支。

3.2.1　图的概念

图卷积是利用其他节点的信息来推导该节点的信息。图中的每个节点无时无刻不受到邻居和更远的点的影响，需要不断改变状态直到最终的平衡，关系越亲近的邻居影响越大。

图网络由相互连接的图网络块（GN Block）组成，在神经网络实现中也被称为节点（Node）。节点间的连接被称为边（Edge），表示节点间的依赖关系。图网络中节点和边的性质与图结构相同，因此可分为有向图（Directed Graph）和无向图（Undirected Graph）。有向图包括递归神经网络（Recursive Neural Network）和循环神经网络（Recurrent Neural Network）；无向图包括 Hopfield 神经网络、马尔可夫网络（Markov Network）等。需要指出的是，图网络在定义上并不是人工神经网络（Artificial Neural Network，ANN）的子集而是其扩展，但在人工智能问题中，ANN 是图网络的实现方式之一。

图数据中的空间特征具有以下特点。

1）节点特征：每个节点有相应特征（体现在节点上）。

2）结构特征：图数据中的每个节点具有结构特征，即节点与节点之间存在一定的联系（体现在边上）。

总之，图数据既要考虑节点信息，也要考虑结构信息。图卷积神经网络可以自动化学习节点特征以及节点与节点之间的关联信息。

假设一批图数据有 N 个节点，每个节点都有相应的特征。模型输入中的图，习惯用 $G=(V,E)$ 表示。这里 V 是图中节点的集合，E 为边的集合，记图的节点数为 N。

图通常用节点、边、节点数表示，图包括以下 3 个重要矩阵：

1）邻接矩阵 A：用来表示节点间的连接关系，一般是 0-1 矩阵。

2）度矩阵 D：每个节点的度指的是其连接的节点数，这是一个对角矩阵。

3）特征矩阵 X：用于表示节点的特征。

图 3.5 所示为有向图及邻接矩阵结构。

$$A_{ij} = 1, \quad \text{节点 } i \text{ 与节点 } j \text{ 有连接}$$
$$A_{ij} = 0, \quad \text{节点 } i \text{ 与节点 } j \text{ 无连接}$$

$$A = \begin{pmatrix} 0 & 1 & 0 & 1 \\ 1 & 0 & 0 & 1 \\ 0 & 0 & 0 & 1 \\ 1 & 1 & 1 & 0 \end{pmatrix} \qquad A = \begin{pmatrix} 0 & 0 & 0 & 1 \\ 1 & 0 & 0 & 0 \\ 0 & 0 & 0 & 0 \\ 0 & 1 & 1 & 0 \end{pmatrix}$$

● 图 3.5　有向图及邻接矩阵结构

在图 3.5 中，左图表示无向图，对应下面的对称邻接矩阵。右图表示有向图，对应下面的不对称邻接矩阵。这里用 1 和 0 表示两个顶点之间是否是连接的。

不同于图像与文本，图拓扑节点结构较复杂。图 3.6 所示为图与图像文本的结构对比示例。

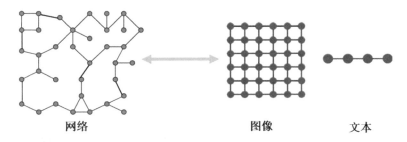

● 图 3.6　图与图像文本的结构对比示例

▶▶ 3.2.2　深度学习新特征

图网络（Graph Network，GN）在拓扑空间内按图结构组织，以便进行关系推理。在深度学习理论中是图神经网络和概率图模型的推广。

图网络由图网络块构成，具有灵活的拓扑结构，可以定制为各类连接机制模型，包括前馈神经网络、递归神经网络等。一般的图网络适用于处理具有图结构的数据，例如知识图谱、社交网络、分子网络等。

随着网络层数增加，特征会更加抽象。图网络可用如下特征公式表达：

$$H^{(k+1)} = f(H^{(k)}, A)$$

式中，k 是指网络层数，表示网络第 k 层特征。图 3.7 所示为 CNN（Convolutional Neural Network）神经网络与图学习示例。

图网络包括以下 3 个内容：

1）变换（Transform）：对当前的节点特征进行变换学习，这里就是乘法规则。

2）聚合（Aggregate）：聚合领域节点的特征，得到该节点的新特征，这里是简单的加法规则。

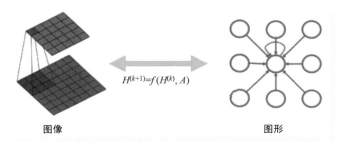

$$H^{(k+1)}=f(H^{(k)}, A)$$

图像　　　　　　　　　　　图形

● 图 3.7　CNN 神经网络与图学习示例

3）激活（Activate）：采用激活函数，增加非线性。

3.3　图融合 GCN 示例

▶▶ 3.3.1　GCN 的 PyTorch 实现

CNN 处理的数据是矩阵形式，就是以像素点排列成的矩阵为基础，称为 Euclidean Structure（欧几里得结构）。

GCN 处理的数据是图结构，即 Non Euclidean Structure（非欧几里得结构），如社交网络连接、信息网络等。对于 Non Euclidean Structure 的数据，卷积神经网络就没有用了。

对于卷积神经网络 CNN，可以采用卷积的方式在图片中提取特征。但是对于拓扑结构，只能用其他方法来提取特征。下面使用 GCN 来提取拓扑结构图中的特征。

基于稀疏矩阵乘法，GCN 图卷积层实现代码如下。

```
import torch
import torch.nn as nn

class GraphConvolution(nn.Module):
    // GCN layer
    def __init__(self, in_features, out_features, bias=True):
        super(GraphConvolution, self).__init__()
        self.in_features=in_features
        self.out_features=out_features
        self.weight=nn.Parameter(torch.Tensor(in_features, out_features))
        if bias:
            self.bias=nn.Parameter(torch.Tensor(out_features))
        else:
            self.register_parameter('bias', None)
        self.reset_parameters()
    def reset_parameters(self):
        nn.init.kaiming_uniform_(self.weight)
        if self.bias isnotNone:
```

```
            nn.init.zeros_(self.bias)
    def forward(self, input, adj):
        support=torch.mm(input, self.weight)
        output=torch.spmm(adj, support)
        if self.bias isnotNone:
            return output+self.bias
        else:
            return output
    def extra_repr(self):
        return 'in_features={}, out_features={}, bias={}'.format(
            self.in_features, self.out_features, self.bias isnotNone
        )
```

对于 GCN，只需要将图卷积层堆积起来就可以。下面实现一个两层的 GCN，实现代码如下。

```
class GCN(nn.Module):
    // 两层 GCN 的简单示例
    def __init__(self, nfeat, nhid, nclass):
        super(GCN, self).__init__()
        self.gc1=GraphConvolution(nfeat, nhid)
        self.gc2=GraphConvolution(nhid, nclass)
    def forward(self, input, adj):
        h1=F.relu(self.gc1(input, adj))
        logits=self.gc2(h1, adj)
        return logits
```

这里的激活函数采用的是 Relu，后文将用这个网络实现一个图中节点的半监督分类任务。

▶▶ 3.3.2 融合 BN 与 Conv 层

很多深度模型采用 BN 层（Batch Normalization）来提升泛化能力。在模型推理时，BN 层要从训练状态切换到测试状态，此时采用模型训练中近似的均值和方差。BN 层最特殊的地方是可以用一个 1×1 卷积等效替换，更进一步地，可以将 BN 层合并到前面的卷积层中。

nn.Conv2d 是二维卷积方法，相对应的还有一维卷积方法 nn.Conv1d，常用于文本数据的处理，而 nn.Conv2d 一般用于二维图像处理。先看以下接口定义。

```
nn.Conv2d(self, in_channels, out_channels, kernel_size, stride=1, padding=0, dilation=
1, groups=1, bias=True))
```

以上代码包括参数如下。

in_channels：输入数据的通道数，如 RGB 图片通道数为 3。

out_channels：输出数据的通道数，可以根据模型进行调整。

kernel_size：卷积核大小，可以是 int 或 tuple；若 kernel_size=2，表明卷积大小为（2，2）；若 kernel_size=（2，3），表明卷积大小为（2，3），即非正方形卷积。

stride：步长，默认为 1，与 kennel_size 类似；若 stride=2，意味着步长上下左右扫描皆为 2；若 stride=（2，3），意味着左右扫描步长为 2，上下扫描步长为 3。

padding：零填充。

在 PyTorch 中实现 nn.Conv2d 参数融合包括以下内容。

1）filter 权重与 W：conv.weight。

2）bias 与 b：conv.bias。

实现代码如下。

```python
import torch
import torchvision

def fuse(conv, bn):
    fused=torch.nn.Conv2d(
        conv.in_channels,
        conv.out_channels,
        kernel_size=conv.kernel_size,
        stride=conv.stride,
        padding=conv.padding,
        bias=True
    )

    #设置权重
    w_conv=conv.weight.clone().view(conv.out_channels, -1)
    w_bn=torch.diag(bn.weight.div(torch.sqrt(bn.eps+bn.running_var)))
    fused.weight.copy_( torch.mm(w_bn, w_conv).view(fused.weight.size()))

    #设置 bias
    if conv.bias isnotNone:
        b_conv=conv.bias
    else:
        b_conv=torch.zeros( conv.weight.size(0))
    b_bn=bn.bias - bn.weight.mul(bn.running_mean).div(
                    torch.sqrt(bn.running_var+bn.eps)
                )
    fused.bias.copy_( b_conv+b_bn)
    return fused

#测试
#需要关闭梯度计算,因为没有编写
torch.set_grad_enabled(False)
x=torch.randn(16, 3, 256, 256)
resnet18=torchvision.models.resnet18(pretrained=True)
#删除所有训练变量等
resnet18.eval()
model=torch.nn.Sequential(
    resnet18.conv1,
    resnet18.bn1
)
f1=model.forward(x)
```

```
fused=fuse(model[0], model[1])
f2=fused.forward(x)
d=(f1 - f2).mean().item()
print("error:", d)
```

3.4 TVM 图优化与算子融合

▶ 3.4.1 图与算子优化

算子融合优化一直是 AI 网络最重要性能优化手段之一，也是性能最容易立竿见影的优化手段。从硬件性能角度看，算子融合主要是解决 AI 处理器所面临的两方面的性能难题：内存墙问题和并行墙问题。这也是不同 AI 处理器中普遍存在的两个关键性能问题。

内存墙问题主要是由访存瓶颈引起的。算子融合主要通过对计算图上存在数据依赖的"生产者-消费者"算子进行融合，提升中间 Tensor 数据的访存局部性，解决内存墙问题。这种融合技术统称为 Buffer 融合。在很长一段时间内，Buffer 融合一直是算子融合的主流技术。

早期的 AI 框架，主要通过手工方式实现固定模式的 Buffer 融合。首先编写融合算子实现，再实现对应的融合 Pass，进行融合模式匹配和替换修改。但随着不同 AI 模型的快速演进和多样化，很快发现这种方式的不足：无法泛化。即只能针对特定网络中特定算子组合模式进行融合优化，面对越来越复杂的网络结构、越来越多样化的快速发展趋势，这种方式就没法继续了。

同时，计算图对于一个机器学习框架提供了以下几个关键作用。

1）对于输入数据，算子执行顺序的统一表达。机器学习框架用户可以用多种高级编程语言（如 Python、Julia 和 C++等）来编写训练程序。这些高级程序需要统一转换成底层框架 C 和 C++算子来执行。因此，计算图的第一个核心作用是，可以作为一个统一的数据结构，来表达用户用不同语言编写的训练程序。这个数据结构可以准确表述用户的输入数据、模型所带有的多个算子，以及算子之间的执行顺序。

2）定义中间状态和模型状态。在一个用户训练程序中，用户会生成中间变量（神经网络层之间传递的激活值和梯度）来完成复杂的训练过程。而这其中，只有模型参数需要最后持久化，从而为后续的模型推理做准备。通过计算图，机器学习框架可以准确分析出中间状态的生命周期（一个中间变量何时生成以及何时销毁），从而帮助框架更好地管理内存。

3）自动计算梯度。用户给定的训练程序仅包含一个机器学习模型，该模型描述如何将用户输入（一般为训练数据）转化为输出（一般为损失函数）的过程。而为了训练这个模型，机器学习框架需要分析任意机器学习模型和其中的算子，找出自动计算梯度的方法。计算图的出现让自动定义分析模型和自动计算梯度成为可能。

4）高效程序执行。用户给定的模型程序往往是"串行化"地连接多个神经网络层。通过利用计算图来分析模型中算子的执行关系，机器学习框架可以更好地发现将算子进行异步执行的机会，从而以更快的速度完成模型程序的执行。

为了解决手工融合无法泛化的问题，以 XLA、TVM、MLIR 等为代表的 AI 编译技术/框架，开始转向自动 Buffer 融合优化技术。从算子生成角度看，早期的自动 Buffer 融合，基本上是等价于 Loop 融合，即把相邻且存在数据依赖的算子进行 Loop 空间深度融合，使得中间 Tensor 数据访问退化为局部变量，甚至为寄存器变量，大幅减少访存开销。

Loop 融合虽然优化效果显著，但有一个明显的限制：相邻算子节点是否可融合受限于待融合算子的 Loop 循环是否可以进行有效的循环合并。这个限制条件的存在，使得融合子图规模难以进一步放大。但随着 AI 芯片计算能力的快速发展，内存墙问题越来越突出，这个限制条件逐渐成为限制融合技术发展的关键因素。为了突破这个限制条件，有人提出了非常实用的 AStitch 技术，使用 AStitch 的方式将相互依赖算子通过层次化的存储媒介，进一步"缝合"在一起。不再依赖融合算子循环空间的深度合并。

下面来看 TVM 的图融合技术。

TVM 的挑战在于需要支持多个硬件后端，同时将计算和内存占用保持在最低水平。吸取了编译器社区的经验来缩小多种深度学习框架和硬件后端之间的差距：构建一个由 NNVM 组成的两级中间层，一个是用于任务调度和内存管理的高级中间表示（IR），另一个是用于优化计算的低级中间表示。第一级是基于计算图的表示。一个计算图如果是有向无环图，将计算表示为节点，将数据流依赖表示为边。这种表示非常强大：允许把操作的属性当作计算图的一部分，并且可以指定转换规则以迭代优化计算图。这是大多数现有深度学习框架采用的常用方法，包括 TVM 的图表示 TVM.Relay、TensorFlow XLA、Intel 的 nGraph 等，将算子复制到计算图进行优化。图 3.8、图 3.9 所示为图与算子计算图的两种方式。

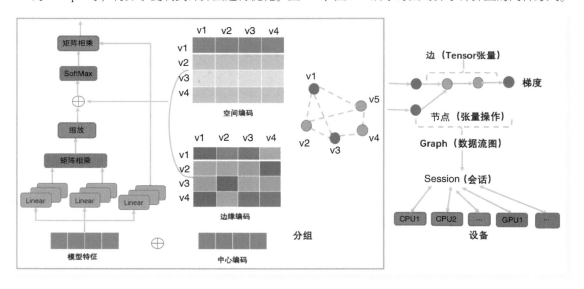

● 图 3.8　图与算子计算图方式（一）

通过算子融合解决并行墙问题引起了大家的关注。并行墙问题主要是由于芯片多核增加与单算子多核并行度不匹配引起的。随着芯片并行核数的快速堆叠，AI 网络单个算子节点的并行度难以有效利用这么多的多核资源。在推理场景这个问题更加明显。

为此，提出一种将计算图中的算子节点进行并行编排，从而提升整体计算并行度的方式。特别是对于网络中存在可并行的分支节点，这种方式可以获得较好的并行加速效果。为了区别于 Buffer 融合，

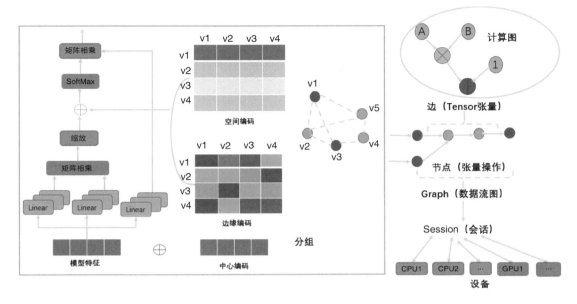

这种融合方式姑且称为"并行融合"。

如上所述，当前的自动算子融合优化技术本质上走向了两个有点割裂的技术方向：用于解决内存墙的 Buffer 融合以及用于解决并行墙的并行融合。

那么，是否有可能把这些不同的融合优化技术进行有机结合，发挥各自的优势，从而达到更优的融合优化效果呢？这个问题正是图与算子融合试图解决的核心问题。为此提出了"多层规约融合"的优化技术，完美地把循环融合、缝合融合、并行融合等不同优化角度的融合技术纳入统一的框架之下，并实现了非常好的融合优化效果。

图优化有多种方法，主要包括以下几种。

1）算子融合。

2）常量参数路径预计算。

3）静态内存重用分析。

4）数据布局转换。

5）AlterOpLayout（改变算子卷积/密集层的布局）。

6）SimplifyInference（简化推理）。

7）计算图优化层。

8）针对不同设备后端、层级结构生成了算子，对张量进行优化。

9）张量优化层。

▶▶ 3.4.2　自定义算子

自定义算子代码如下。

```
#构造 BN
def batch_norm
#构造卷积
def conv2d
#构造卷积+BN+ReLU 的 DeeplearningNet
```

3.4.3 算子融合步骤

算子融合包括以下几个步骤。

1）SimplifyInference（简化推理）。

2）FoldConstant（常量折叠）。

3）FoldScaleAxis（折叠比例轴）。

4）CanonicalizeOps（规范化运算）。

3.4.4 向 Relay 中添加 operator

向 Relay 中添加（注册）operator，包括以下几个步骤。

1）增加 operator 节点属性，定义编译参数。

2）增加 operator，集成到 Relay。

3）注册 operator 属性类型，供编译器使用。

4）编写 operator 的计算。

5）注册 operator 的计算与调度。

6）添加 operator 调用节点，注册节点 Python API。

7）封装 operator 的 Python API。

8）进行新 operator 单元的测试。

3.5 端到端优化

TVM 实现目标包括 Opencl、Metal、Cuda 等多种后端设备。TVM 将 AI 模型转换成 IR（中间表示），并部署到设备上，以实现端到端调优。

3.5.1 AI 框架概述

TVM 旨在分离算法描述、调度（Schedule）和硬件接口。为了设计出适合深度学习的优化编译器，需解决以下 4 个问题：

1）高级数据流重写：如今不同的硬件设备有不同的存储体系，所以设计出好的策略来将数据运算与优化数据布局进行融合是很重要的。

2）线程间的内存共享与协作：传统的无共享嵌套并行模型不再是最佳模型，优化内核需要对加载的共享内存的线程进行协作。

3）内部函数的张量化：最新的硬件提供了超越向量运算的新指令，如 TPU 中的 GEMM 运算符或 NVIDIA 的 Volta 中的张量核。因此，调度过程必须将计算分解为张量算子，而不是标量或向量代码。

4）内存访问延迟、进程（线程）调度的问题：尽量减少延迟。

为了解决上述挑战，TVM 设计了两种层级结构，具体如下。

1）用计算优化层（Computation Graph Optimization Layer）来解决第 1 个问题。

2）用张量优化层（Tensor Optimization Layer），使用全新的调度基元来解决剩下的 3 个问题。

通过 TVM，可以用大多数深度学习框架构建出相应的模型——既能顾及高级的语言表述，又能兼顾底层的优化（如 GPU 等）。

众所周知，当前的深度学习框架基于数据流图（如 TensorFlow 等），这种方法过于高层，并不适合硬件类别的设备执行。TVM 采用的方案是构建高层表式与底层优化相结合的模型。图 3.10 所示为深度学习框架基于数据流图示例。

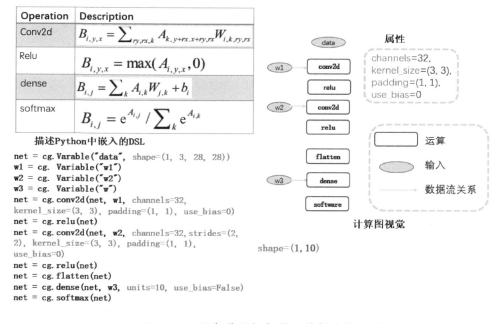

● 图 3.10　深度学习框架基于数据流图示例

数据流图是使用节点（操作节点）和有向边（操作关系）描述数据运算的有向无环图。数据流图中的节点代表各类操作，包括数学运算、数据填充、结果输出和变量读写等，每个节点的操作都需要分配到具体的物理设备（如 CPU、GPU 等）上执行。有向边描述了节点间的输入输出关系，边上流动（Flow）的数据代表高位数据的张量（TensorFlow）（可以先理解张量为一个 Batch 训练过程中的临时变量）。同时这也是 TensorFlow 命名的由来。

在模型训练中，前向图由用户编写代码实现，主要包括输入/输出数据的形状（Shape）、类型（Dtype）、目标函数（Object Function）和损失函数（Loss Function）以及优化器等，以完成模型的网络定义、模型参数设置、训练目标以及迭代策略。反向图由 TensorFlow 框架的优化器（Optimizer）自动生成（包含链式求导），主要功能是根据优化目标自动链式求导来求解梯度，并且结合不同的优化器进行模型参数的更新。

▶▶ 3.5.2 计算图优化层

1. 计算图优化策略

图优化策略有以下几种方法。

1）算子融合：算子融合的目的是将几个小算子融合为一个大算子，达到减少从内存/显存中搬移数据的目的。

2）常量折叠：常量折叠是传统编译器中的一种优化手段，其原理是，如果一个计算所依赖的所有输入都是常量，则在编译期间就可以得到计算结果。

3）静态内存规划 Pass：提前分配存储来保持每个中间张量。

4）数据布局转换：将内部数据布局转化成后端友好的形式。

2. 计算图融合规则

1）多个映射操作可以融合成一个操作。

2）一个简约可以和输入的映射进行融合。

3）复杂性外融合的输出可以和映射进行融合。

计算图优化的总体架构，如图 3.11 所示。

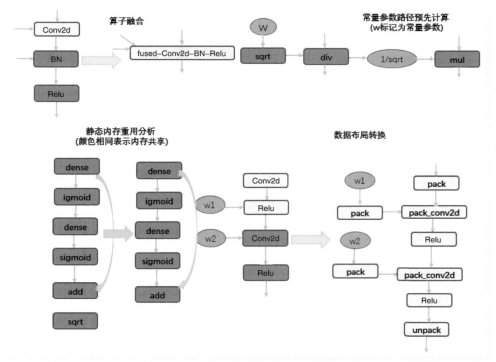

● 图 3.11 计算图优化的总体架构

计算图包括两部分内容：算子融合、数据布局转换。

▶▶ 3.5.3 TVM 算子融合的 4 种方法

TVM 支持以下 4 种融合方法。

1）injective：一对一的运算，如加法、点乘等单射运算。

2）简化 reduction：多对一的运算，如 sum、max、min 等。

3）complex-out-fusable：复杂运算，输出可融合，如 Conv2d 二维卷积。

4）opaque：算子不能融合，如 sort 排序。

▶▶ 3.5.4 数据布局转换

1. 优化数据布局

优化数据布局需要先指定每个运算符的首选数据布局（数据的 shape），这些限制决定了在硬件中的实现。如果生产者和消费者的数据布局不匹配，需先进行布局转换。

但是，在图层级的优化方式是有局限性的（因为算法运行的效率很大程度上取决于机器提供的编码或指令集）。事实上，这种数据布局方式会随着数据的类型、硬件加速器种类等变得不稳定，所以 TVM 提出了一种代码自动生成策略。

改变存储方式，数据重构，优化访问。当需要访问的数据不存在于寄存器中时，就需要从 L1 cache 中寻找，并加载到寄存器中，CPU 访问一次 L1 cache 获取到的数据只有 1 个字。在 64 位机器上，字大小为 8 个字节。

在很早以前，内存是按字节寻址并按顺序排列的。如果内存被设置为一个字节宽度，处理器需要 1 个内存读取周期来获取 1 个 char 类型的数据，需要 4 个内存读取周期来获取 1 个 int 类型的整数。不过很显然，int 类型或者更大的 int64 类型，在现代的计算机系统中更常见。所以，如果能在 1 个内存周期内 1 次读取 4 个字节的 int 类型的整数，会显得更加经济有效。为了保证 4 字节或者 8 字节的数据能在 1 次内存读取周期内获取，即 CPU 访问 1 次 L1 cache 便能获取全部的数据，而不是访问两次再进行数据拼接，所有的数据类型都会有对齐的要求。4 字节的数据类型（如 int 或 float），总是 4 字节地址对齐的，8 字节的数据类型（如 long int 或 double），总是 8 字节地址对齐的。图 3.12 所示为

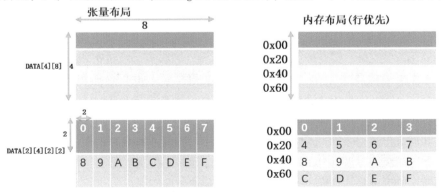

● 图 3.12　数据布局的重构示例

数据布局重构示例。

2. 生成张量运算（Generating Tensor Operations）

虽然计算图优化能极大地提高深度学习工作负载，但是效果与算子库提供的算子有很大关系。现在支持算子融合的深度学习框架很少有要求算子库也提供算子融合模式的实现，因为随着神经网络算子的不断提出，融合算子的数量也会经历指数级别的增长，再考虑到各种不同硬件后端的出现，这种方式明显是不可持续的。出于同样的原因，理想的、多样的算子也不可能经由手工调制，于是张量算子的自动生成就成了迫切需要。

▶▶ 3.5.5 张量表达式语言

张量表达式由结果形状和运算规则两部分组成，支持常见的算术运算和深度学习算子，无须指明循环结构和其他执行细节，提供给硬件后端优化更大的灵活性。

在维持程序逻辑等价性的前提下，TVM 对张量表达式逐次使用基本变换（调度原语），并记录过程中的循环结构等其他所需信息。这些信息用来帮助生成最终调度（Final Schedule）的低层级代码。

下面给出几个现实世界的数据张量描述示例作为参考。

1）向量数据：2D 张量，形式为（samples，features）。

2）时间序列数据：3D 张量，形式为（samples，timesteps，features）。

3）图像：4D 张量，形式为（samples，height，width，channels）或者（samples，channels，height，width）。

TVM 支持运算张量描述，如图 3.13 所示。

张量描述包括各种运算。TVM 引入交换归约算子、多线程调度等。

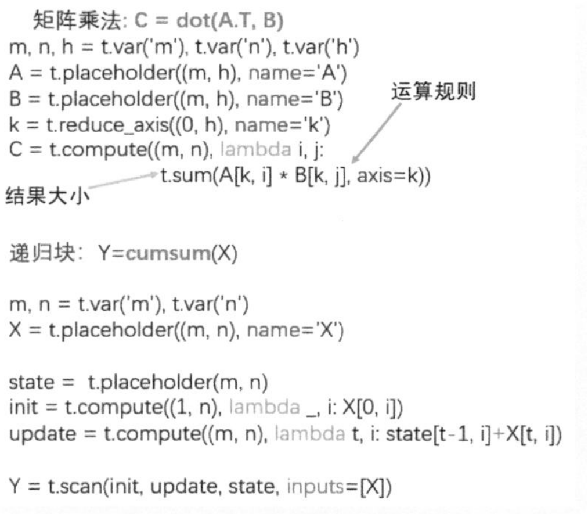

```
矩阵乘法: C = dot(A.T, B)
m, n, h = t.var('m'), t.var('n'), t.var('h')
A = t.placeholder((m, h), name='A')
B = t.placeholder((m, h), name='B')          运算规则
k = t.reduce_axis((0, h), name='k')
C = t.compute((m, n), lambda i, j:
          t.sum(A[k, i] * B[k, j], axis=k))
结果大小

递归块: Y=cumsum(X)

m, n = t.var('m'), t.var('n')
X = t.placeholder((m, n), name='X')

state = t.placeholder(m, n)
init = t.compute((1, n), lambda _, i: X[0, i])
update = t.compute((m, n), lambda t, i: state[t-1, i]+X[t, i])

Y = t.scan(init, update, state, inputs=[X])
```

● 图 3.13 运算张量描述

▶▶ 3.5.6 调度空间分析

为了快速展示调度空间，需要提供有效的调度基元，这些基元经过实践后具有很高的计算性能。采用 Halide 中一些有效的调度基元，引进了一些新的调度基元，如 Tensorization/VirtualThread。

通过调度空间，给定一个张量表达式，通过在深度学习加速器上进行优化，再部署到 CPU、GPU 等硬件终端上，实现流程仍然是很困难的。

每个经过底层优化的程序针对不同硬件后端采用不同的调度策略的联合，这也为 Kernel 设计者带来了很大的负载。所以通过借鉴 Halide，采用了解耦计算描述和调度器优化两个过程。调度器会根据硬件后端采用特定的规则将计算描述向下转换成已优化的硬件实现。

TVM 作为深度学习编译器的先锋，主要做的是静态图的编译，目的是**图优化**和**算子优化**两个层面。TVM 首先构建计算图语义模型，然后创建调度，最后通过降级编译，将优化好的计算代码打印（输出）出来。

深度学习编译器的调度是指在一系列可能的优化组合中选择最合适的组合方案，如调度序列 $<a_1, a_2, \cdots, a_n>$，其中 $a_i \in S$，S 是一个方案的集合。调度策略是调度的基本单位。下面介绍几种在 TVM 中用到的独立的调度策略。

深度学习编译器的调度优化集中在循环嵌套优化（Loop Nest Optimization，LNO）。循环嵌套优化的目的如下。

1）优化局部性（属于存储层面：局部性可以参考阿曼达定律，减小内存访问延迟，提高 cache 可重用度）。阿曼达定律是指，如果一个程序包括并行和串行，随着机器数量增加，并行执行时间会越来越短，最后趋向于 0，而串行的时间没有变，这就是加速比。

2）增加并行性（属于计算层面：分散计算的负载，让更多的设备参与计算）。

3）减少循环嵌套的间接开销（属于算法层面：减轻编码形式的负担）。

TVM 中优化了调度算法，提供了有效的调度基元，使得调度算法的计算量减小了很多。图 3.14 所示为 TVM 调度示例。

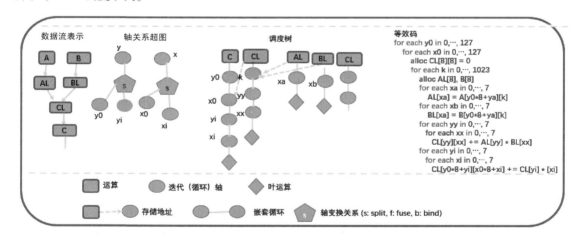

● 图 3.14　TVM 调度示例

图 3.14 中，数据流表示提供了一个表达式，指定每个张量元素的计算。轴关系超图定义了原始循环轴和变换循环轴间的双射关系。调度树表示循环嵌套结构和计算结构生产者的存储位置。调度树表示法源自 Halide，特别强调存储位置关系。数据流表示、轴关系超图和调度树，这三者描述了一个可以降级到最右侧代码的调度。

TVM 用新语言构建基元，解决 GPU 等硬件挑战，加快调度速度，TVM 构建如图 3.15 所示的基元。

协作式嵌套并行化，并行运算是提升在深度学习工作负载中计算密集型工作效率的关键。现在大部分的 GPU 都提供了并行运算，所以需要在编程中使用并行的方式去提高工作效率。在 TVM 中使用并行调度基元去并行计算一个任务，每个并行任务都能够递归地细分到一个子任务，以便实现多级线

程。在计算过程中一个工作线程不能观察到相同计算阶段内相邻线程的数据。这些并行的线程在 join
阶段（就是当一个子任务完成了，并且下一个阶段需要之前阶段所产生的数据时）才发生交互，这种
编程模型禁止线程在相同计算阶段内进行协作。

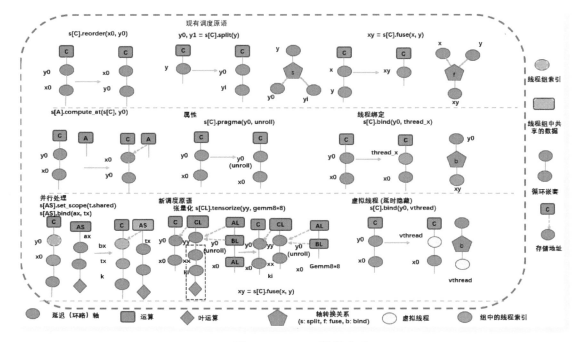

● 图 3.15　TVM 调度基元

深度学习的工作任务中有高强度的算法运算，这些运算可以分解为张量运算（如矩阵和矩阵的乘
法、一维卷积操作等），所以近些年来越来越多地使用张量来进行运算。但是这些计算本质上是很不
相同的，如矩阵与矩阵的乘积，矩阵和向量的乘积，以及一维的卷积操作，这些不同的计算都使张量
算子调度更加困难。

0 维的张量就是标量，一维的张量就是向量，二维的张量就是矩阵，大于等于三维的张量没有名
称，统一叫作张量。张量的形式与向量的形式不同，张量计算的输入是多维的、固定的或者是可变的
长度，并且有不同的数据布局。所以一系列固定的算法就不适用了，因为新的深度学习加速器采用特
殊的张量指令。为了解决上面的问题，从调度器中分离了硬件接口。TVM 引进了一套张量内联声明机
制。可以使用张量表达式语言来声明每个新的硬件内联的行为，与分配底层原语是一样的。另外 TVM
引进了一个调度器基元张量化（Tensorization）来作为基元的计算单元。

3.6　TVM 图优化与算子融合方案分析

3.6.1　图优化框架分析

数据流使用不同的术语，不同阶段（relay::Module、Stmt、lowerefunc）有不同的中间数据结构。

IRs（中间表示）间单一模块结构将变成 ir::module 到 ir::module 转换。

在图 3.16 中，不同的函数变量间能够相互调用。下面的代码片段模型，同时包含 relay.Function 和 te.Function 的模块。Relay 可使用 Pass 规约添加函数，也可调用 te 添加函数，输出作为函数的输入 Pass。

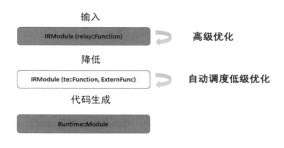

● 图 3.16　Relay 调用接口编译

下面是 Relay 调用接口编译的简单示例，实现代码如下。

```
def @ relay_add_one(%x : Tensor((10,), f32)) {
    call_destination_passing @ te_add_one(%x,  out=%b)
}


def @ te_add_one(%a:NDArray, %b: NDArray) {
    var %n
    %A =decl_buffer(shape=[%n], src=%a)
    %B =decl_buffer(shape=[%n], src=%b)
    // 优化
    for %i = 0 to 10 [data_par] {
        %B[%i] = %A[%i] + 1.0
    }
}
```

▶▶ 3.6.2　TVM 优化基础分析

TVM 将程序转换为等效的，或者更优化的代码，包括图与张量计算、内存分配、资源调度等。Relay 包括两级中间层：中间表示（IR）调度与内存管理，优化内核的低级 IR。其中第一级是计算图，包括有向无环图、节点和边。

堆栈的第一级是基于计算图的表示。计算图是有向无环图，将计算表示为节点，将数据流依赖性表示为边。这种表示非常强大，允许将操作属性复制到计算图中，并指定转换规则，以便迭代优化计算图。这是大多数现有深度学习框架采用的常用方法，包括 TVM 堆栈中的 Relay 图表示、TensorFlow XLA 及 Intel 的 Ngraph。

图 3.17 所示为图优化流程。图优化框架可以支持很多强大的优化。如提供了一个亚线性内存优化功能，允许用户在单个 GPU 上训练 1000 层 ImageNet 图形库的 ResNet 模型。

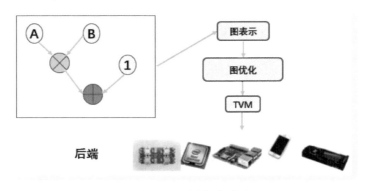

● 图 3.17　图优化流程

3.6.3　TVM 优化参数

先加入一些限定参数，如 BN（Batch Normalization），而到底这个参数应该设为多少，应该让机器去搜索确定。于是 TVM 引入了 AutoTVM，用机器学习解决问题。可以再进行一次 tile，这里 tile 是瓷砖的意思，顾名思义，这个函数就是把数组像瓷砖一样铺展开来。tile 函数是用来对张量（Tensor）进行扩展的，其特点是对当前张量内的数据进行一定规则的复制，最终输出的张量维度不变。如现在把一个 1024 变为了 32×32，符合了 Cache，但其实可以分为类似 4×32×8，用 4 个核，每个核同时取 32×8 的小方块，最里层的 8 使用 SIMD 一次做完。同时在 s［C］向 CC（即 Cache）复制数据的时候，可以添加 s［C］.unroll 与 s［C］.vectorize，从而复制得更快。

TVM 优化技术主要包括如内存布局、并行、Blocking、更好的 Cache 命中率等，具体表现在以下几个方面。

1）在优化的时候，需要思考用什么样的优化技术，如更好的 Cache 命中率，而不是说用汇编就一定性能好。

2）需要关注计算力，知道性能的优化理论值，在必要的时候利用性能优化工具，如 Intel 的 VTune 分析查看瓶颈。

3）需要用高级优化，以及精细的微内核控制，而非机器更擅长的事情。如换一款 CPU 型号，或者换成 ARM CPU 后，这套代码还是正常工作，机器会自动找到最适合的参数，而不是去设定参数。

3.6.4　算子优化图示

模型在设备上做了很多优化，主要包括以下几种模块：

1）算子融合（层与张量融合）：通过融合一些计算算子或者去掉一些多余算子，减少数据流通次数以及显存的频繁使用进行提速。

2）量化：量化即 IN8 量化或者 FP16 以及 TF32 等不同于常规 FP32 精度的使用，这些精度可以显著提升模型执行速度，并且不会保持原先模型的精度。

3）内核自动调整：根据不同的显卡构架、SM 数量、内核频率（如 1080TI 和 2080TI）等，选择不同的优化策略以及计算方式，寻找最适合当前构架的计算方式。

4）动态张量显存：显存的开辟和释放是比较耗时的，通过调整一些策略可以减少模型中这些操作的次数和模型运行的时间。

5）多流执行：使用 CUDA 中的 stream 技术，最大化实现并行操作。也可在其他设备上实现，如 GPU、ARM CPU、X86 CPU、NPU 等设备。

网络模型训练时，需要保存每层前向计算时的输出结果，用于反向计算过程参数误差、输入误差的计算。但是随着深度学习模型的加深，需要保存的中间参数逐渐增加，需要消耗较大的内存资源。由于加速器片上缓存容量十分有限，无法保存大量数据，因此需将中间结果及参数写到加速器的主存中，并在反向计算时依次从主存读入使用。前向计算过程中，每层的计算结果需移入主存，用于反向计算过程中计算输入误差；反向计算过程中，每层的结果误差也需移入主存，原因是反向计算时 BN 层及卷积层都需要进行两次计算，分别是求参数误差及输入数据误差。

图 3.18、图 3.19、图 3.20、图 3.21 所示为层与张量融合的不同阶段。

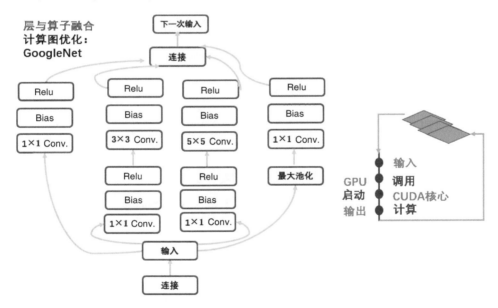

● 图 3.18　层与张量融合整体

通过把 Conv、BN（Bias）、Relu 这三个算子融合成一个 fuse-CBR 算子，实现了三倍的推理性能提升。

除了通过支持 FP16 和 INT8 这两种低精度模式的推理来提升速度以外，在底层会根据 GPU 特性对神经网络进行相应的重构和优化。首先删除一些并没有使用输出的层，避免不必要的计算。然后对神经网络中的一些运算进行合并，如在图 3.19 所示的原始网络中，将 Conv、Bias、Relu 这三个层融合在一个层中，即图 3.20 所示的 CBR 层，这个合并操作称为垂直层融合。进一步的还有水平层融合，即图 3.20 到图 3.21 的过程，将处于同一水平层级的 1×1 CBR 融合到一起。

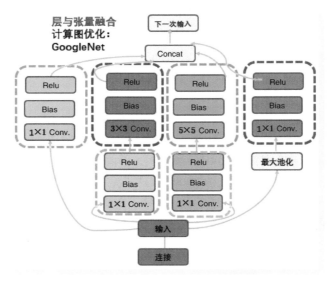

● 图 3.19　层与张量融合步骤一

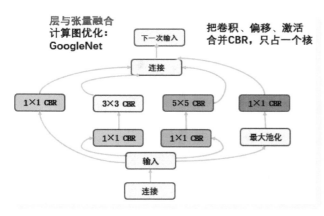

● 图 3.20　层与张量融合步骤二

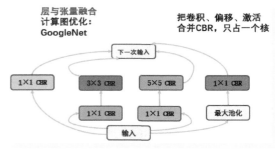

● 图 3.21　层与张量融合步骤三

算子层级（Operator Level/Kernel Level）主要是张量计算。为了实现这些计算在硬件上的高效实现，发挥芯片的性能，通常在硬件芯片配有专门优化的算子计算库，如 Intel 的 MKL、NVIDIA 的 CuD-NN、TensorRT。这个层级需要支持每个硬件后端的算子实现。

对原始层进行了垂直优化，将 Conv+Bias（BN）+Relu 进行了融合优化和水平优化，将所有 1×1 的 CBR 融合成一个大的 CBR；将 Concat 层直接去掉，将 Concat 层的输入直接送入下面的操作中，不用单独进行 Concat 后再输入计算，相当于减少了一次传输吞吐过程。

图 3.22 所示为层与张量融合前后对比。

这些融合包括算子融合、动态显存分配、精度校准、多 steam 流、自动调优等操作。模型调优后，模型的速度自然就上来了。

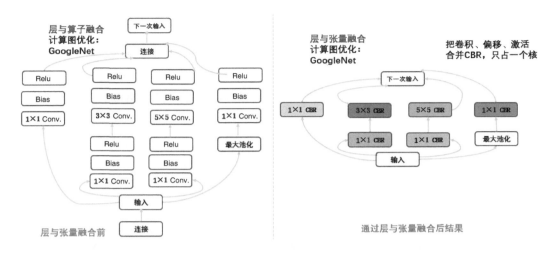

● 图 3.22　层与张量融合前后对比

当然也有其他平台上的推理优化库，一般情况下，TVM 比 TensorRT 要好用些。但如果是英伟达自家产品，TensorRT 在自家 GPU 上还是有不小的优势，做到了开箱即用，并且上手程度不是很难。

▶▶ 3.6.5　自定义图级优化

ASIC 加速器必须有自定义的编译流程。通常，有以下几种情况。

1. 生成图形表示并提供给图形引擎

拥有自定义的图形引擎，能够在加速器上执行图形（或神经网络模型）。例如，Intel DNNL 和 NVIDIA TensorRT 都是使用引擎来运行整个图或模型，因此能够达到以下效果：

1）减少算子之间的内存事务。

2）通过算子融合优化图执行。

为了实现上述两种优化，需要在编译期间对图进行处理。例如，Conv2d 和偏置添加是 TVM 中的两个独立的运算符，但也可能是加速器上的一个运算符（具有偏置添加功能的 Conv2d）。希望通过将 Conv2d-Add graph 图模式替换为带有 Bias 节点的 Uconv2d，优化图形。

2. 生成汇编代码并编译为可执行二进制文件

如果平台没有第一种情况的端到端执行框架，则需要有一个编译器，用 ISA 的汇编代码编译程序。为了向编译器提供汇编代码，需要一个 CodeGen，从 Relay 图生成和优化汇编代码。

3.7　支配树技术

▶▶ 3.7.1　支配树概述

在一张有向图上，如果 A 点被删除，那么 B 点就无法到达，则称 A 点是 B 点的支配点。很显然，对于每个点来说，有且至少有一个支配点，并且这些支配点之间呈现传递关系，即 A 支配 B，B 支配 C，则 A 支配 C。

1）对于一个单源有向图上的每个点 w，都存在点 d 满足去掉 d 之后，起点无法到达 w，称作 d 支配 w，d 是 w 的一个支配点。

2）支配 w 的点可以有多个，但是至少会有一个。显然，对于起点以外的点，它们都有两个平凡的支配点，一个是自己，一个是起点。

3）在支配 w 的点中，如果一个支配点 i≠w，且满足 i 被 w 剩下的所有支配点支配，则这个 i 称作 w 的最近支配点（Immediate Dominator），记作 idom(w)。

4）除起点 r 外，各点都有唯一的 idom。

5）idom(w)→w(w≠r)边，构建支配任何子树点的树，称为支配树。

在 DAG（有向无环图）中对于一个点，所有能到达它的点在支配树中的 lca（最近公共祖先）就是它支配树中的父亲。为什么算符融合要建立在后支配树的基础上呢？可能是因为对于两个可融合算符在 DAG 中的位置分为两种，一种是父子关系，那么可以直接执行算符融合算法；另外一种它们之间是后支配关系。对于具有后支配关系的两个节点（n→m），就要判断未来路径上的节点是否都能够和点 m 发生融合，如果可以，那么 n 也可以和 m 发生融合。如图 3.23 所示的 Conv2d 与 elemwise add 的融合，用于判断 3 个 op（算子）与 elemwise add 可否融合。

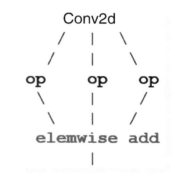

● 图 3.23　Conv2d 与 elemwise add 的融合

有向无环图可用拓扑序列构建支配树。算子融合 Pass 构建的树是后支配树，通过 DFS 序处理。TVM 融合实现层面的最大麻烦在于识别并融合这样的模式，elemwise add 是 Conv2d 的后序支配节点。Conv2d 要和 elemwise add 融合，必须判断它的三个 op 是否能和 elemwise add 融合，所以 TVM 的融合流程大致分为以下三个步骤。

1）遍历 Relay 树，建立 DAG 用于后支配树分析。

2）构建后序支配树，可以从中得到每个节点的支配点。

3）根据后序支配树的应用算符融合算法。

▶▶ 3.7.2　算子融合方案及示例

对于 GPU 和特定加速器而言，将多次操作融合在一起的优化方法能较为明显地降低执行时间。操作符融合的想法是来源于单个 Kernel 函数会节省将中间结果写回全局内存的时间消耗。TVM 算子融合的方法详见 3.5.3 节，这里不再赘述。

TVM 提供了图 3.24 所示的 3 种融合方案。

算子融合，即将多个算子组合在一起放到同一个核中，通过算子融合的方式，不需要将中间结果保存到全局内存，进而减少执行所需的时间。

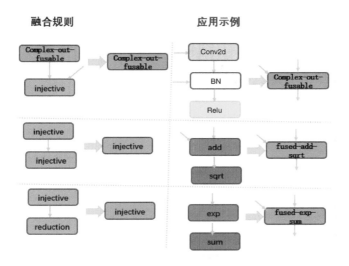

• 图 3.24　TVM 提供的 3 种融合方案

图 3.25 显示了 Conv-BN-Relu 融合前后的性能比较。

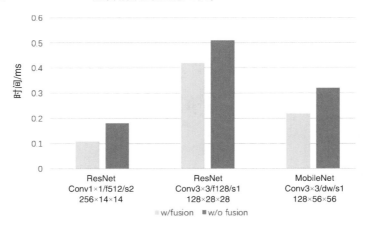

• 图 3.25　Conv-BN-Relu 融合前后的性能比较

在 tvm/src/relay/transforms/fuse_ops.cc 程序中，TVM 通过支配树进行算子融合，具体如下。

1. 遍历 Relay，构造 DAG 后支配树

在有向图（DAG）中，当询问从起点到终点的路径必须经过的点［即去掉这个点以及周围的边，就不能从起点到达终点的点（类似于无向图中的割点）］时，可与通过建立支配树来解决问题。

支配树理所当然是一个树状结构。图的起点作为根节点，每一个节点到达根节点的路径都是必经点。如果能建立这样的树状结构，那么通过搜索基本可以求得关于必经点的所有信息。

在 DAG 上的建树方法是：点 x 在支配树上的父亲就是所有能走到它的点在支配树上的 LCA（Lowest Common Ancestor，最近公共祖先）。这样就可以在 O（nlog（n））的时间里求解，而且还是多个点的。

具体来说，就是先进行拓扑排序，再从前往后依次遍历，每遍历到一个点，需要根据反向边来寻找哪几条边能到达这个节点。然后求出几个点的最近公共祖先，就是在支配树上这个节点的父亲。所以需要用倍增找最近公共祖先的方法来动态维护二维 f[ ][ ]数组（倍增 j 倍之后 i 的父节点）和一维 d[ ]数组（i 节点的深度）。

使用 Pass 注册接口，进行算子融合、创建 Pass、注册等操作，实现代码如下。

```
namespace transform {
Pass FuseOps(int fuse_opt_level) {
  runtime::TypedPackedFunc < Function (Function, IRModule, PassContext) > pass_func =
(Function f, IRModule m, PassContext pc) {
      int opt_level = fuse_opt_level == -1 ? pc→opt_level : fuse_opt_level;
      auto max_fuse_depth = pc→GetConfig("relay.FuseOps.max_depth", Integer(kMaxFusedOps));
      return Downcast<Function>(FuseOps(f, opt_level, max_fuse_depth.value(), m));
    };
  return CreateFunctionPass(pass_func, 1, "FuseOps", {"InferType"});
}

TVM_REGISTER_GLOBAL("relay._transform.FuseOps").set_body_typed(FuseOps);
```

FuseOps 依赖 InferType 的 Pass，用 PassContext 获取配置信息，注册 Pass 的 Python API。

构建 DAG 流程，先进行如下定位。

```
 IndexedForwardGraph IndexedForwardGraph::Create (support::Arena* arena, const Expr&
body) {
    return Creator(arena).Prepare(body);
}
//Creator 类核
// 数据流后支配树的创建者
class IndexedForwardGraph::Creator : private ExprVisitor {
 public:
  explicit Creator(support::Arena* arena) : arena_(arena) {}
  IndexedForwardGraph Prepare(const Expr& body) {
    this→Update(body,nullptr, kOpaque);
    this→VisitExpr(body);
    return std::move(graph_);
  }
// 省略了成员变量函数
  ......
}
```

VisitExpr 函数调用 IndexedforwardGraph 的 VisitExpr_函数，基于深度优先遍历 Relay，构造 DAG 图。先调用 Update 函数，再调用 VisitExpr 函数，最后插入根节点，初始化 DAG。

DFS 使用 Update 成员函数构建边，获得后序搜索树，实现代码如下。

```
    // 更新存储在节点上的信息
    void Update (const Expr& node, IndexedForwardGraph::Node* parent, OpPatternKind pat-
tern) {
        const tvm::Object* key = node.get();
        IndexedForwardGraph::Node* current;
        auto it = graph_.node_map.find(key);
        if (it != graph_.node_map.end()) {
            current = it→second;
        } else {
            current = arena_→make<IndexedForwardGraph::Node>();
            graph_.node_map[key] = current;
        }
        if (parent !=nullptr) {
            auto* link = arena_→make<LinkNode<IndexedForwardGraph::Edge> >();
            link→value.node = parent;
            link→value.pattern = pattern;
            current→outputs.Push(link);
        } else {
            current→extern_ref = true;
        }
    }
```

在 **tvm/include/tvm/relay/op_attr_types.h** 程序中的 OpPatternKind pattern，表示节点与边的运算类型。输出存储节点输入边，支持后序支配树计算 LCA。搜索树 DAG 支持支配树算法，生成后序支配树，实现代码如下。

```
/*！\用于图融合的简单算子模式 */
enum OpPatternKind {
    // Elementwise operation
    kElemWise = 0,
    // 广播算子,始终可以将输出轴按顺序映射到输入
    // 如 code:`out[i, ax1, j, ax2] = input[i, j]`
    // 注意,轴需要按顺序排列,以便转置不是 bcast 算子
    kBroadcast = 1,
    // 映射算子,可以将输出轴映射到单个输入轴
    // 所有映射算子仍然可以安全地融合到映射算子和约化算子
    kInjective = 2,
    // 交互还原算子
    kCommReduce = 3,
    // 复杂算子,仍然可以将 elemwise 操作融合到输出中
    // 但无法链接另一个复杂的算子
    kOutEWiseFusable = 4,
    // 元组节点的模式。可以融合到后续的映射操作中,但需经过特殊处理
    kTuple = 7,
    // 不透明操作,无法融合任何内容
    kOpaque = 8
};
```

用 IndexedForwardGraph::Creator 改写 visitExpr_ 函数，以便支持 FunctionNode、ConstantNode、Call-

Node、TuppleNode 等节点类型。CallNode 的 visitExpr_ 应用程序如下。

```
void VisitExpr_(const CallNode* call) final {
    ICHECK(graph_.node_map.count(call));
    Node* node = graph_.node_map.at(call);
    static auto fpattern = Op::GetAttrMap<TOpPattern>("TOpPattern");
// 配置这个调用的模式
// 如果调用一个算子,应该用标记带注释的图案
// 如果图案没有注释,将默认为不透明
// 最后,如果算子位置不是调用节点,将需要调用 Update,因为可能是任意表示
    OpPatternKind op_pattern = kOpaque;
    if (const OpNode* opnode = call→op.as<OpNode>()) {
      auto op =GetRef<Op>(opnode);
      if (IsDynamic(call→checked_type()) && IsDataDependent(call)) {
        // output of a shape func can't be fed to a data-dependent shape func
        op_pattern =kOpaque;
      } else {
        op_pattern = static_cast<OpPatternKind>(fpattern[op]);
      }
    } else {
      this→Update(call→op, node,kOpaque);
    }
    node→pattern = op_pattern;
    this→Update(call→op,nullptr, kOpaque);
    const auto* rtype = call→checked_type().as<TensorTypeNode>();
    // 将分析传递到引用的所有子级
    for (size_t i = 0; i < call→args.size(); ++i) {
      const auto* arg_type = call→args[i]→checked_type().as<TensorTypeNode>();
      // 检查具体结果类型是否与参数类型相同
      OpPatternKind edge_pattern = op_pattern;
      if (edge_pattern ==kBroadcast && arg_type != nullptr && rtype != nullptr &&attr_
equal_(rtype→shape, arg_type→shape)) {
          edge_pattern =kElemWise;
      }
      this→Update(call→args[i], node, edge_pattern);
    }
    ExprVisitor::VisitExpr_(call);
    this→AddNode(call);
  }
```

VisitExpr_ 函数从叶节点开始，先进行深度优先搜索，再输入 DAG 图中执行后序遍历。常量节点没有叶节点，ConstantNode 的 VisitExpr_ 函数不用递归调用。

实现 CallNode 的 VisitExpr。先在 DAG 中加入输入，再遍历 Edge，然后更新 DAG。在 ExprVisitor 中，定义 CallNode 函数，实现代码如下。

```
void ExprVisitor::VisitExpr_(const CallNode* op) {
  this→VisitSpan(op→span);
  this→VisitExpr(op→op);
  for (auto ty_arg : op→type_args) {
```

```
        this→VisitType(ty_arg);
      }
      for (auto arg : op→args) {
        this→VisitExpr(arg);
      }
    }
```

ExprVisitor 派生 IndexForwardGraph, this 指向 IndexForwardGraph, 先调用 VisitExpr_函数, 然后实现 Relay 树递归遍历。

2. 构造后序支配树

下面来看如何建立后序支配树, 支配树的构建由 DominatorTree 类的 PostDom 成员函数来完成。最终的节点是后序遍历 Relay 支配树的根节点, 先从根节点开始, 再搜索相连节点的 LCA, 也是后序支配点, 实现代码如下。

```
DominatorTree DominatorTree::PostDom(support::Arena* arena, const IndexedForwardGraph&
graph) {
    DominatorTree tree;
    tree.nodes.resize(graph.post_dfs_order.size(),nullptr);
    //逆拓扑排序
    for (size_t i = graph.post_dfs_order.size(); i != 0; --i) {
      size_t index = i - 1;
      tree.nodes[index] = tree.GetNode(arena, graph.post_dfs_order[index]);
    }
    return tree;
}
```

用 GetNode 找到支配点与后支配树, 实现代码如下。

```
    /*!
```

初始化根节点, 求各 LCA 支配点。用 LeastCommonAncestor 函数计算所有 LCA, 实现代码如下。

```
    /*!
    *  \简单查找节点列表中最不常见的祖先节点
    *  \param nodes the nodes
    *  \param edge_pattern
    *  \所有父对象的组合边缘模式,返回所有节点中最不常见的祖先节点
    */
    Node* LeastCommonAncestor(const LinkedList<IndexedForwardGraph::Edge>& input_nodes,
OpPatternKind* edge_pattern) {
        auto link = input_nodes.head;
        if (link ==nullptr) {
          return nullptr;
        }
        auto get_node = [&](const IndexedForwardGraph::Edge& edge) {
          size_toindex = edge.node→index;
          ICHECK_LT(oindex, nodes.size());
          Node* onode = nodes[oindex];
          ICHECK(onode != nullptr);
```

```
        return onode;
    };
    Node* parent = get_node(link→value);
    * edge_pattern =CombinePattern(* edge_pattern, link→value.pattern);
    link = link→next;
    for (; link !=nullptr; link = link→next) {
      parent =LeastCommonAncestor(parent, get_node(link→value), edge_pattern);
      * edge_pattern =CombinePattern(* edge_pattern, link→value.pattern);
    }
    return parent;
}
```

计算开始两个节点的 LCA，然后遍历所有节点，得到所有 LCA，实现代码如下。

```
/* !
 * \简单查找节点列表中最不常见的祖先
 * \param lhs The left node.
 * \param rhs The right node.
 * \param edge_pattern
 * \组合所有父对象的边缘模式
 * \返回两者中最不常见的祖先
 * /
static Node* LeastCommonAncestor(Node* lhs, Node* rhs, OpPatternKind* edge_pattern) {
    while (lhs !=rhs) {
      if (lhs ==nullptr) return nullptr;
      if (rhs == nullptr) return nullptr;
      if (lhs→depth <rhs→depth) {
        edge_pattern[0] =CombinePattern(edge_pattern[0], rhs→pattern);
        rhs = rhs→parent;
      } else if (rhs→depth < lhs→depth) {
        edge_pattern[0] =CombinePattern(edge_pattern[0], lhs→pattern);
        lhs = lhs→parent;
      } else {
        edge_pattern[0] =CombinePattern(edge_pattern[0], lhs→pattern);
        edge_pattern[0] =CombinePattern(edge_pattern[0], rhs→pattern);
        lhs = lhs→parent;
        rhs = rhs→parent;
      }
    }
    return lhs;
}
```

深度不同的两个节点，沿父节点往上爬，一旦深度一致，就是 LCA 节点。在计算支配点 pattern 时，会依据 pattern 的定义选择 pattern 值最大的作为 LCA 的 pattern。计算 pattern 最小值和最大值，如 kElemWise = 0，kInjective = 2，前者可向下融合进 KInjective。

3. 执行算子融合

通过构造 DAG 与 postDominator 后支配树，可执行算子融合。使用融合算子接口，实现代码如下。

```cpp
std::vector<GraphPartitioner::Group* > GraphPartitioner::Partition(
   const IndexedForwardGraph& graph) {
  this→InitGroups(graph);
  if (opt_level_ == 0) return std::move(groups_);
  // 获取后支配树
  auto post_dom_tree =DominatorTree::PostDom(arena_, graph);
  // 运行融合算法
  for (int phase = 0; phase < 3; ++phase) {
    this→RunFuse(graph, post_dom_tree, phase);
  }
  return std::move(groups_);
}
```

　　基于 IndexedForwardGraph 与 DominatorTree，进行算子融合需要 3 个 phase 阶段。这里解析 phase 0 过程。用 this→InitGroups 初始化 groups_，表示 GraphPartitioner 结构体变量，这是融合后的图结构。这个结构体的 parent 用 master_ref 构造节点连接，执行 Group 初始化与 DAG 图的 InitGroups。先检查算子是否能融合，再搜索 Group、DAG、后支配树的节点。Group 结构体与 InitGroups 的实现代码如下。

```cpp
struct Group {
    /* ! \简要介绍在 union 中查找数据结构中的父级* */
    Group* parent{nullptr};
    /* ! \简述团队模式 */
    OpPatternKind pattern;
    /* ! \简要引用根节点* */
    const tvm::Object* root_ref{nullptr};
    /* !
    * \anchor 节点的简要参考,仅当模式为 kOutEWiseFusable 时,此字段才不是 nullptr
    * /
    const tvm::Object* anchor_ref{nullptr};
    /* !
    * \简要查找节点,执行路径压缩
    * \返回根类型节点
    * /
    Group* FindRoot() {
      // fast path
      if (this→parent ==nullptr) return this;
      // 具有路径压缩的慢路径
      Group* root = this;
      while (root→parent !=nullptr) {
        root = root→parent;
      }
      for (Group* p = this; p != root;) {
        Group* parent = p→parent;
        p→parent = root;
        p = parent;
      }
      return root;
    }
```

```
      /* !
      *  \简要说明属于此组的节点数
      */
      uint32_t num_nodes{1};
   };

//初始化组
void InitGroups(const IndexedForwardGraph& graph) {
    groups_.resize(graph.post_dfs_order.size());
    for (size_tnid = 0; nid < groups_.size(); ++nid) {
      const auto* graph_node = graph.post_dfs_order[nid];
      auto* group_node = arena_→make<Group>();
      group_node→pattern = graph_node→pattern;
      group_node→root_ref = graph_node→ref;
      // 如有必要,设置 anchor 参考
      if (group_node→pattern ==kOutEWiseFusable) {
        group_node→anchor_ref = graph_node→ref;
      }
      groups_[nid] = group_node;
    }
}
```

算子融合函数 RunFuse。先从顶部开始搜索,初始化 groups_,相当于执行 IndexedForwardGraph,再指定当前节点的组,这里不透明节点不操作。如果当前节点没有支配者,就无须执行任何操作,而多于某个值的 max_fuse_depth_节点,就不进行融合。接着将映射运算融合到中间元组中,这样元组就已经融合到后续的映射运算中。若融合了当前节点与父节点,则跳过当前节点,只能融合到映射或还原的父级,以防止重复融合。然后检查所有中间操作是否仍在广播,而并行分支上的 Elemwise、广播和映射算子都可以融合到广播中。最终的终端节点已经可以融合到一个 OutEWiseFusable 组中,并且将映射融合推迟到第二阶段,所以 Conv2d 总是可以完成融合,同时检查所有路径是否都是映射的。实现代码如下。

```
// 实现融合算法
void RunFuse(const IndexedForwardGraph& graph, const DominatorTree& post_dom_tree, int
phase) {
    // 从顶部开始搜索, 初始化 groups_, 相当于执行 IndexedForwardGraph
    for (size_t nid = 0; nid < groups_.size(); ++nid) {
      // 执行已指定当前节点的组
      auto* graph_node = graph.post_dfs_order[nid];
      auto* dom_node = post_dom_tree.nodes[nid];
      Group* group_node = groups_[nid];
      ICHECK(group_node !=nullptr);
      // 不透明节点无操作
      if (group_node→pattern ==kOpaque) continue;
      // 如果当前节点没有支配者,无须执行任何操作
      if (dom_node→parent ==nullptr) continue;
      ICHECK(! graph_node→extern_ref);
```

```
        size_t dom_parent_gindex = dom_node→parent→gnode→index;

        // 多于某个值的 max_fuse_depth_ 节点，就不进行融合
        if (CountFusedNodesWithNewChild(graph_node, dom_node→parent→gnode) > max_fuse_depth_)
          continue;

        if (phase == 2) {
          // 将映射运算融合到中间元组中(如果有的话)
          if (group_node→pattern >kInjective) continue;
          Group*  dom_parent_group = groups_[dom_parent_gindex];
          Group*  dom_root_group = dom_parent_group→FindRoot();
          // 如果 dom 节点组有一个元组作为根，则不会将元组字段融合
          if (dom_root_group→pattern ==kTuple) continue;
          if (dom_parent_group→pattern ==kTuple && dom_root_group→pattern <= kInjective) {
            // 这样元组就融合到后续的映射运算中
            auto fcond = [](OpPatternKind kind, bool is_sink) { return kind <= kInjective; };
            // dom_root_group 也可以是元组，如初始层
            // 需要检查路径以避免融合两个中间元组
            if (CheckPath(graph_node, dom_node→parent→gnode, fcond)) {
              CommitFuse(graph_node, dom_node→parent→gnode);
            }
          }
          continue;
        }
        // 若融合了当前节点与父节点，则跳过当前节点，以防止重复融合
        if (groups_[dom_parent_gindex] !=nullptr &&
            group_node→FindRoot() == groups_[dom_parent_gindex]→FindRoot()) {
          continue;
        }
        // 暂时不要融合到元组中
        if (groups_[dom_parent_gindex]→pattern ==kTuple) continue;
        // 尝试将当前节点融合到其后控制器中
        if (group_node→pattern ==kOutEWiseFusable) {
          if (phase != 0) continue;
          // Path for OutEWiseFusable: Conv2d
          // 检查支配关系是否为 elemwise
          if (dom_node→parent !=nullptr && dom_node→pattern == kElemWise) {
            ICHECK(dom_node→parent→gnode != nullptr);
            // 如果所有中间操作仍在广播中，可以执行融合
            auto fcond = [](OpPatternKind kind, bool is_sink) { return kind <= kBroadcast; };
            if (CheckPath(graph_node, dom_node→parent→gnode, fcond)) {
              CommitFuse(graph_node, dom_node→parent→gnode);
            }
          }
        } else if (group_node→pattern <=kBroadcast) {
          // 先决条件：只能融合到映射或还原的父级
          if (dom_node→parent !=nullptr &&
```

```
                        (dom_node→pattern <=kInjective || dom_node→pattern == kCommReduce)) {
            // 检查所有中间操作是否仍在广播
            // 最终的终端节点已经可以融合到一个 OutEWiseFusable 组中
            auto fcond = [](OpPatternKind kind, bool is_sink) {
              if (! is_sink) {
                // 并行分支上的 Elemwise、广播和映射算子可以融合到 elemwise/广播 anchor
                return kind <=kInjective;
              } else {
                return (kind <=kBroadcast || kind == kCommReduce || kind == kInjective ||
kind == kOutEWiseFusable);
              }
            };
            if (CheckPath(graph_node, dom_node→parent→gnode, fcond)) {
              CommitFuse(graph_node, dom_node→parent→gnode);
            }
          }
        } else if (group_node→pattern ==kInjective || group_node→pattern == kTuple) {
          // 将映射融合推迟到第二阶段
          // 所以 Conv2d 总是可以完成融合
          if (phase != 1) continue;
          // 检查所有路径是否都是映射的
          auto fcond = [](OpPatternKind kind, bool is_sink) { return kind <= kInjective; };
          if (CheckPath(graph_node, dom_node→parent→gnode, fcond)) {
            CommitFuse(graph_node, dom_node→parent→gnode);
          }
        } else {
          // 什么都不做
          ICHECK(group_node→pattern ==kCommReduce);
        }
      }
    }
  };
```

若 phase＝0，将实现 kElemWise 与 kBroadcast 的融合，先依据算子融合优先级查看 ElemWise 和 Broadcast，再进行 ElemWise、Broadcast、Injective、CommReduce 的融合。

使用两个 CheckPath 与 CommitFuse，找出 src 与 sink 路径，需要用正则表达式判断能否融合，就是执行"auto fcond =［］（OpPatternKind kind，bool is_sink）"的命令。CheckPath 实现代码如下。

```
/* !
 * \简要检查 src 和接收器之间的所有节点和边缘模式是否满足 fcond
 *
 * 未检查 src
 *
 * \param src 源节点
 * \param sink 接收终止节点
 * \param fcond 要检查的条件
 * \tparam F 条件函数的 RAM,带有签名
 * \注意 sink 必须是 src 的后支配者
```

```
* /
template <typename F>
    bool CheckPath(IndexedForwardGraph::Node* src, IndexedForwardGraph::Node* sink, F
fcond) {
        ICHECK(! src→extern_ref);
        visited_.clear();
        ICHECK(src != sink);
        for (auto link = src→outputs.head; link !=nullptr; link = link→next) {
            if (! CheckPath_(link→value.node, sink, fcond)) return false;
        }
        return true;
    }
```

使用 CheckPath_，搜索 LCA 目录，需要依据"fcond（gnode→pattern, src == sink）"命令检查能否融合。接着融合 kCommReduce 与 kOutEWiseFusable 的节点，支持 ElemWise、Broadcast、Injective 进行多种算子融合。

若支配树节点能融合，使用 CommitFuse 实现融合运算，实现代码如下。

```
/* !
 * \简要提交融合操作
 * \param src 源节点
 * \param sink 接收终止节点
 * \注意 sink 必须是 src 的后支配者
 * /
void CommitFuse(IndexedForwardGraph::Node* src, IndexedForwardGraph::Node* sink) {
    Group* target = groups_[sink→index];
    visited_.clear();
    ICHECK(src != sink);
    CommitFuse_(src, sink, target);
}
```

指定融合节点，添加 Group * target 指针，通过使用 CommitFuse_方法实现融合，实现代码如下。

```
// ommitFuse 内部实施
void CommitFuse_(IndexedForwardGraph::Node* src, IndexedForwardGraph::Node* sink,
Group* target) {
    if (src == sink) return;
    if (visited_.count(src)) return;
    visited_.insert(src);
    Group* gnode = groups_[src→index];
    ICHECK(gnode != nullptr);
    // 如果需要,将当前组合并到父组
    MergeFromTo(gnode, target);
    for (auto link = src→outputs.head; link !=nullptr; link = link→next) {
        CommitFuse_(link→value.node, sink, target);
    }
}
```

执行 MergeFromTo（gnode，target）节点融合，实现代码如下。

```
/* !
*  \将子组简要合并到父组
*  \param child 子组
*  \param parent 父组
* /
  void MergeFromTo(Group* child, Group* parent) {
    child = child→FindRoot();
    parent = parent→FindRoot();
    if (child == parent) return;
    // 更新父组的节点数
    parent→num_nodes += child→num_nodes;
    child→parent = parent;
    // 更新 anchor 参数和模式
    if (child→anchor_ref !=nullptr) {
      ICHECK(parent→anchor_ref ==nullptr);
      parent→anchor_ref = child→anchor_ref;
      parent→pattern =CombinePattern(child→pattern, parent→pattern);
    }
  }
```

调用 child→FindRoot( ) 函数搜索目前节点的父节点。如融合 A、B、C，B 的 parent 是 C，A 的 parent 是 C。target 或 root 表示中间节点的 parent。通过 RunFuse 得到 DAG 的图 graph_，接着融合图 graph_各节点的 parent 到目标设备。最后，保存在 std::vector<GraphPartitioner::Group * >数据结构中。

使用搜索输出图执行融合，调用 FuseMutator，实现融合后的 Expr 表达式。设计 std::unordered_map<const Object * , GraphPartitioner::Group * > gmap_，进行 FuseMutator 函数变换（Transform），实现代码如下。

```
// Run the transform
  Expr Transform(const Expr& body, int fuse_opt_level, size_t max_fuse_depth) {
    // 设置组映射
    auto graph =IndexedForwardGraph::Create(&arena_, body);
    auto groups =GraphPartitioner(&arena_, fuse_opt_level, max_fuse_depth).Partition(graph);
    for (size_tnid = 0; nid < graph.post_dfs_order.size(); ++nid) {
      ICHECK(graph.post_dfs_order[nid]→ref !=nullptr);
      gmap_[graph.post_dfs_order[nid]→ref] = groups[nid];
    }
    // 以下行可用于调试
    // this→DebugDumpGroup(body);
    return this→Mutate(body);
  }
```

将可融合列节点生成 Function Expr 返回，然后进行算子融合 Pass。至此，本示例解析了 TVM Pass 支配树与算子融合的具体实施方案。

3.8 控制流与优化器

▶▶ 3.8.1 控制流

只要对 TensorFlow 有一点了解，都应该知道 Graph（图）是 TensorFlow 最基本的一个结构。TensorFlow 的所有计算都是以图作为依据的。图的节点表示一些基本的数学运算，如加法、卷积、pool 等。节点使用 protoBuf 来进行描述，包括节点名、操作、输入等，详情可参看 TensorFlow 中的 node_def.proto 文件。节点对应的算子使用 C++来进行实现。图中的边表示了数据流动的方向以及节点之间的依赖关系，如 A→B 就表示 B 必须在 A 执行完之后才能够执行。

当了解了 TensorFlow 的一些基本操作之后，还会存在这样的疑问：对于需要分支跳转、循环的部分，TensorFlow 是如何实现的？比如 tf.cond、tf.while_loop 这些语句在底层是如何表示的？TensorFlow 定义了一些基本的控制原语，通过一定的组合可以完成高层次控制语言的实现，比如"a = op？C：D"这样的语句。

TensorFlow 控制流的设计原则是通过引入最少的控制模块，利用这些控制模块可以表示很多复杂应用广泛的控制过程。这些控制模块还能够适应并发、分布式运算，同时能够实现自动微分。在 TensorFlow，一个计算节点在执行帧（Execution Frame，类比进程的栈帧）里执行，控制流原语负责创建和管理执行。直观地理解，TensorFlow 运行时建立一个个执行帧，在执行帧里执行所有属于这个执行帧的计算节点。执行帧可以嵌套（父子关系），来自不同执行帧且没有依赖关系的计算节点可以并行计算。

下面介绍 5 种基本的控制原语。

（1）switch

switch 算子依据控制条件，选择性地将输入数据传播到两个输出端。

（2）merge

merge 算子将一个可用输入传给输出，只要有任意一个输入可用，switch 就可以执行。

（3）enter

enter 算子依据执行帧唯一标识名称将输入传递到相应执行帧。enter 算子用于将一个张量从一个执行帧传递到子执行帧。

（4）exit

exit 算子用于将子执行帧的数据传递到父执行帧。

（5）nextIteration

nextIteration 算子可以将其输入传递到当前执行帧的下一个迭代。TensorFlow 的运行时可以随时跟踪执行帧中的迭代。任何一个算子都有一个唯一的迭代 ID 进行标识。

下面来看这几种原子指令是如何实现条件判断和循环的。TensorFlow 中实现 Cond（pre，fn1，fn2）条件判断的伪代码如下。

```
#构建真实分支图形
context_t=CondContext(pred, branch=1)
res_t=context_t.Call(fn1)
#构建假分支图
context_f=CondContext(pred, branch=0)
res_f=context_f.Call(fn2)
#添加输出合并节点
merges=[Merge([f, t]) for (f, t) in zip(ref_f, res_t)]
return merges
```

首先创建一个条件控制 context（上下文），这个 context 会调用两个不同的计算图。使用哪个计算图由条件 pred 来决定，最后将调用两个计算图的结果通过 merge 节点输出到下一个计算图。使用 merge 节点是为了保证只要有一个图有了结果就可以马上输送到下一个节点进行后续计算。计算图融合如图 3.26 所示。

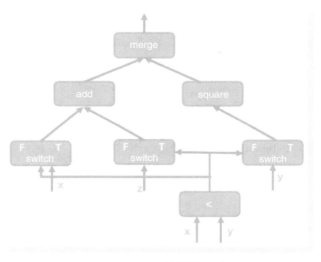

● 图 3.26　计算图融合

对于循环语句，在 TensorFlow 中使用以下伪代码来完成。

```
while_context=WhileContext()
while_context.Enter()
#为每个循环变量添加输入节点
enter_vars=[Enter(x, frame_name) for x in loop_vars]
#添加合并节点,输入将在稍后更新
merge_vars=[Merge([x, xx]) for x in enter_vars]
#构建循环 pred 子图
pred_result=pred(* merge_vars)
#添加 switch 节点
switch_vars=[Switch(x, pred_result) for x in merge_vars]
#构建循环体子图
body_result=body(* [x[1] for x in switch_vars])
```

```
#添加 NextIteration 节点
Next_vars=[NextIteration(x) for x in body_result]
#形成循环
for m, v in zip(merge_vars, next_vars):'
  m.op._update_input(1, v)
#添加退出节点
exit_vars=[Exit(x[0]) for x in switch_vars]
while_context.Exit()
return exit_vars
```

在上述代码中，首先创建一个循环控制 context，然后创建一个 enter 和 merge 节点来导入循环体变量。enter 节点是通过帧名识别这个循环体从而去执行，merge 节点是将循环变量传递给判断条件图，进行循环判定。加入的 switch 节点用于对循环条件判断的结果进行计算图选择。循环体内部计算结果需要进行多次循环，所以进入了 nextIteration 节点。switch 的 false 输出用于终止循环，所以进入 exit 节点将最终结果输出。若无控制节点，那么只执行一次。图 3.27 所示为在 TensorFlow 中加入控制节点。

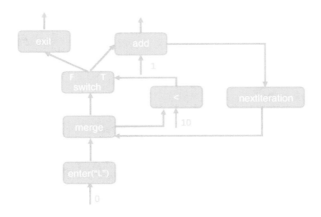

● 图 3.27　在 TensorFlow 中加入控制节点

有了这些控制节点，TensorFlow 就可以将一个图分割成多个子图，并部署到多个硬件执行设备上。在两个子图分割处，添加 send 和 receive 节点用于不同设备之间数据通信。TensorFlow 对节点如何分配没有限制，只要这个节点可以在这个设备上执行，就可以分配。如果没有这些控制节点，那么一幅图中的一个节点就只能执行一次，有了这些控制节点，计算图就能够有更多计算方式。一个节点可以循环执行多次，还可以被分配到不同设备执行。

TensorFlow 支持自动微分。当用户建立了计算图和定义了损失函数（loss）后，TensorFlow 会根据计算图的结构建立反向传播图。给定一个计算节点，可以通过映射到计算公式的方式进而求取微分。从而能够找出其反向传播节点的表示。对于控制节点来说，enter 的反向传播节点是 exit、switch 的反向传播节点是 merge（对于 cond 来说）或者是 nextIteration+merge（对于 while_loop 来说）、merge 的反向传播节点是 switch、nextIteration 的反向传播节点是 identity、enter 的反向传播节点是 exit。有了这些对应关系，就可以自动推断反向传播图，从而求取梯度了，而且可以在多个设备上进行计算分配。

比如，对于 cond 条件判断，如果其不是 loop 中的条件判断，那么其正向传播图与反向传播图的映射关系如图 3. 28 所示。

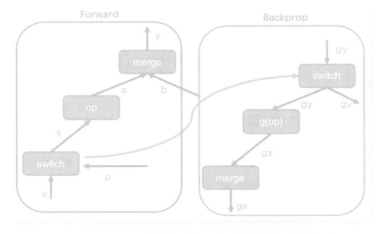

● 图 3. 28　正向传播图与反向传播图的映射关系

▶▶ 3. 8. 2　优化器

优化器是在原始计算图的基础上进行优化，提高计算在硬件上的效率。优化的主要目标有：简化图结构、降低最大的硬件存储使用率、进行硬件友好的图转化。图优化方法有很多，有些和硬件无关，有些和硬件的具体实现细节相关。高层次优化是对图进行一定的简化，对硬件是透明的。通过简化可以去除一些冗余计算，如常数折叠、多余控制节点去除等。还有一些利用结合律、分配律等对公式进行简化。

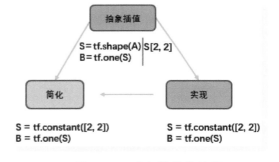

● 图 3. 29　建立张量的过程

1）图的简化可以删除一些冗余计算，将图用最终等效结果替换，如建立张量的过程，如图 3. 29 所示。

2）常数折叠可以将两个以上常数用一个常数替代，需要优化器进行一些计算，相关示例如下。

- $Add(c_1, Add(x, c_2)) => Add(x, c_1+c_2)$
- $ConvND(c_1 * x, c_2) => ConvND(x, c_1 * c_2)$
- $AddN(c_1, x, c_2, y) => AddN(c_1+c_2, x, y)$
- $Concat([x, c_1, c_2, y]) = Concat([x, Concat([c_1, c_2]), y)$
- $x * Ones(s) => Identity(x)$, if $shape(x) == output\_shape$
- $x * Ones(s) => BroadcastTo(x, shape(s))$, if $shape(s) == output\_shape$

- Same for x+Xeros（s），x/Ones（s），x＊Zeros（s）etc.
- Zeros（s）-y＝＞Neg（y），if shape（y）＝＝output_ shape
- Zeros（s）/y＝＞Recip（y），if shape（y）＝＝output_ shape

3）代数优化是指利用算术的性质进行一定的转化，相关示例如下。

- Flattening：a+b+c+d＝＞AddN（a，b，c，d）
- Hoisting：AddN（x＊a，b＊x，x＊c）＝＞x＊AddN（a+b+c）
- Numeric：x+x+x＝＞3＊x
- Logic：！（x>y）＝＞x<＝y

AddN 相当于硬件上支持的一个并行计算单元，可以一次计算多个输入，所以可以将连续的 3 个加法用一个并行加法替换。第二个利用了算术的分配律和结合律将 3 个相同乘数提取出来，最后两个对逻辑进行了等效转化，从而减少了计算节点。

- （matrix1+scalar1）+（matrix2+scalar2）＝＞（matrix1+ matrix2）+（scalar1+scalar2）

使用 matrix+scalar 的时候需要对 scalar 先进行广播，然后再加，转化后减少了广播的次数。

- Transpose（Transpose（x，perm），inverse_perm）
- BitCast（BitCast（x，dtype），dtype2）＝＞BitCast（x，dtype2）

上述这两个消除了冗余计算。

4）算子融合将多个计算节点融合为一个节点来计算。这个和硬件有关，如一个硬件计算单元可以完成 Conv+Batch_Norm，那么就可以实现这样的计算融合，也就不需要单独多出来一个计算单元。常用的算子融合如下。

- Conv2d_BiasAdd+<Activation>
- Conv2d+FusedBatchNorm+<Activation>
- Conv2d+Squeeze+BiasAdd
- MatMul+BiasAdd+<Activation>

5）存储优化的目的是为了降低对片外的访问频率，这样能够提高数据运算效率、减少等待数据加载时间。

3.9　TVM 存储与调度

▶ 3.9.1　TVM 编译器优化

TVM 是一个支持 GPU、CPU、FPGA 指令生成的开源编译器框架，虽然在自己的加速 IP 上无法直接拿过来用，但是其中的很多方法和思想还是很值得借鉴的。TVM 最大的特点是基于图和算符结构来优化指令生成，最大化硬件执行效率。其中使用了很多方法来改善硬件执行速度，包括算符融合、数据规划、基于机器学习的优化器等。它向上对接 TensorFlow、PyTorch 等深度学习框架，向下兼容 GPU、CPU、ARM、TPU 等硬件设备。

TVM 是一个端到端的指令生成器，它从深度学习框架中接收模型输入，然后进行图的转化和基本的优化，最后生成指令完成到硬件的部署。整个架构是基于图描述结构，不论是对指令的优化还是指令生成，一个图结构清晰地描述了数据流方向、操作之间的依赖关系等。基于机器学习的优化器是优化过程中的重点，指令空间很大，通过优化函数来寻找最优值是一个很合理的想法。TVM 主要特点如下。

1）基于 GPU、TPU 等硬件结构，将张量运算作为一个基本的算符，通过把一个深度学习网络描述成图结构来抽象出数据计算流程。在这样的图结构基础上，更方便记性优化。同时能够有更好的向上/向下兼容性，同时支持多种深度学习框架和硬件架构。

2）巨大的优化搜索空间。在优化图结构方面，其不再局限于通过某一种方式，而是通过机器学习方法来搜索可能的空间来最大化部署效率。这种方式虽然会导致编译器较大的计算量，但是更加通用。

图 3.30 所示为 TVM 端到端编译框架。

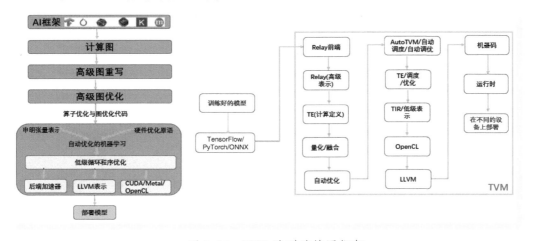

● 图 3.30 TVM 端到端编译框架

TVM 提供了一个非常简单的端到端用户接口（API），通过调用 TVM 的 API 可以很方便地进行硬件部署，实现代码如下。

```
import tvm as t
#以 Keras 框架为例,导入模型
Graph,params = t.frontend.from_keras(keras_model)
Target = t.target.cuda()
Graph, lib,params = t.compiler.build(graph, target, params)
```

以上就是将 Keras 的模型输入到 TVM，指定部署的硬件 GPU，然后进行优化和代码生成。TVM 也提供了 Java、C++和 Python 界面供用户调用。

▶▶ 3.9.2 图结构基本优化

图结构是大多数深度学习框架中普遍采用的描述方式。这种图是一种高层次的描述，将一个张量运算用一个算符描述，而不是拆分得更细。这样更有利于优化，而且也符合 GPU、TPU 的硬件架构。

在这些芯片中，计算核算力很大，通常可以完成一个较大的计算，如卷积、矩阵运算等。计算图包含了 2D 卷积、ReLu、Dense、Softmas 等。这样的图结构也正好符合 FPGA 加速器的结构，在 FPGA 中也是用一个计算核来专门处理某个大的计算的。TVM 图中的节点描述了一个张量数据或者算符，而边表示了不同计算的依赖关系。

基于图结构，TVM 采用了很多图优化策略，具体如下。

1）算符融合：将可以在硬件上用一个算符完成的多个连续运算合并。

2）常量折叠：将可以预先计算的数据放在编译器中完成，以减少硬件计算。

3）存储规划：预先为中间数据分配存储空间来存储中间值，避免中间数据无法存储在片上而增加片外存储开销。

4）数据规划：重新排列数据有利于硬件计算。

1. 算子融合

TVM 中将运算划分为以下 4 种。

1）1 对 1 的运算，如加法、点乘。

2）降运算，如累加。

3）复杂运算，如 2D 卷积，融合了乘法和累加。

4）不透明的运算，如分类、数据排列等，这些不能被融合。

算子融合实现 pipeline（线性通信模型），可减少存储开销，并且在 FPGA 中更有利。如 RNN 架构 IP，包括矩阵乘法、加法。而加法与矩阵乘法融合，可节约算力与内存开销。

2. 数据调度

以 XRNN 来说，片上有一个运算阵列，由于阵列大小固定，一次计算矩阵大小也是固定的。如计算一个 32×32 对应 32×1 的矩阵向量乘法，那么就要求权重和向量必须要按照 32 的倍数进行对齐，这就需要对权重数据等进行规划。

▶▶ 3.9.3 张量计算

TVM 中使用的张量描述语言是透明的，可以根据硬件需要进行修改。这样更加灵活和有利于进行优化，但是可能会增加编译器优化的复杂性。

描述算符中包含结果大小和计算方式，但是这其中没有涉及循环结构和更多数据操作细节。TVM 采用了 Halide 思想，通过使用调度（schedule）来对张量计算进行等价变换，从中计算出执行效率最高的调度结构。

TVM 除了采用了 Halide 的调度方式外，还增加了 3 种针对 GPU 和 TPU 的调度方式：特定内存范围、张量化、延迟隐藏。这些调度方式可以对一个张量运算进行等价变换，产生多种代码结构，从中选择出最有利于硬件执行的代码结构。

Graph-level 的优化示例如图 3.31 所示，用计算图（节点为算子，边为数据）来描述执行逻辑。

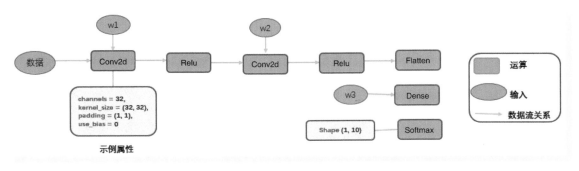

● 图 3.31 Graph-level 的优化示例

3.10 多功能张量加速器 VTA

▶▶ 3.10.1 VTA-TVM 硬件-软件堆栈

VTA （Versatile Tensor Accelerator） 意思为灵活的张量加速器。首先，VTA 是一个完全开源的深度学习加速器。但 VTA 不仅包含了加速器设计本身，还包括完整的驱动，TVM 编译的整合和直接从 TVM 前端 Python 编译部署深度学习模型的完整开源工具链。TVM 发布的 VTA 包含了模拟器和 FPGA 部署模块，完整的 VTA-TVM 硬件-软件堆栈如图 3.32 所示。

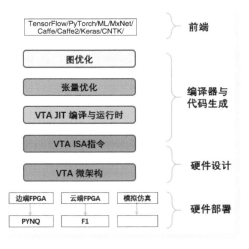

● 图 3.32 完整的 VTA-TVM 硬件-软件堆栈

▶▶ 3.10.2 VTA 主要功能

TVM 和 VTA 形成端到端的硬件-软件深度学习系统堆栈，包括硬件设计、驱动程序、JIT 即时编译运行时，以及基于 TVM 的优化编译器堆栈。图 3.33 所示为 VTA 功能图。图中的各模块通过 FIFO 队列和本地内存块（SRAM）相互通信，以实现任务级管道并行性，VTA 主要由以下 4 个模块组成。

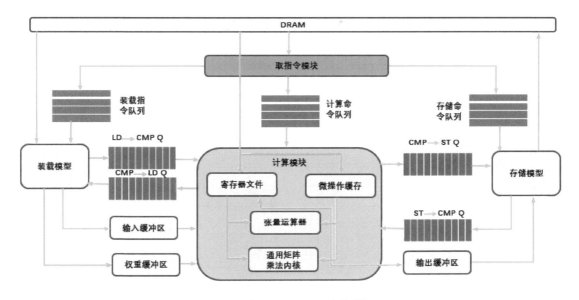

● 图 3.33 VTA 功能图

1）取指令模块负责从 DRAM 加载指令流。解码这些指令，并路由到三个命令队列之一。

2）加载模块负责将来自 DRAM 的输入和权重张量加载到数据专用的片上存储器中。

3）计算模块使用 GEMM 核执行密集线性代数计算，并使用张量 ALU 进行常规计算。将数据从 DRAM 加载到寄存器文件中，以及将 micro-op 内核加载到 micro-op 缓存中。

4）存储模块将计算核心产生的结果存储回 DRAM。

VTA 加速包括以下主要指令。

1）LOAD 指令：将 DRAM 中的 2D 张量加载到输入缓冲区、权重缓冲区或寄存器文件中，将微内核加载到微操作缓存中。在加载输入和权重图块时支持动态填充。

2）GEMM 指令：在输入张量和权重张量上执行矩阵乘法的微操作序列，并将结果添加到寄存器文件张量中。

3）ALU 指令：对寄存器文件张量数据执行矩阵 ALU（Arithmetic and Logic Unit，算术逻辑单元）操作的微操作序列。

4）STORE 指令：将 2D 张量从输出缓冲区存储到 DRAM。

▶▶ 3.10.3 VTA 示例

VTA 设计当前在 Vivado HLS C++中指定，只有 Xilinx 工具链才支持。VTA 硬件来源包含在 3rdparty/vta-hw/hardware/xilinx/sources，包括以下模块。

1）vta.cc 包含每个 VTA 模块的定义以及 VTA 设计的顶级行为模型。

2）vta.h 包含使用 Xilinxap_int 的类型定义以及函数原型声明。

预处理器在 3rdparty/vta-hw/include/vta/hw_spec.h 里定义宏。这些宏定义中的大多数是从 3rdparty/vta-hw/config/vta_config.json 文件中列出的参数派生的。通过处理 json 文件 3rdparty/vta-hw/config/vta_config.py 来生成一串编译标志，这些编译标志定义了预处理器宏。makefile 使用该字符串，以便在 HLS 硬件综合编译器和构建 VTA 运行时的 C++编译器中设置高级参数。

下面代码为在 C++中定义的某个 VTA 模块。

```cpp
void fetch(
  uint32_t insn_count,
  volatile insn_T * insns,
  hls::stream<insn_T> &load_queue,
  hls::stream<insn_T> &gemm_queue,
  hls::stream<insn_T> &store_queue) {
#pragma HLS INTERFACE s_axilite port = insn_count bundle = CONTROL_BUS
#pragma HLS INTERFACE m_axi port = insns offset = slave bundle = ins_port
#pragma HLS INTERFACE axis port = load_queue
#pragma HLS INTERFACE axis port = gemm_queue
#pragma HLS INTERFACE axis port = store_queue
#pragma HLS INTERFACE s_axilite port = return bundle = CONTROL_BUS

  INSN_DECODE: for (int pc = 0; pc <insn_count; pc++) {
#pragma HLS PIPELINE II = 1
    // 读取指令字段
    insn_T insn = insns[pc];
    // 进行部分解码
    opcode_T opcode = insn.range(VTA_INSN_MEM_0_1, VTA_INSN_MEM_0_0);
    memop_id_T memory_type = insn.range(VTA_INSN_MEM_5_1, VTA_INSN_MEM_5_0);
    // 推送到适当的指令队列
    if (opcode == VTA_OPCODE_STORE) {
      store_queue.write(insn);
    } else if (opcode == VTA_OPCODE_LOAD &&
        (memory_type == VTA_MEM_ID_INP ||memory_type == VTA_MEM_ID_WGT)) {
      load_queue.write(insn);
    } else {
      gemm_queue.write(insn);
    }
  }
}
```

▶▶ 3.10.4　VTA 计算模块

VTA 的计算模块充当 RISC 处理器，该处理器在张量寄存器而非标量寄存器上执行计算。

计算模块从微操作缓存执行 RISC 微操作。有两种类型的计算微操作：ALU 和 GEMM 操作。为了最大限度地减少微操作内核的占用空间，同时为避免对诸如条件跳转之类的控制流指令的需求，计算模块在两级嵌套循环内执行微操作序列。嵌套循环通过仿射功能计算每个张量寄存器的位置。这种压缩方法有助于减少微内核指令的占用空间，适用于矩阵乘法和 2D 卷积，这在神经网络运算符中很常见。

GEMM 内核每个周期可以执行一个输入权重矩阵乘法。单周期矩阵乘法的维数定义了硬件张量内在函数，且 TVM 编译器必须将其降低到较低的计算调度表上。张量固有值由输入张量、权重和累加器张量的尺寸定义。每种数据类型都可以具有不同的整数精度：权重和输入类型通常都是低精度的（8 位或更少），而累加器张量具有更宽的类型（32 位）以防止溢出。为了使 GEMM 核心保持繁忙，每个输入缓冲区、权重缓冲区和寄存器文件都必须公开足够的读/写带宽。

张量 ALU 支持一组标准操作来实现共同活化、归一化、池运算符。VTA 是模块化设计，可以扩展张量 ALU 支持的算子范围，以提高算子覆盖范围，但要以提高资源利用率为代价。张量 ALU 可以对立即数执行张量-张量运算以及张量-标量运算。张量 ALU 的操作码和立即数由高级 CISC 指令指定。张量 ALU 计算上下文中的微代码仅负责指定数据访问模式。就计算吞吐量而言，张量 ALU 并非以每个周期一次操作的速度执行。限制来自缺乏读取端口：由于每个周期可以读取一个寄存器文件张量，张量 ALU 的启动间隔至少为 2（即每 2 个周期最多执行 1 次操作）。一次执行单个张量-张量操作可能会很昂贵，特别是考虑到寄存器文件类型很宽（通常为 32 位整数）。为了平衡张量 ALU 与 GEMM 内核的资源利用，在多个周期内通过矢量向量操作执行张量-张量操作。微操作计算过程描述如图 3.34 所示。

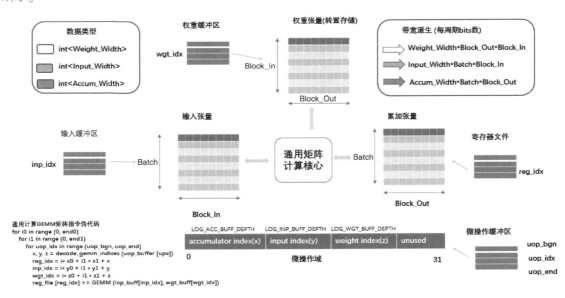

● 图 3.34 微操作计算过程描述

▶▶ 3.10.5 VTA 控制

根据 Fetch→Load→Compute→Store 的流程去计算：

1）CPU 把数据和指令放到 DRAM。

2）Fetch 和 Load 分别将指令和数据从 DRAM 搬运到 SRAM。

3）CPU 会提前计算好一部分 AGU 地址 uop 放到 DRAM，然后被搬运到 uop SRAM。

4）Compute 译码指令根据指令参数，执行对应的 GEMM 或 ALU 计算；计算结果放回到 acc/out sram。

5）Store 将计算结果从 SRAM 放回到 DRAM。

6）CPU 取出计算结果并准备下次计算数据，然后返回第一步。

Inp buffer 和 Out buffer 之间没有数据交换，固定 buffer in/out。控制逻辑会处理数据/指令依赖以及内存延迟隐藏。

VTA 的核心思想是将计算划分到一个通用的细腻度计算结构 OperationWrapper，一般步骤如下。

1）Load Inst：加载 Operation 对应指令。

2）Decode：译码。

3）AGU：计算 Operation 所需要的 DRAM 或 SRAM 地址。

4）Operation：利用 Operation 对应的硬件计算资源执行操作。

无论是 Fetch、load、Compute、Store 等较大粒度的操作都可以利用 OperationWrapper 分解到更细粒度的 4 个步骤，这和传统的设计方法不同。传统设计是将芯片分为 DMA→Load→Compute→Store 4 个模式，每个模式单独去设计一套尽量通用的操作单元，然后去匹配软件算法；同时每个模式不会再分解到一个更通用的细腻度结构。而 OperationWrapper 将 Fetch→Load→Compute→Store 中每个模式都分解为 Load→Decode→AGU→Operation，即使是传统设计认为 Load/Store 已经是最小粒度了，TVM 依然可以再次分解到 OperationWrapper。这有点像在 RISC 中再 RISC 的思想。

▶▶ 3.10.6　microTVM 模型

microTVM 是 TVM 编译器的扩展，能够使 TVM 应用于微控制器，提供在设备上运行 TVM RPC 的服务，以便完成自动调优。同时也提供了一套最小化 C 语言的 runtime（运行时），使得裸机（如物联网）边缘设备可以独立完成模型推理。图 3.35 所示为 microTVM 执行流程。

该流程的各个部分描述如下。

1）模型导入：用户导入现有模型或向 TVM 描述新模型，生成 Relay 模块。

2）模型转换：用户可以对模型应用进行变换，如量化等。每次转换后，用户仍然会有一个 Relay 模块。

3）编译（调度与代码生成）：TVM 通过为每个 Relay 算子进行调度和调度配置，将每个算子实现到张量 IR 中。然后，为每个运算符生成代码（C 源代码或编译对象）。

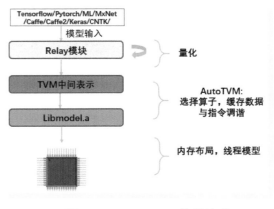

● 图 3.35　microTVM 执行流程

4）整合：将生成的代码与 TVM C 运行时库都集成到用户提供的二进制项目中。在某些情况下（如当项目跨多个 SoC/开发板进行标准化时），此过程会自动处理。

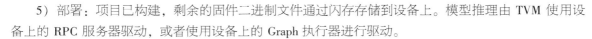

5）部署：项目已构建，剩余的固件二进制文件通过闪存存储到设备上。模型推理由 TVM 使用设备上的 RPC 服务器驱动，或者使用设备上的 Graph 执行器进行驱动。

microTVM 包括以下特点。

1）TVM 编译器以微控制器为目标。

2）在设备上运行 TVM RPC 服务器自动调谐。

3）支持裸机设备模型推理的最小 C 运行时。

microTVM 旨在实现以下设计目标。

1）便携式代码：microTVM 可以将任何 Relay 模型，转换为仅可以使用 C 标准库编译的 C 代码。

2）最小开销：microTVM 生成特定于目标的高度优化的代码，应该删除运行时尽可能多的开销。

3）可访问代码：microTVM 将 C 源代码视为一流的输出机制，以便固件工程师更容易理解和调谐。

3.11 TVM 代码库结构与示例

3.11.1 代码库结构

首先在 TVM 的根目录下，有以下几个子目录，一起构成了大量的代码库。

1）src：用于运算符编译和部署运行时的 C++代码。

2）src/relay：Relay 的实现，一种用于深度学习框架的新的 IR（中间表示），取代了后面介绍的 nnvm。之后对 TVM 的讲解以及修改都是基于 Relay。

3）Python：Python 前端，封装了在 src 中实现的 C++函数和对象，可编译 C++ API 与驱动程序供 Python 绑定。

4）src/topi：标准神经网络算子的计算定义和后端调度。

5）nnvm：用于图形优化和编译的 C++代码和 Python 前端。在引入 Relay 之后，为了向后兼容，它仍然保留在代码库中。

6）include：include 中的头文件是跨模块共享的公共 API。

图形编译 relay.build 的每个节点需进行以下一系列操作。

1）通过查询注册表查找运算符实现。

2）生成算子计算表达式与调度。

3）将运算符编译为目标代码。

TVM 代码库中一个有趣的地方是，C++和 Python 之间的调用不是单向的。通常，所有执行繁重任务的代码都用 C++实现，而 Python 绑定提供面向用户的接口。在 TVM 中也是如此，但在 TVM 代码库中，C++代码也可以调用 Python 模块中定义的函数。如卷积算子在 Python 中实现，在 Relay 的 C++代码中调用。

3.11.2 张量添加示例

下面是用 TVM 降级 API 实现向量加法示例，实现代码如下。

```
n = 1024
A =tvm.te.placeholder((n,), name='A')
B =tvm.te.placeholder((n,), name='B')
C =tvm.te.compute(A.shape, lambda i: A[i] + B[i], name="C")
```

其中 A、B、C 表示 python/tvm/te/tensor.py 中 tvm.tensor.Tensor。C++支持 Python 张量，在 include/tvm/te/tensor.h 与 src/te/tensor.cc 文件中执行。TVM 中 Python 可看作同名 C++句柄。

通过 TVM_REGISTER_＊宏，按照 PackedFunc 方式开放 C++。TVM 通过 PackedFun 实现 C++ 和 Python 间的相互操作，使得从 C++ 代码库调用 Python 函数变得容易。

张量包括运算关联，在 python/tvm/te/tensor.py、include/tvm/te/operation.h 与 src/tvm/te/operation 文件中定义。张量是运算对象的输出，而每个运算都有 input_tensors()方法，返回输入列表张量。将张量传到 python/tvm/te/schedule.py 文件中的 tvm.te.create_schedule 函数，实现代码如下。

```
s =tvm.te.create_schedule(C.op)
//函数映射到 include/tvm/schedule.h 文件中
inline Schedule create_schedule(Array<Operation> ops) {
  return Schedule(ops);
}
```

Schedule 包括 Stage 与 Operation 两个模块。Stage 对应 Operation。向量添加包括 2 个占位符与 1 个计算操作，s 调度包括 3 个阶段。Stage 包含循环嵌套与循环类型（如 Parallel、Vectorized、Unrolled 等），在下一个 Stage 循环嵌套中输出计算信息。在 tvm/python/te/schedule.py、include/tvm/te/schedule.h 及 src/te/schedule/schedule_ops.cc 文件中定义 Schedule 与 Stage。

下面是通过调用 tvm.build 函数实现 create_schedule 调度，实现代码如下。

```
target = "cuda"
fadd = tvm.build(s, [A, B, C], target)
```

在 python/tvm/driver/build_module.py 文件中定义 tvm.build，接着输入调度，再输入张量与目标，最后直接返回 tvm.runtime.Module。

tvm.build 可分为以下两个步骤。

1）降级，将高级循环嵌套结构转换为低级 IR。

2）CodeGen，目标机器代码由低级 IR 生成。

降级是由 tvm.lower 完成的，在 python/tvm/build_module.py 文件中定义。先执行绑定，创建初始循环嵌套。下面是降级代码的实现。

```
def lower(sch,
          args,
          name="default_function",
          binds=None,
          simple_mode=False):
  ...
  bounds = schedule.InferBound(sch)
  stmt = schedule.ScheduleOps(sch, bounds)
  ...
```

bounds 推理包括中间缓冲区大小与循环边界。如果共享内存后端为 CUDA，自动确定需要的最小空间大小。在 src/te/schedule/bound.cc、src/te/schedule/graph.cc 与 src/te/schedule/message_passing.cc 文件中完成绑定推理。

stmt 输出初始循环嵌套结构 ScheduleOps。若将 reorder 或 split 应用于调度，而初始循环嵌套已经验证了这些变化。ScheduleOps 定义在 src/te/schedule/schedule_ops.cc 文件中。

在 src/tir/pass 子目录中实现降级 passes 到 stmt 的操作，再在调度、循环向量化和 passes 中进行 vectorize 或 unroll 原语操作，实现代码如下。

```
...
stmt = ir_pass.VectorizeLoop(stmt)
...
stmt = ir_pass.UnrollLoop(
    stmt,
    cfg.auto_unroll_max_step,
    cfg.auto_unroll_max_depth,
    cfg.auto_unroll_max_extent,
    cfg.unroll_explicit)
...
```

降级后，build 用降级生成目标机器代码。若用 x86 架构，可调用 SSE 或 AVX 指令，或者调用针对 CUDA 包含的 PTX 指令。TVM 可生成包括内存管理、机器代码、内核启动等主机代码。

build_module 生成 CodeGen，在 python/tvm/target/codegen.py 文件中实现。在 C++ 端的 CodeGen，在 src/target/codegen 文件中完成。Python 函数 build_module 将在 src/target/codegen/codegen.cc 文件中执行 Build。

在 PackedFunc 注册表中，Build 查找目标 CodeGen。在 src/codegen/build_cuda_on.cc 文件中注册 codegen.build_cuda，代码如下。

```
TVM_REGISTER_GLOBAL("codegen.build_cuda")
.set_body([](TVMArgs args, TVMRetValue* rv) {
    * rv =BuildCUDA(args[0]);
  });
```

其中 BuildCUDA 用 src/codegen/codegen_cuda.cc 文件中的 CodeGenCUDA 类，由低级 IR 生成 CUDA 内核，再用 NVRTC 编译内核。若用 LLVM 后端（如 x86、ARM、NVPTX 及 AMDGPU 等），CodeGen 由 src/codegen/llvm/codegen_llvm.cc 文件中的 CodeGenLLVM 完成。CodeGenLLVM 将 TVM IR 变成 LLVM IR，再执行 LLVM 优化，最后生成机器代码。

src/codegen/codegen.cc 文件中的 Build 返回 runtime::Module，在 include/tvm/runtime/module.h 文件与 src/runtime/module.cc 文件中执行。模块对象是底层目标特定对象的容器模块 Node。后端添加运行时 API，执行 ModuleNode。CUDA 后端执行 src/runtime/cuda/cuda_module.cc 文件中的 CUDAModuleNode，管理 CUDA 驱动 API。BuildCUDA 用 runtime::Module 包装 CUDAModuleNode，并返回给 Python。LLVM 后端执行 src/codegen/llvm/llvm_module.cc 文件中的 LLVMModuleNode，完成编译代码的 JIT 实现。ModuleNode 可在 src/runtime 后端子目录中找到。

下面是返回编译函数与设备 API，并提供给 TVM 的 NDArray 进行调用的示例，实现代码如下。

```
dev =tvm.device(target, 0)
a =tvm.nd.array(np.random.uniform(size=n).astype(A.dtype), dev)
b =tvm.nd.array(np.random.uniform(size=n).astype(B.dtype), dev)
c =tvm.nd.array(np.zeros(n, dtype=C.dtype), dev)
fadd(a, b, c)
output = c.numpy()
```

TVM 自动分配设备内存。后端在 include/tvm/runtime/device_api.h 文件中的 Device API 执行，覆盖内存设备 API。CUDA 后端在 src/runtime/cuda/cuda_device_api.cc 文件中执行 CUDA Device API，用于执行 cudaMalloc 与 cudaMemcpy 等。

用 fadd 调用时，用 ModuleNode 的 GetFunction 获取内核调用。在 PackedFuncsrc/runtime/cuda/cuda_module.cc 文件中的 CUDA 执行 CUDAModuleNode::GetFunction，实现代码如下。

```
PackedFunc CUDAModuleNode::GetFunction(
    const std::string& name,
    const std::shared_ptr<ModuleNode>& sptr_to_self) {
  auto it =fmap_.find(name);
  const FunctionInfo& info = it→second;
  CUDAWrappedFunc f;
  f.Init(this,sptr_to_self, name, info.arg_types.size(), info.launch_param_tags);
  return PackFuncVoidAddr(f, info.arg_types);
}
```

PackedFunc 调用重载 operator，在/runtime/cuda/cuda_module.cc 文件中调用 CUDAWrappedFuncsrc 的 operator，最终调用 cuLaunchKernel，实现代码如下。

```
class CUDAWrappedFunc {
 public:
  void Init(...)
  ...
  void operator()(TVMArgs args,
                  TVMRetValue* rv,
                  void** void_args) const {
    int device_id;
    CUDA_CALL(cudaGetDevice(&device_id));
    if (fcache_[device_id] == nullptr) {
      fcache_[device_id] = m_→GetFunc(device_id, func_name_);
    }
    CUstream strm = static_cast<CUstream>(CUDAThreadEntry::ThreadLocal()→stream);
    ThreadWorkLoad wl = launch_param_config_.Extract(args);
    CUresult result = cuLaunchKernel(
        fcache_[device_id],
        wl.grid_dim(0),
        wl.grid_dim(1),
        wl.grid_dim(2),
        wl.block_dim(0),
        wl.block_dim(1),
```

```
        wl.block_dim(2),
        0,strm, void_args, 0);
    }
};
```

至此就完成了 TVM 编译和执行函数的流程了。

3.12 主机驱动的执行

▶ 3.12.1 firmware 二进制文件

在主机驱动执行中，firmware 二进制文件包括如下内容。

1）从 TVM 生成的算子实现。

2）TVM C 运行时。

3）特定于 SoC 的初始化。

4）TVM RPC 服务器。

5）（可选）简化参数。

将这个 firmware 二进制文件镜像 flash 到设备上，并在主机上创建一个 GraphExecutor 实例。Graph-Executor 通过 UART 发送 RPC 命令驱动执行。图 3.36 所示为 firmware 驱动流程。

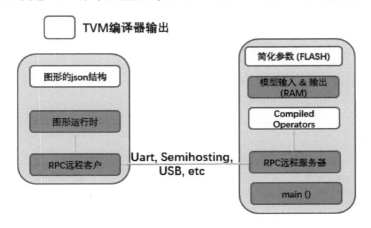

● 图 3.36　firmware 驱动流程

▶ 3.12.2 计算声明

本小节描述了一个简单的矩阵乘法，需要多个计算阶段，矩阵乘法流程如图 3.37 所示。

首先，在主内存中输入张量 A 与 B。

接着，声明 VTA 片上缓冲区中间张量 A_buf 和 B_buf，允许缓存读取和写入。

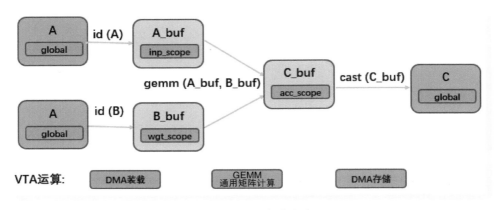

● 图 3.37　矩阵乘法流程

最后，计算 A_buf 与 B_buf 的乘积矩阵 C_buf。最后一个操作是强制转换并复制回 DRAM，再传到结果张量 C 中。

▶▶ 3.12.3　数据平铺

以加速器为目标时，应确保数据布局与加速器设计布局相匹配。VTA 是围绕一个张量核设计的，在激活矩阵和权重矩阵间，每个周期执行一次矩阵运算，再将结果矩阵添加到累加器矩阵。数据平铺计算如图 3.38 所示。

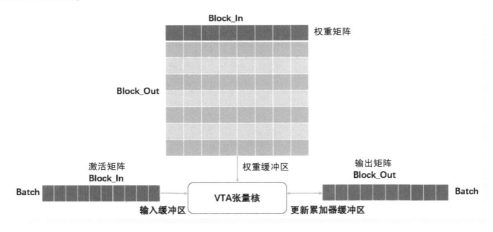

● 图 3.38　数据平铺计算

该矩阵-矩阵乘法的维度在 vta_config.json 配置文件中指定。激活矩阵有一个（BATCH，BLOCK_IN）形状，转置的权重矩阵有一个（BLOCK_OUT，BLOCK_IN）形状，所以推理得到的输出矩阵有一个（BATCH，BLOCK_OUT）形状。因此，VTA 处理的输入和输出张量需要根据上述维度进行平铺。

图 3.39 所示为数据平铺评估分析，显示了数据平铺对最初形状为（4，8）的矩阵的影响。按（2，2）平铺形状进行平铺，可确保每个平铺内的数据是连续的。生成的平铺张量具有（2，4，2，2）的

形状。

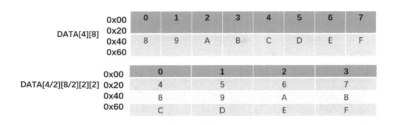

● 图 3.39　数据平铺评估分析

这些变量分别是 BLOCK_OUT、BLOCK_IN 及 BATCH 张量维度上的乘法因子。默认情况下，配置文件将 BATCH、BLOCK_IN 及 BLOCK_OUT 分别设置为 1 或 16（BATCH 设置为 1 表示向量矩阵乘法）。

3.12.4　卷积运算

以 NCHW 格式描述 2D 卷积计算。通过包括批量大小、空间维度、输入通道、输出通道、内核维度、填充维度和步幅维度等模块，定义 2D 卷积形状。

选择 ResNet-18 架构第 9 个卷积层的形状作为卷积工作负载参数。在 2D 卷积中添加了额外的运算符，这些运算符将移位和裁剪应用于输出，以模拟定点卷积，然后进行线性激活校正。图 3.40 所示为 ResNet-18 的 2D 卷积运算流程。

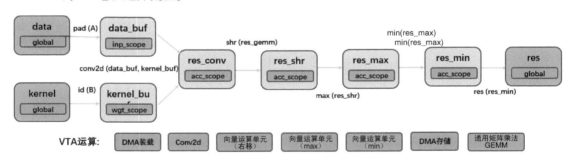

● 图 3.40　ResNet-18 的 2D 卷积运算流程

计算量太大无法一次性全部放入 VTA 的片上缓冲区。因此，在调度阶段，会依靠计算阻塞策略，将计算分解为可管理的块。

3.12.5　空间填充

导入 TOPI 库以便在输入特征图张量上应用空间填充策略。空间填充有助于在 2D 卷积的上下文中进行阻塞，如果卷积核窗口大小大于 1，那么任何给定层的输入特征图的相同（x，y）空间位置会被多次读取。在 CPU 和 GPU 并行化工作时，提高内存访问效率的一种方法是空间打包，这需要重新布局数据。VTA 加载 DMA 引擎可以自动插入填充，因此不必将原始输入特征图重新打包到内存中。

当数据从 DRAM 加载到 VTA 的 SRAM 中时，在 2D 跨步和填充内存读取之后，接着展示了 VTA 的动态空间填充效果。图 3.41 所示为空间填充流程。

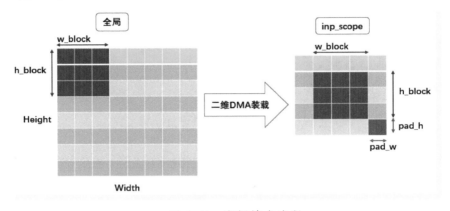

● 图 3.41　空间填充流程

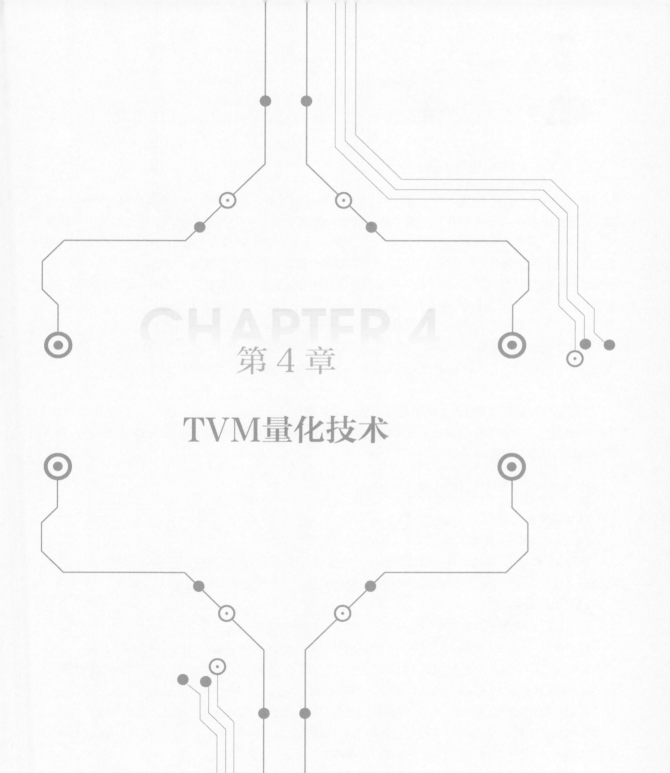

第 4 章

TVM量化技术

4.1 TVM 量化概述

▶▶ 4.1.1 TVM 量化现状

量化并不是什么新知识，在对图像做预处理时就用到了量化。回想一下，通常会将一张 uint8 类型、数值范围在 0~255 的图片归一成 float32 类型、数值范围在 0.0~1.0 的张量，这个过程就是**反量化**。类似地，经常将网络输出范围在 0.0~1.0 之间的张量调整成数值为 0~255、uint8 类型的图片数据，这个过程就是**量化**。所以量化本质上只是对数值范围的重新调整，可以"粗略"理解为一种线性映射。（之所以加"粗略"二字，是因为有些论文会用非线性量化，但目前在工业界落地的还都是线性量化，所以本文只讨论线性量化的方案）。

不过，可以明显看出，反量化一般没有信息损失，而量化一般都会有精度损失。这也非常好理解，float32 类型数据能保存的数值范围本身就比 uint8 类型数据多，因此必定有大量数值无法用 uint8 类型表示，只能四舍五入成 uint8 类型的数值。量化模型和全精度模型的误差也来自四舍五入的 clip 操作。

主流量化包括离线量化及训练时量化（伪量化）两种。

TVM 量化主要在 AutoTVM 优化上，同时 TVM 量化的特点是搜索张量调用 Auto TVM。因此，TVM 量化能提高精度、速度与 bit 位。

▶▶ 4.1.2 TVM 量化原理

TVM 量化分为 3 个阶段，具体如下。

（1）Annotation（注释）

优化 TVM pass，并基于算子编写伪量化。根据每个算子重写函数，并重写 graph，插入模拟的量化算子。模拟量化算子，包括从浮点数到整数量化的舍入误差和饱和误差。

（2）Calibration（校准）

校准过程 pass 目的是调整模拟量化算子的阈值，以减少精度下降。

权重量化（f_min，f_max）不变，可计算出张量最优值。而 activation 量化（f_min，f_max），如同 BN 的 scale 与 bias，是依照训练样本的不同，需要保持一个整体值，再用指数移动平均（Exponential Moving Averages，EMA）运算，接着通过校准方法，以便调整（f_min，f_max）值。

校准和量化过程合在一起了，一般校准和量化过程是分开成两部分的，再进行各自保留计算图的实现。这样校准的 IR 对接算法系统，以便用于包括数据收集、决策制定、生成配置等；量化的 IR 对接引擎或算法系统，以便用于推理、部署或者训练，以及进行相互隔离。

量化的实现是在 TVM 中，这样做确实可以避免在不同框架中实现量化的重复工作量。但是也放弃了使用框架的训练能力，以便到剪枝过程的时候会有一定限制。还可以把量化分成描述，实现和控制三部分。其中描述使用 relay 抽象的 IR，而实现使用 CodeGen 分配到不同框架做自动实现，控制则在 CodeGen 的时候自动添加，再与框架配合完成训练相关的流程。

（3） Realization （实现）

模型量化，究竟量化的是什么？一般会量化权重和输出特征值，这两者是参与模型运算的操作对象，如卷积等。实现过程 pass，将实际用 float32 类型数据计算的仿真图，转化为一个真正的低精度整数图。

那么到底是怎么做的呢？以 int8 为例。

首先需要用 int8 类型来表示 f32 的参数。一般来说，模型参数都是稀疏化得比较小的数，而 int8 数值范围在−128~127 之间，也就是 256 的分辨率。那么从小数到整数肯定有个映射过程，或者有一个线性比例关系，这就需要量化过程中比较重要的参数 scale。只有用 scale 才能把模型参数从小数量化到整数，才能把小数的浮点运算变成整数的定点运算。那么怎么量化呢？

如果直接训练好一个模型，再根据参数的最大值/最小值做一个缩放，可实现量化，也能达到小数到整数的映射。但是这样映射出的模型误差会很严重，因为网络不适应这种缩放。原因是这种缩放对于某些参数值存在数量级差异的层很不友好，会使得值很小的参数量化误差特别大。因为在用浮点数训练的时候，网络不知道要量化，所以训练出来的参数分布无规律，差异巨大，对量化很不友好。如何才能得到一批适合量化的模型参数呢？很显然，在训练的时候就要把这种意识传递给网络，告诉网络待会要进行量化了。那么具体怎么做呢？

既然想让网络领会要量化的意图，不妨在训练过程中模拟一下量化的操作。本来参数的分布很广，而且信息丰富，并且训练起来比较容易。但是通过量化，肯定就会出现误差，这样目的就达到了，而创造量化的误差会让网络主动学习弥补这种误差。这样网络就会朝着适合量化的方向去调整参数了，而不是像以前一样，到处去寻求最优解。这里相当于给网络加了一个约束，而这个约束是参数可量化性，这跟常用的正则化约束有类似的地方。

深度学习受内存、算力、精度的限制。精度通常是机器学习度量优化的唯一标准，直接导致了对算力和内存的需求。若将模型部署到资源有限的设备上，就会在设备中间产生一定的参数量，并执行必要的计算是具有挑战的，如手机、IoT、非边缘计算的设备。通常如果使用 fp32 数据类型，也需要消耗很大的算力，实际上会采用混合精度或降低精度的方法来降低算子要求。但是减少位宽并不是唯一的方法，因为极有可能损害模型的精度。在权衡了这些因素之后产生量化的神经网络，需要使用更低精度或非标准数据类型，以便提高吞吐量和内存使用。因为受数据类型的限制，所以量化对许多加速器至关重要。而经典的量化工作是不同量化技术之间的权衡，往往由平台和模型决定。大多数深度学习框架都选择了一种特定的集合，即固定量化方案和数据类型，但需要手写一部分算子。

相反，Relay 是一种通用的基于编译器的量化流，同时支持不同的量化方案并自动生成代码。Relay 提供了一种通用的程序重写框架，可对每个运算符的规则进行扩展，而这些规则可以用注释输入、数据类型、输出精度来进行量化。并且用户可以基于现有的量化策略重写或者增加一些新的量化策略，如可以选择有符号整数或无符号整数，以及可以使用不同的舍入策略来进行量化（如 floor、ceil、随机舍入等策略）。

SimQ （Simulated_Quantize，仿真量化）模拟量化造成舍入误差与饱和度误差，需要按照伪量化训练来获取参数，同时调整误差。图 4.1 所示为 f32 类型量化为 int 8 类型过程。

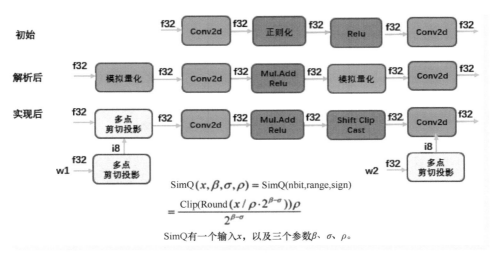

初始 | 解析后 | 实现后

$$\text{SimQ}(x, \beta, \sigma, \rho) = \text{SimQ}(nbit, range, sign)$$

$$= \frac{\text{Clip}(\text{Round}(x / \rho \cdot 2^{\beta-\sigma}))\rho}{2^{\beta-\sigma}}$$

SimQ 有一个输入 x，以及三个参数 β、σ、ρ。

● 图 4.1　f32 类型量化为 int8 类型

在程序中重新写注释，可根据每种运算符的注释规则，再插入模拟的量化运算符，并对其进行标记。接着将被量化运算符的输入或输出传递给 SimQ，SimQ 是一种模拟量化效果的运算符。例如，f32 类型量化为 int8。SimQ 必须有一组校准参数来确保量化的正确性，如 bits、scale、range 参数。而且基于 SimQ 的模拟量化是没有量化类型的，需要将其扩展到 target 类型。通过在没有量化类型上计算，Relay 再进行参数校准，而 SimQ 是确保正确性的必要步骤。

SimQ 参数是一种控制图，可将量化类型和没有量化的类型进行必要的校准，而没有校准模型可能是不准确的，必须对这些参数进行适当的校准来辅助优化任务。Relay 支持多种校准策略。第一优先级的策略是一个全局的 scale，scale 会调整量化模型，直到不会导致溢出为止。其次是一个有针对性的优化方案，用每个 channal 维度数据进行 scale，再利用 MSE 来优化 scale 的损失。最后，还有一种基于 KL-divergence 散度方法的 MxNet 框架用于优化量化 scale。

TVM 扩展 TensorFlow 策略，可在 pass 中插入伪量化节点。TVM 整个量化流程，延续了 TensorFlow 伪量化的路线，并为 pass 中每一个中间变量插入一个伪量化节点。TVM 伪量化的方法与 TensorFlow 稍有差异，其中 TensorFlow 运行的是非对称量化，而 TVM 目前默认运行的是对称量化。

下面对比 TensorFlow 量化与 TVM 量化的公式。

TensorFlow：

$$q = \left[\frac{\text{clamp}(r, a, b) - a}{s(a, b, n)}\right] s(a, b, n) + a$$

TVM：

$$q = \frac{\text{Clip}(\text{Round}(r/s \times 2^{nbit-sign})) \times s}{2^{nbit-sign}}$$

转换一下：

$$q = \left[\text{clamp}\left(\frac{r}{\text{threshold}/2^{nbit-sign}}, a, b\right)\right] \text{threshold}/2^{nbit-sign}$$

从 f32 到 int8 的误差，包括 rounding 的误差及 clamp 的误差，可在训练过程中考虑进去，只不过对称量化会看着有点不自然。图 4.2 所示为 TVM 为 Conv2d 算子插入伪量化的示意图。

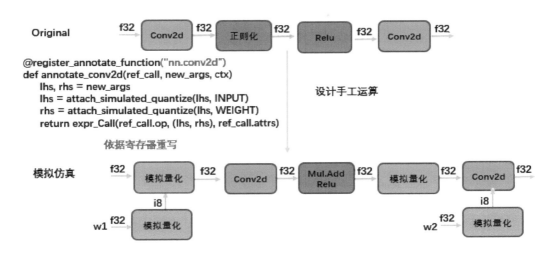

● 图 4.2　TVM 为 Conv2d 算子插入伪量化的示意图

TVM 伪量化时，主要优化 input、weights、activation 参数，而不能获取伪量化数据。可对每个量化张量进行缩放，以防止溢出。图 4.3 所示为伪量化参数表。TVM 插入伪量化时，需要对 input、weights，以及 activation 进行区分，而这些参数的优化方法是不同的。

原型脚本	量化类型	模型名称 (全部8bit量化)	精度Accuracy@1000图像				Time@Macbook		
	per_channel_quantized_model		Torch-1.6.0.dev20200407 Tvm-0.7-ea0638886				target="llvm –mcpu=core-avx2"		
			Torch-Top1	Torch-Top5	TVM-Top1	TVM-Top5	TVM-1core	TVM-1core	Nx
Imagenet_test.py	训练后量化PTQ (Post Training Quantization)	resnet18	69.5	89.9	69.5	89.7	171.21	32.21	5.32
		resnet50	78.6	94	78.3	94.6	435.54	73.14	5.95
	静态量化感知训练 QAT （Static Quantization Aware Training）	mobilenet_v2	72.2	90.6	72.4	90.6	36.76	13.11	2.80
	训练后量化PTQ (Post Training Quantization)	mobilenetv3small-f3be529c.pth	65.5	84.1	63.7	83.2	9.63	8.11	1.19
		mobilenet_pretrained_float.pth	-	-	-	-	39.75	12.9	3.08

● 图 4.3　伪量化参数表

由于伪量化开始时无法知道运行模型的数据分布和数据类型，而是要等到真正运行的时候才知道，所以到时候会不会有溢出的风险，而伪量化是不知道的，这是非常危险的。事实上，真正成熟的量化算法，都是要对量化过程中每个量化出来的张量进行缩放，这样才能保证不会有溢出的风险。

图 4.4 所示为 TVM 量化的实际操作过程。首先要根据模型和部署的硬件，选择要量化的算子，也就是 Topology，以及量化的目标 bit 数，这里要量化到多少 bit 并不是人为确定的（也可以赋值为固定

常量），而是一个不断搜索的过程。然后根据一个小的校准图片集获得阈值（threshold），接着通过 threshold-bit-topology 确定的量化模型进行测试，再执行下一个校准循环。

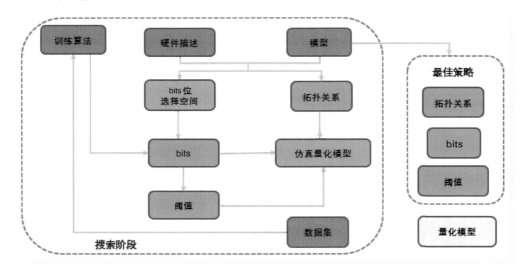

● 图 4.4　TVM 量化的实际操作过程

两种量化损失如下。

1）舍入误差。例如，scale =（7.2 + 0.6）/127 = 0.061417，q1 = 7.2/scale = 117.23，r = [6.8, 7.2, -0.6]，量化值为 117，损失误差为 0.23。

2）截断损失。将边界的点缩放，取最优区间，再截断到最优值，接着生成截断损失。

实际上，会在 TVM 伪量化中组合两种误差进行消化，执行代码如下。

```
@ _op.register_compute("relay.op.annotation.simulated_quantize")
def simulated_quantize_compute(attrs, inputs, out_type):
    // 模拟量化编译器
    assert len(inputs) == 4
    assert attrs.sign
    assert attrs.rounding == "round"
    data, scale, clip_min, clip_max=inputs
    if attrs.kind == QAnnotateKind.IDENTITY:
        return [topi.identity(data)]
    scaled_data=topi.divide(data, scale)
    #模拟饱和误差
    clipped_data=topi.maximum(topi.minimum(scaled_data, clip_max), clip_min)
    #模拟舍入误差
    round_data=topi.round(clipped_data)
    #恢复data
    rdata=topi.multiply(round_data, scale)
    return [rdata]
```

4.2 int8 量化与 TVM 执行

▶▶ 4.2.1 两种主要量化方案

量化方案主要分为两种：在线量化（On line Quantization）和离线量化（Off line Quantization），在线量化指的是感知训练量化（Aware Quantization），离线量化指的是训练后量化（Post Quantization）。其中训练量化其实就是在网络模型训练阶段进行量化，而训练后的量化方案其实与训练并不相关，主要是在模型离线工具（模型转换工具的时候）采用量化方案。

▶▶ 4.2.2 int8 量化原理分析

1. Relay 优化

TVM 社区不断添加与目标无关的 pass，如 fuse 常量、公共子表达式等。依据目标将这些 pass 转换为 Relay 图，并对其进行优化，如 Legalize 或 AlterOpLayout 变换，改变卷积/密集层的布局。TVM 社区正在优化改进基础架构，以实现此类转换，并添加特定于目标的布局转换。

2. Relay 到硬件

有了优化的 Relay 图，就需要编写优化的调度。像 fp32 一样，必须只专注于"昂贵"的算子，如 conv2d、dense 等。

量化会进一步扩展到标准的 Relay 算子，由主要作用是 scaling。Relay 可以将最初的运算符融合转换为 Elementwise 运算，得到全新的量化操作。最后，Relay 可以应用进一步的优化，如布局转换、加速器的 packing、auto-tuning 和可移植性改进。同时也能为用户提供针对性的量化方案和运算符，不局限用户的单一方案。

TVM 提供了一个简单的工作流程，可以用其他框架量化训练后的模型，自动优化算子（使用 AutoTVM），部署到其他设备。

首先，使用 Relay 前端导入现有模型。下面以带有 $(1, 3, 224, 224)$ 输入的 MXNet 模型为例，代码如下。

```
sym, arg_params, aux_params = mxnet.model.load_checkpoint(model_path, epoch)
net,params = relay.from_mxnet(sym, shape={'data': (1, 3, 224, 224)}, arg_params=arg_
params, aux_params=aux_params)
```

接下来，使用 Relay 量化 API 将其转换为量化模型，代码如下。

```
net= relay.quantize.quantize(net, params=params)
```

然后使用 AutoTVM 为模型中的算子提取调整任务并执行自动优化。最后，建立模型并以量化模式运行推理，代码如下。

```
with relay.build_config(opt_level=3):
graph, lib,params = relay.build(net, target)
```

relay.build 是可部署的库，可以直接在 GPU 上运行推理，也可以通过 RPC 部署在远程设备上。图 4.5 所示为 int8 量化原理分析。

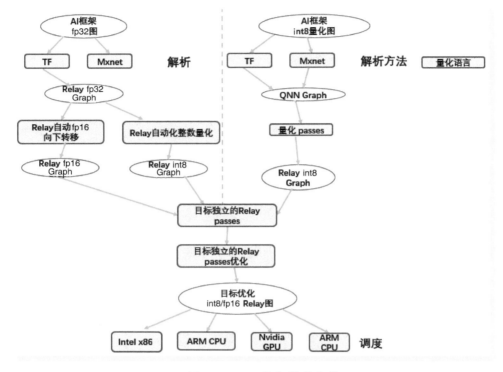

● 图 4.5　int8 量化原理分析

3. 数值范围

（1）整型（int）数值范围

int8：−128～127。

unsigned int8：0～255。

byte（unsigned char）：0～255。

word（unsigned short）：0～65535。

int16（16bit integer，占 2B）：−32768～32767。

int32（32bit integer，占 4B）：−2147483648～2147483647。

int64（64bit integer，占 8B）：−9223372036854775808～9223372036854775807。

（2）浮点型 float 数值范围

一个 float 单精度浮点数，一般是用 4B（32bit）来表示，由 3 部分组成：符号位、指数部分（表示 2 的多少次方）和尾数部分。双精度 64 位，单精度 32 位，半精度是 16 位。单精度浮点数（float32）的这三部分所占的位宽分别为：1，8，23。半精度浮点数（float16）的这三部分所占的位宽分别为：1，5，10。

半精度是英伟达在 2002 年设计的，双精度和单精度主要是为了计算，而半精度更多是为了降低数据传输和存储成本。

很多场景对于精度的要求也没那么高，如分布式深度学习，如果用半精度的话，相比单精度，可以节省一半的传输成本。考虑到深度学习的模型可能会有上亿个参数，使用半精度传输还是非常有价值的。

Google 的 TensorFlow 就是使用了 16 位的浮点数，不过用的不是英伟达提出的标准，而是直接把 32 位浮点数的小数部分截断了，据说是为了降低算力。

▶▶ 4.2.3　KL 散度计算

Softmax 公式为：交叉熵=信息熵+KL 散度（相对熵）。

1）信息熵：编码方案完美时，最短平均编码长度。

2）交叉熵：用次优编码方式时，平均编码长度，即需要多少 bit 来表示。平均编码长度等于最短平均编码长度加上一个增量。

3）相对熵：编码方案不一定完美时，平均编码长度相对于最小值的增加值（即上面说的增量）。

int8 编码时所需编码长度等于 float32 编码时所需编码长度加上 int8 编码时多需要的编码长度。因此，相对熵就是次优编码比最优编码多出来的编码长度，该编码长度越小越好。所以，需要找到一个合适的阈值，使得两者之间的相对熵最小（即 KL 散度）。

▶▶ 4.2.4　实现 int8 量化

将已有的 float32 型（fp32）数据改成 A = scale_A * QA + bias_A，B = scale_B * QB + bias_B。NVIDIA 实验证明可以去掉 bias，即 A = scale_A * QA，也就是 QA（量化后的 A）= A/scale_A。而有了对应公式 A = scale_A * QA，则可以将 float32 的数据映射到 int8。但是由于 float32 的数据动态范围比 int8 要大很多，如果数据分布不均匀，同时若 float32 的原始数据都在 127 的周围，最后量化后都是 127 了，造成精度损失严重，而 int8 其他的数值完全没有用到，这是没有完全利用 int8 的数值范围，所以直接最大值/最小值映射不是一个最优方案。

能不能找到一个阈值，先丢掉一部分 float32 数值，然后能够更加均匀地映射，可充分利用到 int8 的数值范围呢？

这需要一个校准数据集，以便在校准数据集上运行 fp32 推理。先收集激活的直方图，并生成一组具有不同阈值的 8 位表示法，并选择具有最少 KL 散度的表示；KL 散度是在参考分布（即 fp32 激活）和量化分布（即 8 位量化激活）之间。

依据上述理论，下面来实现一个量化示例。

```
#导入 mxnet, onnx 等前端模型
sym, _=relay.frontend.from_mxnet(sym, {'data': data_shape})
#随机产生 test 模型参数，除非有现成训练好的模型参数
sym, params=tvm.relay.testing.create_workload(sym)
#模型量化
```

```
with relay.quantize.qconfig(skip_k_conv=0, round_for_shift=True):
    sym=relay.quantize.quantize(sym, params)
#TVM 默认 resnet 卷积优化配置，包括内核数量
#用新的卷积结构，进行 auto tuning 优化。若用现存的卷积优化，速度更快。
#导入编译模型的优化算子
with autotvm.apply_history_best(log_file):
    print("Compile...")
    with relay.build_config(opt_level=3):
        graph, lib, params=relay.build_module.build(
            net, target=target, params=params)
    #导入参数并运行
    ctx=tvm.context(str(target), 0)
    module=runtime.create(graph, lib, ctx)

data_tvm=tvm.nd.array((np.random.uniform(size=input_shape)).astype(dtype))

    module.set_input('data', data_tvm)
    module.set_input(** params)
    #module.set_input(** {k:tvm.nd.array(v, ctx) for k, v in params.items()})
    module.run()
    #forward 时间测试
    e=module.module.time_evaluator("run", ctx, number=2000, repeat=3)
    t=module(data_tvm).results
    t=np.array(t) * 1000
print('{} (batch={}): {} ms'.format(name, batch, t.mean()))
```

4.3　低精度训练与推理

IEEE 二进制浮点数算术标准被许多 CPU 与浮点运算器采用。这个标准定义了表示浮点数的格式（包括负零−0）与反常值（Denormal Number）、一些特殊数值（无穷（Inf）与非数值（NaN）），以及这些数值的浮点数运算符。这样就指明了四种数值舍入规则和五种例外状况（包括例外发生的时机与处理方式）。

IEEE 754 规定了四种表示浮点数值的方式：单精确度（32bit）、双精确度（64bit）、延伸单精确度（43bit 以上，很少使用）与延伸双精确度（79bit 以上，通常以 80 位实现）。只有 32 位模式有强制要求，其他都是可选择性的。大部分编程语言都提供了 IEEE 浮点数格式与算术，但有些列为非必需的。如 IEEE 754 问世之前就有 C 语言了，现在包含了 IEEE 算术，但不算作强制要求（C 语言的 float 通常是指 IEEE 单精确度，而 double 是指双精确度）。

图 4.6 所示为不同数字格式（其中 s 为符号位）。bf16 与 fp32 动态范围一样，但尾数较大，而 fp32 精度高。

最常见的 8 位与 16 位数字格式，分别是 8 位整数（int8）、16 位 IEEE 浮点数（fp16）、bfloat16（bf16），以及 16 位整数（int16）。

图 4.7 所示为低比特量化方法。

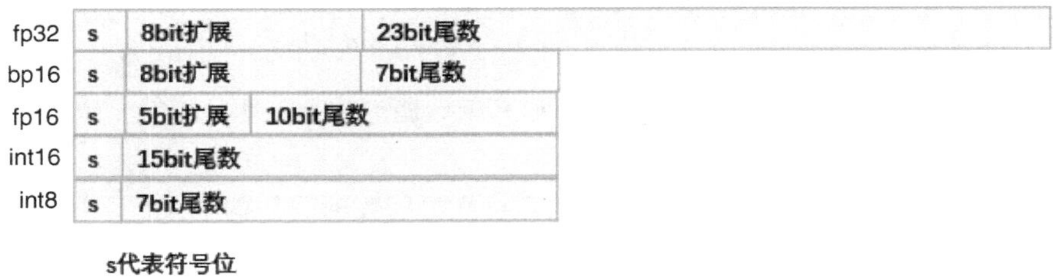

fp32
s
8bit扩展
23bit尾数
bp16
s
8bit扩展
7bit尾数
fp16
s
5bit扩展
10bit尾数
int16
s
15bit尾数
int8
s
7bit尾数
s代表符号位

● 图 4.6　不同数字格式（s 为符号位）

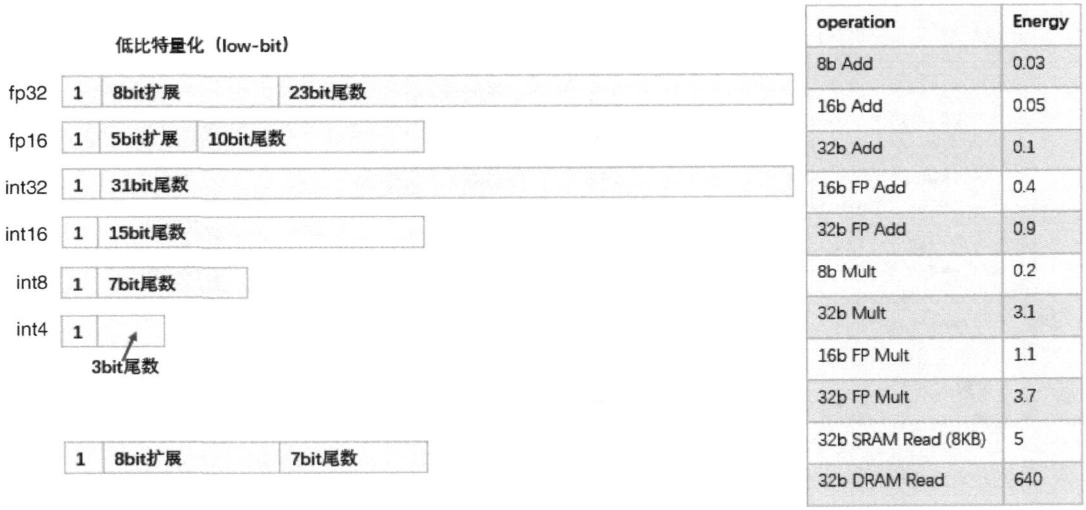

低比特量化（low-bit）
fp32
1
8bit扩展
23bit尾数
fp16
1
5bit扩展
10bit尾数
int32
1
31bit尾数
int16
1
15bit尾数
int8
1
7bit尾数
int4
1
3bit尾数
1
8bit扩展
7bit尾数

operation	Energy
8b Add	0.03
16b Add	0.05
32b Add	0.1
16b FP Add	0.4
32b FP Add	0.9
8b Mult	0.2
32b Mult	3.1
16b FP Mult	1.1
32b FP Mult	3.7
32b SRAM Read (8KB)	5
32b DRAM Read	640

● 图 4.7　低比特量化方法

图 4.8 所示为量化前后对比。通过量化操作后，可将 Conv2d-fp32 的操作，转化成了如下几个操作的组合：权重编码、fp32-to-int8-IO、输入编码、fp32-int8-IO、Conv2d-int8 操作、输出反编码、int32-to-fp32-IO。假设当前计算的寄存器位宽为 128，而理论上 fp32 算子的峰值加速比为 4，并且 int8 算子的峰值加速比为 16。但为什么量化后，从 fp32 到 int8 的加速比达不到 4 呢？因为还做了很多额外的操作，如 IO 上的操作 fp32-to-int8-IO、int32-to-fp32-IO，编码上的操作权重编码、输入编码等。经过这一系列额外的操作后，在很多情况下，依然还能达到约 1.2～1.5 的加速比。与此同时，量化还能减轻模型的存储压力和内存压力，缺点是会带来精度损失。

Y = K * x + b
fp32 * fp32 + fp32
量化前
Y = K * x + b
int8 * int8
int32
反↓编码
fp32 + fp32
量化后

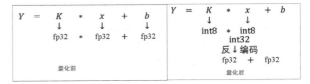

● 图 4.8　量化前后对比

由于进行了数据截断，该过程不可逆，所以这个是一个信息损失的过程。为了度量损失的程度，下面将会介绍两种思路，也是 MNN 中解决该问题的两种算法，目的都是为了尽量在编码过程中减少信息的损失。思路如下。

1）从概率分布的角度出发的，目的是让编码后和编码前的数据分布尽可能一致，而采用的概率分布度量为 KL 散度。

2）从最优化角度出发的，目的是让编码后的数据在进行反编码后的结果尽可能和原数据接近，而采用的度量可以是 L2、L1 或是广义范数，但由于 L2 度量的优化算法求解方便，后面也主要基于 L2 度量进行讨论。

下面是具体量化方法，包括线性量化、对数线性量化及双曲正切量化 3 个模块，实现代码如下。

```python
#线性量化
def linear_quantize(input, sf, bits):
    assert bits >= 1, bits
    #一 bit
    if bits == 1:
        return torch.sign(input) - 1
    delta=math.pow(2.0, -sf) #小数位位宽量化精度
    bound=math.pow(2.0, bits-1)
    min_val=- bound      #上限值
    max_val=bound - 1    #下限值
    rounded=torch.floor(input/delta+0.5) #扩大后取整
    clipped_value=torch.clamp(rounded, min_val, max_val) * delta #再缩回
    return clipped_value
#对数线性量化
def log_linear_quantize(input, sf, bits):
    assert bits >= 1, bits
    if bits == 1:
        return torch.sign(input), 0.0, 0.0
    s=torch.sign(input) #正负号
    input0=torch.log(torch.abs(input)+1e-20)   #求对数获取比特位
    v=linear_quantize(input0, sf, bits)         #对比特位进行线性量化
    v=torch.exp(v) * s                          #指数回原数
    return v
#双曲正切量化
def tanh_quantize(input, bits):
    assert bits >= 1, bits
    if bits == 1:
        return torch.sign(input)
    input=torch.tanh(input)              #双曲正切映射 [-1, 1]
    input_rescale=(input+1.0)/2          #映射到 [0, 1]
    n=math.pow(2.0, bits) - 1            #固定比特位放大系数
    v=torch.floor(input_rescale * n+0.5)/n  #放大后取整
    v=2 * v - 1 #[-1, 1]                      #缩放回原来的范围
    v=0.5 * torch.log((1+v)/(1 - v))         #反双曲正切回原数
    return v
```

4.4 NN 量化

4.4.1 神经网络量化概述

NN（Neural Network）计算优化方向主要是指 NN 的 int8 计算。因为整数比浮点数速度快，并且 NN 对单精确度要求不高，可用重训练恢复损失精度，而科学计算硬件的方法，不适合 NN 推理。早期 NVIDIA 与其他 GPU 厂商的传统 GPU 不支持直接进行 NN 运算，但现在通常 NN 都集成在 AI GPU 设备中。现在 AI GPU 已经与传统的 GPU 不同。

量化包括以下内容。

1）对象：对权重量化、对特征图量化（神经元输出）、对梯度量化（训练过程中）。

2）过程：在推理过程前传，在训练过程反传。

3）一步量化：仅对权重量化。

4）两步量化：对神经元与特征图量化，第一步先对特征图进行量化，第二步再对权重量化。

5）16bit 与 32bit 浮点数存储时，第一位是符号位，中间是指数位，后面是尾数。英特尔提出了把前面的指数项共享的方法。这样可以把浮点运算转化为尾数的整数定点运算，以加速网络训练。

6）分布式训练梯度量化：对权重数值进行聚类。CNN 参数中数值分布在参数空间，通过一定的划分方法，总是可以划分成为 k 个类别。通过存储这 k 个类别的中心值或者映射值，压缩网络的存储。

量化的分类包括以下几种。

1）低比特量化。

2）整体训练加速量化。

3）分布式训练梯度量化。

由于在量化，特别是低比特量化实现过程中，由于量化函数的不连续性，在计算梯度的时候，会产生一定的困难。因此，可把低比特量化转化成 ADMM（Alternating Direction Method of Multipliers，交替方向乘子法）可优化的目标函数，从而由 ADMM 来优化。

1）使用哈希把二值权重量化，再通过哈希求解。

2）用聚类中心数值代替原权重数值，配合 Huffman 编码，具体可包括标量量化或乘积量化。

3）如果只考虑权重自身，容易造成量化误差很低，但分类误差很高的情况。

4）Quantized 卷积优化目标是重构误差最小化。

5）可以利用哈希进行编码，映射到同一个哈希桶中的权重，共享同一个参数值。

4.4.2 优化数据与网络

为了进一步压缩网络，考虑让若干个权值共享同一个权值，需要存储的数据量也将大大减少。采用 kmeans 算法来将权值进行聚类，在每一个类中，所有的权值共享该类的聚类质心，最终存储一个码书和索引表。

1. 对权值聚类

采用 kmeans 聚类算法，通过优化所有类内元素到聚类中心的差距（within-cluster sum of squares），确定最终的聚类结果。

2. 聚类中心初始化

通常初始化包括以下 3 种方式：

1）随机初始化。从原始数据随机产生 k 个观察值，作为聚类中心。

2）初始化密度分布。先将累计概率密度 CDF 的 y 值分步线性划分，根据每个划分点的 y 值，找到与 CDF 曲线的交点，再找到该交点对应的 x 轴坐标，作为初始聚类中心。

3）线性初始化。将原始数据的最小值到最大值之间的线性划分作为初始聚类中心。

▶▶ 4.4.3 前向推理与反向传播

量化的目的也是为了减小神经网络的权重所占空间大小。不过与剪枝不同的是，前者考虑减少 DNN 中的冗余连接，而量化试图从 DNN 参数的存储形式上解决问题（如使用更少的比特数来记录权重，对权重进行共享/聚类等）。

模型量化包括量化和反量化两个步骤。前者对模型的内存进行压缩，并学习码书（codebook）和索引表，而后者试图恢复原有的精度。

图 4.9 所示为聚类量化过程，如将原先 32bit 的浮点数用 2bit 整数来表示，对于图中的 4×4 权重参数和 4×4 的梯度矩阵，将权重聚类为 [−1.00，0.00，1.50，2.00] 四类，并用索引来表示原先的矩阵（cluster index）。对于每一次权重更新，将相同色块（centroid）的梯度信息取均值，再更新到质心上，这样最终得到的微调的质心就是 [0：−0.97，1：−0.04，2：1.48，3：1.96]。最终从聚类矩阵中的索引读取对应质心值，相当于一个精度恢复的反量化过程。本例中新的存储开销为：一个 4×4 的 2bit 整数矩阵和一个 4×1 的 32bit 浮点色块。

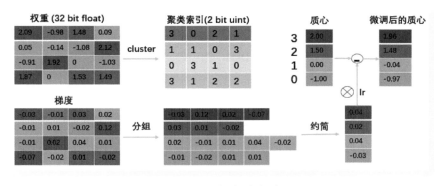

● 图 4.9　聚类量化过程

前向将聚类中心代替权值，后向求得权值梯度，再进行反向传播，并更新聚类中心。

共享权值后，就可以用一个码书和对应的索引来表征了。

假设原始权值用 32bit 浮点型表示，量化区间为 256，即 8bit，共有 n 个权值。量化后需要存储 n

个 8bit 索引和 256 个聚类中心值，可以计算出压缩率（compression ratio）如下所示：

$$r = 32 \times n / (8 \times n + 256 \times 32) \approx 4$$

如果采用 8bit 编码，至少能达到 4 倍压缩率。

4.5 熵校准示例

信息量越大，不确定性就越小，熵也就越小；而信息量越小，不确定性就越大，熵也越大。根据熵的特性，可以通过计算熵值来判断一个方案的随机性及无序程度，也可以用熵值来判断某个指标的离散程度。指标的离散程度越大，该指标对综合评价的影响也越大。可根据各项指标的变异程度，利用信息熵工具，计算出各个指标的权重，为多指标综合评价提供依据。

下面通过示例来进行熵校准操作：

Input：fp32 直方图，包括 2048 个 bins 单元：bin [0]，…，bin [2047]。

实现代码如下。

```
for i in range( 128, 2048):
reference_distribution_P =[bin[0], ..., bin[i-1]] // take first 'i' bins from H
outliers_count =sum( bin[i], bin[i+1], …, bin[2047])
reference_distribution_P[i-1] += outliers_count
P /= sum(P) // normalize distribution P
candidate _ distribution _ Q = quantize [ bin [ 0 ], …, bin [ i-1 ] ] into 128 levels //
explained later
expand candidate_distribution_Q to 'i' bins // explained later
Q /= sum(Q) // normalize
distribution Q divergence[i] =KL_divergence( reference_distribution_P,
candidate_distribution_Q)
End For
```

找到 divergence [m] 最小的索引 m，代码如下。

```
threshold =( m+0.5) * ( width of a bin)
```

候选分布 Q 包括以下模块：

1）KL_divergence（P，Q），使得 len（P）== len（Q）。

2）Q 分布来源融合' i ' bins，从 bin [0] 到 bin [i-1]，生成 128 bins。

3）Q 会 expanded 到' i ' bins。

这里引入一个简单示例：由 8bins 组成的参考分布 P，量化到 2 bins。

P = [1,0,2,3,5,3,1,7]

融合到 2 bins（将 8/2 = 4 连续 bins 合并成一个 bin）[1+0+2+3,5+3+1+7]=[6,16]，再扩展到 8 bins，并且存储分布 P 为 empty bins：

Q = [6/3,0,6/3,6/3,16/4,16/4,16/4,16/4] = [2,0,2,2,4,4,4,4]

将这两个分布规范化，可用以下公式计算：

KL_divergence P /= sum(P) Q /= sum(Q) result =KL_divergence（P，Q）

KL 散度（Kullback-Leibler Divergence，KLD）是两个概率分布 P 和 Q 差别的非对称性度量。KL 散度是用来度量使用基于 Q 的分布，来编码服从 P 的分布的样本所需的额外的平均比特数。典型情况下，P 表示数据的真实分布，Q 表示数据的理论分布、估计的模型分布或 P 的近似分布。

以下是实现 int8 卷积内核的伪代码。

```
// I8 输入张量:I8_input, I8_weights, I8 output tensors: I8_output
// F32 bias (原始 bias 来自 F32 模型)
// F32 缩放因子:input_scale, output_scale, weights_scale[K]
I32_gemm_out=I8_input *  I8_weights // Compute int8 GEMM (DP4A)
F32_gemm_out=(float)
I32_gemm_out // Cast I32 GEMM output to F32 float
//包括 input_scale × weights_scale[K]缩放的 F32_gemm_out
// 使 scale=output_scale,在 int8 中保存,再进行 scale
// 此乘法采用 NCHW 格式,可在 F32 中使用* _gemm_out 数组完成
For i in 0, ...K-1:
    rescaled_F32_gemm_out[:, i, :, :]=F32_gemm_out[:, i, :, :] * [output_scale/(input_
scale * weights_scale[i])]
    // 增加 bias, 执行 output_ratio 缩放, 再缩放 F32 bias
    rescaled_F32_gemm_out_with_bias=rescaled_F32_gemm_out+output_scale * bias
Perform ReLU (in F32)
F32_result=ReLU(rescaled_F32_gemm_out_with_bias)
// 转换为 int8, 保存为全局
I8_output=Saturate( Round_to_nearest_integer( F32_result))
```

4.6　TVM 量化流程

4.6.1　Relay 的两种并行量化

Relay 有两种不同的并行量化方法，具体如下。

1）自动整数量化：采用 fp32 框架图，在 Relay 中自动转换为 int8。

2）接受预量化整数模型：这种方法接受预量化模型，先引入 IR，再生成 int8 Relay 图。

4.6.2　Relay 优化 Pass 方法

编译器 Pass 是扩展 Relay 特性集和对 Relay 程序进行优化的主要接口。通过编写编译器 Pass，可以修改 AST 或收集有关 AST 的信息，这取决于具体的目标平台。事实上，Relay 的一些重要的内部特性（如自动微分和模型推理等），只不过是"标准的"编译器 Pass。

从较高的层次上讲，编写 Pass 有两个关键组件：

1）创建一个或多个遍历的 C++ 类程序。

2）将遍历实现及元数据包装在 Pass 管理器 API 中，以便能够与 Pass 基础设施灵活交互。

TVM 社区不断添加 Pass，先将 Pass 转换为 Relay 图，再对目标进行优化，包括公共子表达式消除、AlterOpLayout 或 Legalize、改进卷积与密集层、融合常量等操作。

▶ 4.6.3　量化处理硬件说明

在量化过程中，为了处理硬件特定条件，可指定算子的输入和输出的数据类型。整个过程用了如下一些硬件信息。

1）通过指定算子，该算子只支持浮点运算，系统将一个执行结束标志放在算子之前，这样做就可以解决一些 VTA 流水线的问题。指定一些算子，在 VTA 核心上的使用整数指令运行；在普通 CPU 上的使用浮点指令运行。

2）位选择空间。对于每条边，可以推理出使用的最大位，这取决于数据类型约束。

3）在决定了每条边的使用位数后，根据硬件信息选择合适的数据类型。

代码实现如下。

```
desc=Hardware()
desc['add'].append(OpDesc(in_dtypes=['int32','int32'], out_dtypes=['int32']))
desc['add'].append(OpDesc(in_dtypes=['float32','float32'], out_dtypes=['float32']))
desc['nn.conv2d'].append(OpDesc(in_dtypes=['int16','int16'], out_dtypes=['int32']))
desc['nn.conv2d'].append(OpDesc(in_dtypes=['int8','int8'], out_dtypes=['int32']))
desc['nn.global_avg_pool2d'].append(OpDesc(in_dtypes=['float32','float32'], out_
dtypes=['float32']))
```

▶ 4.6.4　阈值估计方案

为了估计阈值，在校准数据集上运行模型，收集需要的统计信息。目前将保存中间算子的所有输出。为了从收集的输出中确定阈值，有以下几种策略。

1）max_range：使用输出的最大值作为对应节点的阈值。

2）power2_range：将最大值四舍五入到最接近的两个值的幂作为阈值。

3）kl_estimate：选择一个阈值，使实际输出和量化输出之间的 KL 距离足够小。

目前，选择了第 2 种 power2_range 方法，可以使用移位来代替乘法，在最终的量化模型中，提供更好的性能。虽然 kl_estimate 能带来更好的准确度，但相当耗时，目前在搜索中使用不可行。不过有一个棘手的问题是，对于像加法这样的算子，只能在其算子的标度为 eqaul 时执行。首先应统一其算子的规模，为了实现这一点，估计的阈值将在模拟之前进行调整。threshold_rectify 引入了一个命名转换和一个特定于算子的属性，实现代码如下。

```
@register_fthreshold_rectify('add')
def threshold_rectify_for_add(in_bits, out_bits, in_tholds, out_tholds):
    #choose scale of the one with maximum threshold
    idx=np.argmax(in_tholds)
    unified_scale=in_tholds[idx]/(2**(in_bits[idx]-sign_bit))
    #adjust thresholds according to the unified scale
    ...
```

▶ 4.6.5　模拟量化误差

给定比特（位）和阈值，可以尝试生成一个模型去模拟量化带来的误差。经过分析，发现误差来自以下几个方面。

1）舍入误差。

2）饱和误差。

3）溢出错误。

将 simulated_quantize 在每条边上插入一个算子，试图模拟这些错误，具体实现代码如下。

```
    def simulated_quantize(data, in_scale, out_scale, clip_min, clip_max, in_dtype, out_
dtype):
        if in_dtype == 'float32' and out_dtype == 'float32':
            #no need to quantize
            return data
        #simulated overflow error
        data = data/in_scale
        data = topi.cast(data, in_dtype)
        data = data * in_scale
        scaled_data = data/out_scale
        #simulate saturated error
        clipped_data = topi.clip(scaled_data, clip_min, clip_max)
        #simulate round error
        rounded_data = topi.cast(topi.round(scaled_data), out_dtype)
        out = rounded_data * out_scale
        return out
```

如何通过位和阈值计算这些参数？ out_scale、clip_min、clip_max 是非常严格的，对于 in_scale、in_dtype、out_dtype 需要做额外推理，代码实现如下。

```
    integer_range = 2** (bit - sign_bit)
    out_scale = threshold/integer_range
    clip_min =- (integer_range - 1)
    clip_max = integer_range - 1
```

4.6.6 尺度计算

在上面的模型中，可以发现 in_scale 实际上是前一个算子输出的尺度。尺度可以根据算子定义进行计算。为这样的属性，提供了一个注册函数，代码实现如下。

```
    @ register_finfer_scale('nn.conv2d'):
    def infer_scale_for_conv2d(in_scales):
        return in_scales[0] * in_scales[1]
```

4.6.7 数据类型分配

对于数据类型，将遍历算子，从硬件描述中，选择满足输入位和输出位要求的算子规范。有了这些描述的所有准备工作，量化问题转换为学习问题：希望从选择空间中，找到最佳设置，以实现模拟模型的最佳精度（或其他目标如性能），可以使用每轮的输出（准确度）作为反馈。对于这个学习问题，常用 random_search（随机搜索）与 simulated_anealing（模拟退火）算法，这些属于贪心搜索算

法。目前实验表明采用贪心搜索是最可行的方案。

▶▶ 4.6.8　数据类型分配日志

搜索空间很大，搜索过程可能很长，最好有一个正式的日志格式记录实验细节，以实现可重复性和可交换性。选择 json 格式，日志的详细信息如下所示。

1) version：日志格式版本。
2) 策略：量化策略。
3) model_hash：模型的哈希值，可用于验证模型是否匹配策略。
4) 拓扑：量化模型的拓扑结构。
5) node_conds：将被量化的节点。
6) edge_conds：将被量化的边。
7) bits：每条边上的位数。
8) 阈值：每个节点输出的阈值。
9) 结果：实验结果。
10) sim_acc：模拟模型量化的精度。

▶▶ 4.6.9　神经网络低精度量化

1. 模拟到低精度量化

对神经网络进行低精度量化，尤其是混合精度量化，这是提升神经网络部署效率的重要方法之一。然而，如何让神经网络适应低精度的表示，如何选取最合适的量化精度，依然存在很多没有解决的问题。

可从两方面探讨低精度神经网络的训练方法。为了获得最优的量化精度，人们提出了 BSQ（Bounding Sphere Quantization，比特稀疏量化算法），以便使模型能在训练过程中自发地得到合适的混合精度。为了使模型更适应量化带来的性能影响，进一步提出了用权值鲁棒性描述模型泛化能力和低精度表现的理论模型，并依据此模型提出 HERO 训练算法，以便提升模型的权值鲁棒性，进而获得泛化能力强且对低精度量化鲁棒的模型。上述两种方法为获得更高效且性能更好的神经网络模型提供了可能性。

2. 打印调试误差

调试量化模型时，准确性很差。统计误差打印信息如图 4.10 所示，实现统计差异与逐层量化可快

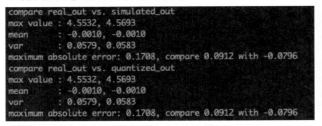

● 图 4.10　统计误差打印信息

速定位到误差。

3. 接口预定义描述

预量化的模型导入是 TVM 中提供的量化支持之一。可以加载和运行由包括 PyTorch、MXNet 和 TFLite 量化的模型。加载后，可以在任何 TVM 支持的硬件上运行已编译的量化模型。

下面用接口预定义描述实现代码。先调用库文件，再进行预定义描述，代码实现如下。

```
from tvm import hago
#理想情况下,将对 X86、ARM、GPU 和 VTA 进行预定义描述
hardware=hago.create_sample_hardware()
strategy, sim_acc=hago.search_quantize_strategy(graph, hardware, dataset)
quantizer=hago.create_quantizer(graph, hardware, strategy)
simulated_graph=quantizer.simulate()
quantized_graph=quantizer.quantize()
```

4.7 TVM 量化程序分析

TVM 量化用伪量化 pass 替换以前的 pass。

从以下代码中，可看到 TVM 量化需要做的如下。

1）优化部分，具体做哪些图优化可自己选择，如算子融合、常量折叠等。

2）整个量化的步骤，包括定义 quant_ passes，如果已有 config 设置，就不需要做伪量化，直接进入推理阶段，把实现加进去。否则，只需要注释（annotate）及校准（calibrate），优化量化参数。

3）开始做量化，将一个 fp32 的推理图转成 int 类型的推理图。

4）实现图或者算子推理。前向推理的步骤，分成前中后三部分。例如：

Conv2d，input_quantization → input_quantization * weight_quantization（core function）→ ouput_dequantization。

最优解肯定是全部都能量化的，直接用 int32 运行到底，TVM 设计了 ensure_fully_integral 参数，保证所有的算子都量化了，实现代码如下。

```
def test_mul_rewrite():
    // mul 的 rhs 不是常数的测试用例
    data=relay.var("data", shape=(1, 16, 64, 64))
    multiplier=relay.sigmoid(relay.var("data", shape=(1, 16, 1, 1)))
    conv=relay.nn.conv2d(data, relay.var("weight"),
                         kernel_size=(3, 3),
                         padding=(1, 1),
                         channels=16)
    act=relay.nn.relu(data=conv)
    quantize_and_build(act * multiplier)
    pool=relay.nn.global_avg_pool2d(data=act)
    quantize_and_build(act * pool)
//入口函数:
```

```
def quantize_and_build(out):
    f=relay.Function(relay.analysis.free_vars(out), out)
    mod, params=testing.create_workload(f)
    with relay.quantize.qconfig(skip_conv_layers=[]):
        qmod=relay.quantize.quantize(mod, params)

    relay.build(qmod, "llvm", params=params)
    return qmod
```
//调用 relay.quantize.quantize 函数主体
//步骤 1:优化
```
    mod=prerequisite_optimize(mod, params)
```
//步骤 2:量化配置
```
    calibrate_pass=tvm.transform.module_pass(
        calibrate(dataset), opt_level=1,
        name="QuantizeCalibrate")
    quant_passes=[partition(),
                  annotate(),
                  calibrate_pass]
    if not current_qconfig().do_simulation:
        quant_passes.append(realize())
    quant_passes.append(_transform.FoldConstant())
    quantize_seq=tvm.transform.Sequential(quant_passes)
    with tvm.transform.PassContext(opt_level=3,
                              required_pass=["QuantizeAnnotate",
                                             "QuantizeCalibrate",
                                             "QuantizeRealize"]):
```
//步骤 3:推理图转精度
```
with quantize_context():
        mod=quantize_seq(mod)
```
//步骤 4:实现推理
```
q_cfg=current_qconfig()
    assert q_cfg.partition_conversions in ['disabled', 'enabled', 'fully_integral']
    if q_cfg.partition_conversions != 'disabled':
        quantized_dtypes={q_cfg.dtype_input, q_cfg.dtype_weight, q_cfg.dtype_activation}
        ensure_fully_integral=q_cfg.partition_conversions == 'fully_integral'
        return partition_conversions(mod, quantized_dtypes, ensure_fully_integral)
```

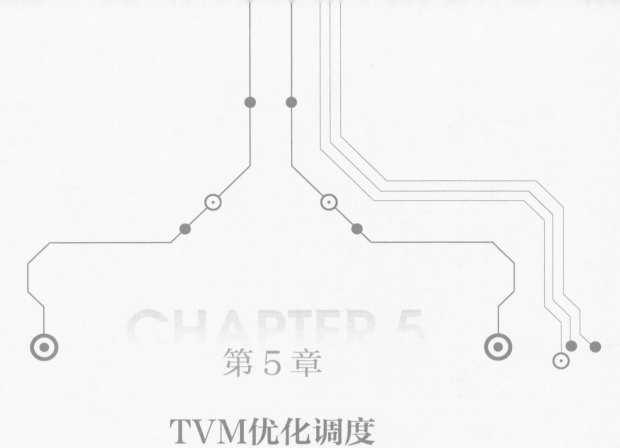

第 5 章

TVM优化调度

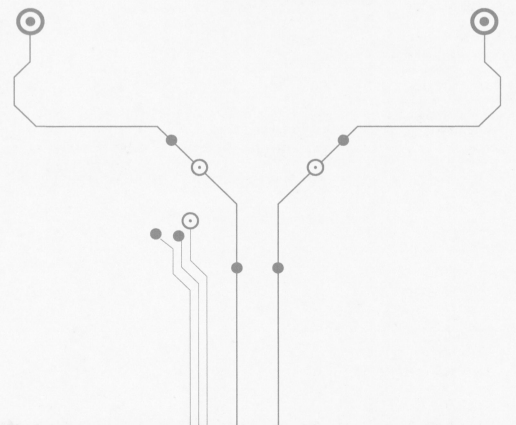

5.1 TVM 运行时系统

5.1.1 TVM 运行时系统框架

TVM 用于编译开发与部署，支持多种语言，支持编译运行时。图 5.1 所示为 TVM 运行时系统示意图。

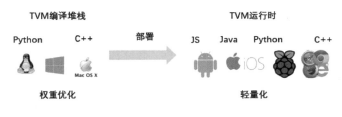

● 图 5.1 TVM 运行时系统

TVM 的应用需求如下。

1）部署：从 Python、JavaScript、C++语言调用编译后的函数。

2）调试：在 Python 中定义一个函数，并从编译后的函数中调用。

3）链接：编写驱动程序，调用设备的特定代码（CUDA），并从编译后的主机函数调用。

4）原型（Prototype）：用 Python 定义一个 IR pass，并从 C++后端调用。

5）暴露（Expose）：用 C++开发的编译器映射到前端（Python）。

6）实验：将编译好的函数发布到嵌入式设备上，并直接在设备上运行。

希望能够用任何语言定义函数，并在另一种语言中调用该函数。还希望优化计算算力，以便部署到嵌入式设备上。

5.1.2 PackedFunc 编译与部署

PackedFunc 是一个简单而优雅的解决方案。一个单独的 PackedFunc 对象表示一个调用者和被调用者可能使用不同语言的函数调用。PackedFunc 贯穿了整个堆栈，是 Python 与 C++进行互相调用的桥梁。深入理解 PackedFunc 的数据结构及相应的调用流程，对理解整个 TVM 的代码很有帮助。一个 PackedFunc 对象对应一个函数调用，即使定义与调用分散在不同语言也可以满足。通过 C++的模板调用 PackedFunc，可以像在 Python 这样的动态类型语言中调用 PackedFunc，而不需要插入额外的胶水代码。PackedFunc 是简略方案，并且调用与被调用使用不同的语言。下面提供 C++的加法与调用程序，实现代码如下。

```
#include <tvm/runtime/packed_func.h>

void MyAdd(TVMArgs args, TVMRetValue* rv) {
```

```
  //自动将参数转换为所需类型
  int a=args[0];
  int b=args[1];
  // 自动分派值返回到 rv
  * rv=a+b;
}

void CallPacked() {
  PackedFunc myadd=PackedFunc(MyAdd);
  // get back 3
  int c=myadd(1, 2);
}
```

在上面的代码中，定义了一个 PackedFunc MyAdd，接收两个参数：args（表示输入参数）、rv（表示返回值）。该函数是类型擦除的，这意味着函数签名不限制传递的输入类型或返回的类型。在底层，当调用 PackedFunc 时，它将输入参数打包到栈上的 TVMArgs，并通过 TVMRetValue 返回结果。

由于它的类型擦除特性，可以直接从 Python 等动态语言中调用 PackedFunc，而不需要为创建的每个新类型函数添加额外的胶水代码。下面的例子是：在 C++ 中注册 PackedFunc，然后从 Python 中调用，实现代码如下。

```
// 在 C++中注册全局 packed 压缩函数
TVM_REGISTER_GLOBAL("myadd")
.set_body(MyAdd);
import tvm

myadd=tvm.get_global_func("myadd")
#prints 3
print(myadd(1, 2))
```

PackedFunc 神奇的地方在于 TVMArgs 和 TVMRetValue 结构，限定了可传递的数据类型，以下是常见类型。

1）整数、浮点数与字符串。

2）PackedFunc 本身。

3）编译得到的模块。

4）表示张量对象交换的 DLTensor *。

5）用于表示 IR 中任何对象的 TVM Object。

这个限定使实现变得简单，不需要对数据做序列化。尽管只支持少数几种类型，但 PackedFunc 对于深度学习部署的用例来说已经足够了，因为大多数函数只使用 DLTensor 或数字。

因为一个 PackedFunc 可以接受另一个 PackedFunc 作为实参，所以可以将函数从 Python 传递给 C++（PackedFunc），实现代码如下。

```
TVM_REGISTER_GLOBAL("callhello")
.set_body([](TVMArgs args, TVMRetValue* rv) {
  PackedFunc f=args[0];
  f("hello world");
```

```
});
import tvm

def callback(msg):
  print(msg)
#convert to PackedFunc
f=tvm.convert(callback)
callhello=tvm.get_global_func("callhello")
#打印 hello world
callhello(f)
```

TVM 提供了一个最小的 C API，允许将 PackedFunc 嵌入到任何语言中。除了 Python，到目前为止还支持 Java 和 JavaScript。这种嵌入式 API 的原理与 Lua 非常相似，只是没有新的语言，而是使用了 C++。

PackedFunc 的特性如下。

1）所有 TVM 的编译器 pass 函数都作为 PackedFunc 公开给前端。

2）编译后的模块还将编译后的函数以 PackedFunc 的形式返回。

为了使运行时最小化，将 IR 对象支持与部署运行时隔离开来。最终的运行时模块大小大约为 200KB～600KB，这取决于包含了多少运行时驱动模块（如 CUDA）。

与普通函数相比，调用 PackedFunc 的开销很小，因为它只在堆栈上保存一些值，所以只要不包装小函数就没问题。总之，PackedFunc 是 TVM 中的通用黏合剂，广泛地用于编译器和部署栈。

▶▶ 5.1.3 构建 PackedFunc 模块

由于 TVM 支持多种类型的设备，我们需要支持不同类型的驱动程序。因此，必须使用驱动程序 API 加载内核，以压缩格式设置参数并执行内核启动。还需要修补驱动程序 API，以便公开的函数是线程安全的。因此，经常需要在 C++ 中实现这些驱动程序的胶水代码，并公开给用户。当然不能对每种类型的函数都这样做，所以 PackedFunc 再次成为我们的选择方案。

TVM 将编译后的对象定义为模块。用户可以从模块中以 PackedFunc 的形式获取编译后的函数。生成的编译代码可以在运行时从模块中动态获取函数。在第一次调用中缓存函数句柄，并在后续调用中重用。将设备代码和回调从生成的代码链接到任何 PackedFunc（如 Python）中。

ModuleNode 是一个抽象类，可以由每种类型的设备实现。到目前为止，支持 CUDA、Metal、OpenCL 模块和加载动态共享库。这种抽象使得引入新设备变得容易，不需要为每种类型的设备重新生成主机代码。

▶▶ 5.1.4 远程部署方法

PackedFunc 和模块系统可以轻松地将功能直接发送到远程设备。在后端，有一个 RPC 模块序列化参数以进行数据移动，在远程启动计算。

在图 5.2 所示的 TVM RPC 远程部署中，PC 服务器本身是最小的，可以捆绑到运行时（Runtime）中。可以在 iPhone、Android、Raspberry 或者浏览器上启动最小的 TVM RPC 服务器。服务器上的交叉编译和用于测试的模块发布，可以在同一个脚本中完成。有关更多详细信息，读者可参考交叉编译和 RPC。

● 图 5.2　TVM RPC 远程部署

这种即时反馈有很多好处。例如，为了在 iPhone 上测试生成代码的正确性，不再需要从头开始用 Swift/Objective-C 编写测试用例，可以先使用 RPC 在 iPhone 上执行，然后将结果复制，最后通过 NumPy 在主机上进行验证，可以使用相同的脚本进行分析。

▶▶ 5.1.5　TVM 对象与编译器分析

如前所述，在 PackedFunc 运行时系统之上，构建编译器堆栈 API。为了研究的需要，编译器 API 需要不断变化。每当想要测试新的原语时，都需要一个新的语言对象或 IR 节点。但是，我们希望不更改 API，且：

1）能够序列化任何语言对象和 IR。

2）能够使用前端语言探索、打印和操作 IR 对象，进行快速原型设计。

因此，引入了一个名为 Object 的基类来解决这个问题。编译器堆栈中的所有语言对象都是 Object 的子类。每个对象都包含一个字符串类型 type_key，该键唯一标识对象的类型。选择 string 而不是 int 作为类型键，可以用分散的方式添加新的对象类，无须将代码添加回中心 repo。为了简化调度速度，在运行时为每个 type_key 分配一个整数 type_index。

因为通常一个对象可以在语言中的多个位置引用，所以使用一个共享的 ptr 跟踪引用，使用 ObjectRef 类表示对对象的引用。粗略地将 ObjectRef 类视为对象容器的 shared_ptr，可以定义子类 ObjectRef，保存对象的每个子类型。对象的每个子类都需要定义 VisitAttr 函数，实现代码如下。

```
class AttrVisitor {
public:
  virtual void Visit(const char* key, double* value)=0;
  virtual void Visit(const char* key, int64_t* value)=0;
  virtual void Visit(const char* key, uint64_t* value)=0;
  virtual void Visit(const char* key, int* value)=0;
  virtual void Visit(const char* key, bool* value)=0;
  virtual void Visit(const char* key, std::string* value)=0;
  virtual void Visit(const char* key, void** value)=0;
  virtual void Visit(const char* key, Type* value)=0;
  virtual void Visit(const char* key, ObjectRef* value)=0;
```

```
  ...
};
class BaseAttrsNode : public Object {
public:
  virtual void VisitAttrs(AttrVisitor* v) {}
  ...
};
```

每个对象子类都将覆盖此项访问成员。下面是 TensorNode 的一个示例实现，实现代码如下。

```
class TensorNode : public Object {
public:
  /* ! \简述张量的形状 * /
  Array<Expr> shape;
  /* ! \张量中的简要数据类型* /
  Type dtype;
  /* ! \简要说明源代码操作,可以是 None* /
  Operation op;
  /* ! \简要介绍源算子的输出索引* /
  int value_index{0};
  /* ! \简要构造函数* /
  TensorNode() {}
  void VisitAttrs(AttrVisitor* v) final {
    v→Visit("shape", &shape);
    v→Visit("dtype", &dtype);
    v→Visit("op", &op);
    v→Visit("value_index", &value_index);
  }
};
```

在上面的示例中，操作和数组<Expr>都是 ObjectRef。VisitAttrs 提供了一个反射 API，用于访问对象的每个成员。可以使用此函数访问节点，递归序列化任何语言对象。允许用前端语言轻松获取对象的成员，如在下面的代码中，访问了 TensorNode 的 op 字段。

```
import tvm
from tvm import te

x=te.placeholder((3, 4), name="x")
#访问 TensorNode 的 op 字段
print(x.op.name)
```

可以在不改变前端运行时的情况下，将新的对象添加到 C++中，便于对编译器堆栈进行扩展。这不是向成员公开前端语言的最快方法，但可能是最简单的方法之一，主要使用 Python 进行测试和原型开发，使用 C++完成繁重的工作。

PackedFunc 中的每个参数都包含一个联合值 TVMValue 和 $ 类型代码。这种设计允许动态类型的语言直接转换为相应的类型，静态类型的语言在转换过程中，进行运行时类型检查。

5.2 自动微分静态图与动态图

▶▶ 5.2.1 计算图分类

计算图是用来描述运算的有向无环图。计算图有两个主要元素：节点（Node）和边（Edge）。节点表示数据，如张量、矩阵、向量等。边表示运算，如加、减、乘、除、卷积等。采用计算图来描述运算的好处，不仅仅是让运算更加简洁，它有一个更加重要的作用就是使得求导更加方便。

根据计算图的搭建方式，可以将计算图分为静态图和动态图。

通常，PyTorch 使用动态图机制，而 TensorFlow 的低版本使用静态图机制。

TensorFlow 是先搭建所有的计算图，然后传入数据进行运算。

而 PyTorch 是每执行一步操作时，才会在图中创建。

（1）静态图

1）优点：先搭建图，后运算，效率高。

2）缺点：不灵活。

3）代表：TensorFlow 1.x。

（2）动态图

1）优点：运算和搭建同时进行，灵活、易调节。

2）缺点：不容易进行图优化，运算速度慢。

3）代表：PyTorch，TensorFlow 2.x。

▶▶ 5.2.2 动态图实现示例

进行算子运算，包括以下运算类型：

1）算子类定义。

2）加、减、乘、除。

3）指数。

4）对数。

5）矩阵相乘。

6）矩阵除法。

7）矩阵相加 SumOP：对 Tensor/Placeholder 求和，将矩阵相加。

8）矩阵平均 MeanOP：对 Tensor/Placeholder 平均，可将矩阵相加，再除以总个数。

9）自定义张量：包括算子存储运算、存储数据，以及存储梯度。

代码实现如下。

```python
import numpy as np

class OP:
```

```
    def __init__(self):
        self.name=self.__class__.__name__
    def __call__(self, *args):
        self.input=args  #save for backward
        self.output=self.forward(*args)
        self.output.op=self
        return self.output
    def forward(self, *args):
        raise NotImplementedError()
    def backward(self, *args):
        raise NotImplementedError()
    def backward_native(self, grad):
        #上层传递的梯度, 保存 OP 的 output 梯度。
        self.output.grad=grad
        #通过 upper layer 传递的 grad,调用 backward, 计算 OP 的输入梯度的 error 项
        input_grads=self.backward(grad)
        #input 有多个, 如 AddOP 运算 a+b, 输入有 a 与 b 两个
        #input 可能是一个, 如 e^a 运算, 输入只有一个 a
        #将 input_grads 变成 tuple
        if not isinstance(input_grads, tuple):
            input_grads=(input_grads, )
        #断言: assert (condition[, "...error info..."])
        #若条件不满足,AssertionError("...error info...")异常
        #input_grads 与 input 一致。若判断不一致, 抛出异常
        assert len(input_grads) == len(self.input), "梯度的数量与输入的数量不匹配"
        #搜索输入的张量, 递归调用 backard 梯度
        for input_grad, ip in zip(input_grads, self.input):
            if isinstance(ip, Tensor):
                ip.backward(input_grad)
    #判断 item 是否是张量, 若是,返回 item.data;否则返回 item
    def get_data(self, item):
        if isinstance(item, Tensor):
            return item.data
        else:
            return item


#Add 运算: a+b
class AddOP(OP):
    def __init__(self):
        super().__init__()

    def forward(self, a, b):
        return Tensor(self.get_data(a)+self.get_data(b))
    def backward(self, grad):
        #a+b=c 运算,grad_a=1* grad_c =grad_c。同理 grad_b=grad_c
        #grad 是高级传输的梯度,即 grad_c
        return grad, grad
```

```python
#Sub 运算: a - b
class SubOP(OP):
    def __init__(self):
        super().__init__()
    def forward(self, a, b):
        return Tensor(self.get_data(a) - self.get_data(b))
    def backward(self, grad):
        return grad, -1 * grad

#Mul 运算: a × b
class MulOP(OP):
    def __init__(self):
        super().__init__()
    def forward(self, a, b):
        return Tensor(self.get_data(a) * self.get_data(b))
    def backward(self, grad):
        a, b=self.input
        return grad * self.get_data(b), grad * self.get_data(a)

#Div 运算: a/b
class DivOP(OP):
    def __init__(self):
        super().__init__()
    def forward(self, a, b):
        return Tensor(self.get_data(a)/self.get_data(b))
    def backward(self, grad):
        a, b=self.input
        return grad/self.get_data(b), grad * self.get_data(a)/(self.get_data(b) ** 2) * (-1)

#Exp 运算: e^a
class ExpOP(OP):
    def __init__(self):
        super().__init__()
    def forward(self, a):
        return Tensor(np.exp(self.get_data(a)))
    def backward(self, grad):
        a=self.input[0]
        return grad * np.exp(self.get_data(a))

#Log 运算: loga
class LogOP(OP):
    def __init__(self):
        super().__init__()
    def forward(self, a):
        return Tensor(np.log(self.get_data(a)))
    def backward(self, grad):
        a=self.input[0]
        return grad/self.get_data(a)
```

```
#矩阵乘法: a @ b
class MatMulOP(OP):
    def __init__(self):
        super().__init__()
    def forward(self, a, b):
        return Tensor(self.get_data(a) @ self.get_data(b))
    def backward(self, grad):
        a, b=self.input
        return grad @ self.get_data(b).T, self.get_data(a).T @ grad


#SumOP: 对 Tensor/Placeholder 求和, 将矩阵相加
class SumOP(OP):
    def __init__(self):
        super().__init__()
    def forward(self, a):
        return Tensor(np.sum(self.get_data(a)))
    def backward(self, grad):
        a=self.input[0]    #SumOP 求和输入 input 只有一个
        #SumOP 输入梯度误差等于 SumOP 输出梯度误差
        #self.get_data(a)返回 numpy 类型数据
        return np.full_like(self.get_data(a), grad)

#MeanOP: 对 Tensor/Placeholder 平均, 可将矩阵相加, 除以总个数
class MeanOP(OP):
    def __init__(self):
        super().__init__()
    def forward(self, a):
        return Tensor(np.mean(self.get_data(a)))
    def backward(self, grad):
        a=self.input[0]    #SumOP 求和输入 input 只有一个
        #对 SumOP 输入梯度误差等于对 SumOP 输出梯度误差
        #self.get_data(a)返回 numpy 数据
        d=self.get_data(a)
        return np.full_like(d, grad/d.size)

#自定义张量: 包括 op 存储运算, data 存储数据, grad 存储梯度
class Tensor:
    def __init__(self, data, op=None):
        self.data=data
        self.grad=None
        self.op=op
    def __radd__(self, other):
        return AddOP()(other, self)
    def __add__(self, other):
        return AddOP()(self, other)
    def __rsub__(self, other):
        return SubOP()(other, self)
    def __sub__(self, other):
```

```
            return SubOP()(self, other)
        def __rmul__(self, other):
            return MulOP()(other, self)
        def __mul__(self, other):
            return MulOP()(self, other)
        def __rtruediv__(self, other):
            return DivOP()(other, self)
        def __truediv__(self, other):
            return DivOP()(self, other)
        def __neg__(self):
            return MulOP()(self, -1)
        def __matmul__(self, other):
            return MatMulOP()(self, other)
        def __repr__(self):   #print 触发
            #如果 self.op 不是 None，说明张量是 op 得到的
            if self.op is not None:
                return f"tensor({self.data}, grad_fn=<{self.op.name}>)"
            else:
                return f"{self.data}"
    #张量反向传播
def backward(self, grad=1):
    #梯度累加：对于一个张量来说，若多次运算，梯度累加
    #grad 是 Superior transmission 的张量 c 梯度
    self.grad=(self.grad if self.grad else 0)+grad
    #每个张量 c 保存算子，根据算子得到张量 c 如何计算
    #如 c 中 AddOP，AddOP 输入 input（即 a, b），得到 c=a+b
    #已知 grad_c，递归计算 grad_a 和 grad_b
    if self.op is not None:
        self.op.backward_native(grad)    #用算子，递归计算
#SessionRun 静态图中输入值，计算 OPS 输出张量 c 的结果
#feed_dict 输入字典传递，如{a: 1, b: 2}
def SessionRun(var, feed_dict):
    for key in feed_dict:
        key.data=feed_dict[key]
    return var.op.compute()
#模拟包
class morch:
    @staticmethod
    def exp(value):
        return ExpOP()(value)
    @staticmethod
    def log(value):
        return LogOP()(value)
    @staticmethod
    def sum(value):
        return SumOP()(value)
    @staticmethod
    def mean(value):
        return MeanOP()(value)
```

5.3 机器学习自动微分

▶▶ 5.3.1 微分方法

在许多应用中需要计算函数的微分，如通过梯度下降法求解优化问题。通过计算机求微分值的方法包括以下几种。

1）公式推导：先获取微分的显式表达式，并编写程序计算。

2）数值计算：函数在某个位置的微分，可以通过计算函数在相邻两个位置或者多个位置的值获得。

3）符号微分：可通过计算机系统推导微分的表达式，如数学运算等。

4）自动微分（Automatic Differention）：也叫算法微分，先利用链式法则，根据从输入变量到输出函数的计算路径，再逐步计算输出函数相对于输入变量的微分值。

上述方法各有优缺点，如公式推导需要人工参与，而对于任何一个新的函数，都需要进行手动推导。数值计算虽然自动化程度较高，但容易受数值稳定性的影响，而且为了计算某个变量的微分，至少要计算两次原函数的值，同时随着变量个数的扩展，实际匹配性较差。符号微分相比公式推导，可以自动推导微分公式，而不需要人工参与，但由于符号微分的难度很大，该方法能处理的问题范围有限。另外，公式推导和符号微分都只能处理可以用表达式显式表示的问题，而实际应用中，很多函数的计算是通过程序表示的，里面包含复杂的控制逻辑，难以用表达式描述。

不论一个函数多复杂，最终都可以分解为一些基本函数的复合函数。因此，只要知道这些基本函数的梯度计算方法，就可以通过链式法则，逐步计算得到目标函数相对输入变量的梯度。这也是自动微分方法的基本思想。不同于公式推导和符号微分求解导数的显式表达式，自动微分的目的是计算函数在给定位置的导数值，最显著的优势是可以直接应用在程序上，而不仅仅是在显式表达式上。被应用的程序可以包括分支、循环甚至递归等控制逻辑。

基于上述思想，自动微分有不同的实现方法。根据应用链式法则的顺序，可以分为正序模式和逆序模式；根据记录计算路径的方法，可以分为源代码翻译和操作符重载两种。

下面介绍机器学习模型训练过程中的几个功能模块。人工智能的模型训练是指让机器通过数据自主学习并提高预测或决策准确性的过程。下面是人工智能模型训练的主要过程。

1）数据预处理：数据预处理是模型训练的第一步，它通常包括数据清洗、数据转换、数据归一化等操作。数据清洗可以去除数据中的噪声和异常值，数据转换可以将非数字数据转化为数字数据，而数据归一化可以将不同规模的数据放缩到同一个范围内。

2）模型选择：在确定数据预处理后，需要选择适合当前问题的模型。常见的机器学习模型包括线性回归、逻辑回归、决策树、神经网络等。

3）模型训练：模型训练是让机器通过数据不断优化模型参数的过程，以使模型能够更好地对未知数据进行预测或决策。模型训练的核心是优化算法，如梯度下降算法、随机梯度下降算法等。训练过程中需要将数据划分为训练集和验证集，训练集用来更新模型参数，验证集用来评估模型的性能。

4）模型评估：模型评估是指通过一些评价指标来评估模型的性能，如准确率、召回率、精确率、F1 值等。评估指标的选择需要根据具体问题来确定。

5）超参数调整：超参数是指那些不能通过模型学习得到的参数，如学习率、正则化系数等。超参数的选择对模型的性能有很大影响，因此需要通过调整来找到最优超参数组合。

6）模型部署：模型部署是指将训练好的模型应用到实际问题中的过程。在部署之前需要将模型保存为可执行的格式，如 TensorFlow 中的 SavedModel 格式，然后将模型部署到移动设备、服务器、云端等平台上进行实时推理。

模型训练示意图如图 5.3 所示。

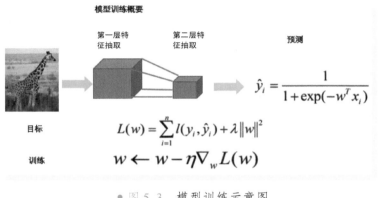

模型训练概要

第一层特征抽取　　第二层特征抽取　　预测

$$\hat{y}_i = \frac{1}{1+\exp(-w^T x_i)}$$

目标　　　$$L(w) = \sum_{i=1}^{n} l(y_i, \hat{y}_i) + \lambda \|w\|^2$$

训练　　　$$w \leftarrow w - \eta \nabla_w L(w)$$

● 图 5.3　模型训练示意图

将预测器当作 Sigmoid 函数：

$$f(x) = \frac{1}{1+e^{-x}}$$

上式中的 $f(x)$ 函数可以将元素的值变换到 0~1 之间，并能充当 Sigmoid 函数的激活元素。Sigmoid 是较早期的激活函数，它的输入是任意的 x，输出在 0~1 之间，实现数据映射。从一些当前流行的深度学习网络代码中可以看到，当前使用的激活函数绝大部分是 ReLU；在一些特殊情况下，也使用 Sigmoid，比如二分类问题的最后一层使用 Sigmoid 将输出转换到 0~1 之间；又如使用注意力网络时，注意力加权需要使用 0~1 之间的权值时，也用到 Sigmoid 函数。不过作为一般的夹在线性层之间的普通激活函数，ReLU 是默认选择。

将输出与标签信息一同输入误差函数 $L(w)$，先计算出误差值，再使用优化器 SGD 更新权重数据。包括以下两个子过程。

1）前向传播（前馈网络，可视为一种非线性函数近似器）。

2）反向求导与梯度更新（损失函数非常小，不保证收敛）。

如 Logic 回归与 Linear 回归，能高效拟合。线性模型有缺陷，同时两个输入变量不能相互作用。

梯度下降法（Gradient Descendent）是深度学习的核心算法之一，自动微分则是梯度下降法的核心。梯度下降法用于求损失函数的最优值，通过计算参数与损失函数的梯度并在梯度下降的方向不断迭代求得极小值；但是在机器学习、深度学习中很多求导往往很复杂。

这时候就需要借助于自动微分，求导主要有手动微分法、数值微分法、符号微分法、自动微分法 4 种。

5.3.2　手动微分

手动微分需要手动编写代价函数、激活函数的求导代码。如果这些函数后面有调整，该函数的求导方法又要重新实现，属于固有编码模式。但有些手工的算子可能比较复杂，因此，深度学习库中实现的算子需要重新手工编写前向与反向过程。如先用前向与反向求导函数，再用 C++ 拓展 CUDA，随意接入 PyTorch 进行扩展。

5.3.3　数值微分

数值微分是用导数实现的，可通过 f 函数（目标函数）和输入参数 x，并计算出梯度。当 h（一般取值 10^{-5} 或者 10^{-6}）很小时，可进行不同的数值微分方法计算。通过使用函数值来估计函数的导数。该方法主要有计算速度慢、精度差等问题。图 5.4 所示为数值微分计算方式一。

图 5.5 所示为数值微分计算方式二。

数值微分计算方式会产生舍入误差、截断误差两种误差。

图 5.6 所示为使用中心计算数值微分，以便减少截断与取整误差。

数值微分

梯度逼近

$$\frac{\partial f(x)}{\partial x_i} \approx \lim_{h \to 0} \frac{f(x + he_i) - f(x)}{h}$$

$$f(W, x) = W \cdot x = \begin{bmatrix} -0.8 & 0.3 \end{bmatrix} \cdot \begin{bmatrix} 0.5 \\ -0.2 \end{bmatrix}$$

● 图 5.4　数值微分计算方式一

数值微分

梯度逼近

$$\frac{\partial f(x)}{\partial x_i} \approx \lim_{h \to 0} \frac{f(x + he_i) - f(x)}{h}$$

$$f(W, x) = W \cdot x = \begin{bmatrix} -0.8 & 0.3 \end{bmatrix} \cdot \begin{bmatrix} 0.5 \\ -0.2 \end{bmatrix}$$

$$f(W, x) = W \cdot x = \begin{bmatrix} -0.8 + \varepsilon & 0.3 \end{bmatrix} \cdot \begin{bmatrix} 0.5 \\ -0.2 \end{bmatrix}$$

● 图 5.5　数值微分计算方式二

数值微分

梯度逼近

$$\frac{\partial f(x)}{\partial x_i} \approx \lim_{h \to 0} \frac{f(x + he_i) - f(x)}{h}$$

用中心微分减少截断误差

$$h = e^{-6}$$

$$\frac{\partial f(x)}{\partial x_i} \approx \lim_{h \to 0} \frac{f(x + he_i) - f(x - he_i)}{2h}$$

取整误差计算效率低，常用以下公式测试验证

$$h = e^{-6}$$

● 图 5.6　使用中心计算数值微分

需要解决求解梯度的正确性，如在 CS231n，notebook 中遇到的，代码实现如下。

```
#与支持向量机一样,使用数值梯度检查作为调试工具
#数值梯度应接近解析梯度
from cs231n.gradient_check import grad_check_sparse
f=lambda w: softmax_loss_naive(w, X_dev, y_dev, 0.0)[0]
grad_numerical=grad_check_sparse(f, W, grad, 10)
```

```
grad_check_sparse 实现：
def grad_check_sparse(f, x, analytic_grad, num_checks=10, h=1e-5):
    // 充分利用一些随机元素,只返回此维度中的数值
    for i in range(num_checks):
        ix=tuple([randrange(m) for m in x.shape])

        oldval=x[ix]
        x[ix]=oldval+h #increment by h
        fxph=f(x) #evaluate f(x+h)
        x[ix]=oldval - h #increment by h
        fxmh=f(x) #evaluate f(x - h)
        x[ix]=oldval #reset
        grad_numerical=(fxph - fxmh)/(2 * h)
        grad_analytic=analytic_grad[ix]
        rel_error=(abs(grad_numerical - grad_analytic) /
                (abs(grad_numerical)+abs(grad_analytic)))
        print('numerical: %f analytic: %f, relative error: %e'
            %(grad_numerical, grad_analytic, rel_error))
```

▶▶ 5.3.4 符号微分

符号微分广泛用在各种数学软件中，如 MATLAB、Mathematica 等，其通过使用符号表达式进行求导。符号微分是基于求导法则进行的。符号微分有个缺陷，就是得到的导数不一定是最简的，函数较为复杂时表达式树会很复杂，可能会出现表达式爆炸的情况。

▶▶ 5.3.5 自动微分

各深度学习框架最重要的核心就是如何进行自动微分（基于计算图）。正因为自动微分的存在，才使得深度学习框架可以根据设定的损失函数，实现最重要的梯度更新操作。而自动微分和 BP 反向传播算法最主要的区别是，自动求导没有提前计算出每个算子的导数，仅仅是将计算式子表达出来，直到确实需要求这个值的时候，整个计算流程才开始执行。这是一种延迟计算的思想，将所有要计算的路线都规划好之后再进行计算。这样一是可以不用提前计算中间变量，二是可以根据导出的计算节点的拓扑关系进行一些优化工作，总的来说比较灵活。自动微分计算全流程如图 5.7 所示。

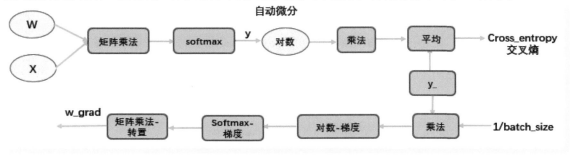

● 图 5.7　自动微分计算全流程

▶▶ 5.3.6　自动微分实现示例

　　自动微分介于数值微分与符号微分之间。数值微分是直接代入数值近似求解，而符号微分是直接通过表达式树对表达式进行求解；自动微分先将符号微分用于基本的算子，代入数值并保存中间结果，最后应用于整个函数；自动微分本质上就是图计算，容易做很多优化，所以广泛应用于各种机器学习、深度学习框架中。

　　自动微分的目的是为了求函数在某点的导数值。自动微分的基础是计算图，根据不同的图遍历方式，可以将自动微分分为前向模式和反向模式。前向模式是每当有一个自变量输入，为了计算微分都需要将整个计算图遍历一遍，就产生了很多不必要的节点访问。反向模式是从输出节点出发，按照反向拓扑排序遍历。这样通过一次反向遍历，可将每个节点的前驱节点的梯度记录下来。在到达每一个节点后，对所有后方传来的梯度进行求和，就可以得到总的梯度大小。然后根据这个梯度继续向前计算前驱节点的梯度分量，最终在输入节点得到输出 y 相对于每个输入变量的梯度。

　　下面看一个示例。node 是每个计算节点，而每个 node 继承类重载了加法和乘法操作，实现代码如下。

```
class Node(object): // 计算图中的节点
    def __init__(self):
        """
        // 构造函数中,新节点由算子对象__call__方法间接创建实例变量
            self.inputs:输入节点的列表
            self.op:关联的 op 对象,例如,如果此节点是通过添加其他两个节点创建的,则添加 _op object
            self.const_attr:加法或乘法常数,例如,如果此节点由 x+5 创建,则 self.const_attr=5
            self.name:用于调试的节点名称
        """
        self.inputs=[]
        self.op=None
        self.const_attr=None
        self.name=""
    def __add__(self, other):
        #添加两个节点,返回一个新节点
        if isinstance(other, Node):
            new_node=add_op(self, other)
        else:
            #通过将常数存储在新节点的 const_attr 字段中
            #other 参数是常数
            new_node=add_byconst_op(self, other)
        return new_node
    def __mul__(self, other):
        // 将两个节点相乘,返回一个新节点
        if isinstance(other, Node):
            new_node=mul_op(self, other)
        else:
            new_node=mul_byconst_op(self, other)
        return new_node
```

```
        #允许 left-hand-side 运算,即从左至右运算,没有优先级(如 3+4×5=35)
        __radd__=__add__
        __rmul__=__mul__
        def __str__(self):
        #允许打印以显示节点名称
            return self.name
        __repr__=__str__
        #自动求导
    def gradients(output_node, node_list):
        #得到输出节点相对于 node_list 中每个节点的梯度
        Parameters
        output_node: #输出求导的节点
        node_list:#对 wrt 求导的节点列表
        Returns
        #梯度值列表,node_list 中每个节点各一个

        #从节点到每个输出节点的梯度贡献列表的映射
        #辅助 map 存放 node 未布局的 grad
        node_to_output_grads_list={}
        #关于将 output_node 的梯度初始化为 oneslike_op(output_node)的特别说明:
        #实际上是对标量 reduce_sum(output_node)求导数,而不是对向量 output_node 求导数,但这是损失函
数的常见情况
        node_to_output_grads_list[output_node]=[oneslike_op(output_node)]
        #从节点到该节点梯度的映射
        #arranged 后 node 的 grad map 梯度映射
        node_to_output_grad={}
        #给定采用梯度 wrt 的 output_node,以便进行逆拓扑顺序遍历图
        #用先序遍历,获取 reverse 逆序元素顺序
        reverse_topo_order=reversed(find_topo_sort([output_node]))
        for node in reverse_topo_order:
            #各种导数可能有多个, 将计算的导数相加
            grad=sum_node_list(node_to_output_grads_list[node])
            #将计算的导数存入 node_to_output_grad 的 map 中
            node_to_output_grad[node]=grad
            #根据算子传递 grad,与当前 node 得到 inputs 的 grads
            input_grads=node.op.gradient(node, grad)
            for id in range(len(node.inputs)):
                if node.inputs[id] not in node_to_output_grads_list:

node_to_output_grads_list[node.inputs[id]]=[input_grads[id]]
                else:
node_to_output_grads_list[node.inputs[id]].append(input_grads[id])
        grad_node_list=[node_to_output_grad[node] for node in node_list]
        return grad_node_list
```

只要没有实际执行，所有的 node 都是计算状态，一系列计算式子，没有进行实际计算。

这里简单演示一下，目标函数 y=x1 * x2+x1 中，对 x1 和 x2 的导数，grad_x1 和 grad_x2 为所求结果，实现代码如下。

```
x1=ad.Variable(name="x1")
x2=ad.Variable(name="x2")
y=x1* x2+x1
grad_x1, grad_x2=ad.gradients(y, [x1, x2])
```

求损失权重的梯度时，先将损失的向量转化为数字，然后对权重求梯度。

5.4 稀疏矩阵分析

5.4.1 稀疏矩阵概念

顾名思义，稀疏矩阵就是比较稀疏的矩阵，也就是说整个矩阵很大，而有交互的数据比较少。比如说 YouTube，对于一个用户来说，可能观看的视频就那么几个，但是整个 YouTube 的视频是百万千万级别。用户本人的交互量级相比于整个数据集来说过于小，也就是整个交互矩阵比较稀疏。如果 1 表示交互，0 表示未交互，那么 0 占了极大比例，则称之为稀疏。

稀疏矩阵有以下 3 种压缩存储模式。

1）三元组顺序表。

2）行逻辑链接的顺序表。

3）十字链表。

5.4.2 稀疏矩阵优化

稀疏矩阵优化包括以下几项工作。

1）多线程计算。

2）把稀疏矩阵进行高效存储。

3）利用硬件缓存特性限制矩阵分块或矩阵循环。

4）多流水线并行处理。

5）分块存储结构。

5.4.3 特定矩阵压缩存储

针对特定矩阵提供压缩存储结构。特殊矩阵主要分类如下。

1）含大量相同数据元素的矩阵，如对称矩阵等。

2）有大量 0 元素的矩阵，如稀疏矩阵、上（下）三角矩阵等。

1. 对称矩阵

对称矩阵如图 5.8 所示，矩阵中的元素沿主对角线对应相等。

对称矩阵的压缩存储状态如图 5.9 所示：

2. 上（下）三角矩阵

如图 5.10 所示，主对角线以下的元素全部为 0 的矩阵为上三角矩阵，主对角线以上的元素全部为

● 图 5.8　对称矩阵

0 的矩阵为下三角矩阵。

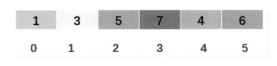

图 5.9 对称矩阵的压缩存储状态

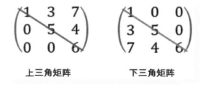

图 5.10 上 (下) 三角矩阵

上 (下) 三角矩阵采用对称矩阵的压缩存储方式存储数据 (元素 0 不用存储)。例如，图 5.10 中的上三角矩阵，最终的存储状态与图 5.9 所示相同。上 (下) 三角矩阵存储和提取元素的方法与对称矩阵相同。

3. 稀疏矩阵

图 5.11 所示矩阵中有大量的元素 0，是一个稀疏矩阵。

压缩存储稀疏矩阵：只存储非 0 元素，同时需存储元素行标与列标。

例如，存储图 5.11 所示稀疏矩阵，需存储以下信息。

1) (1，0，0)：data element 为 1，在 matrix 中的 position 为 (1，1)。

2) (0，5，0)：data element 为 5，在 matrix 中的 position 为 (2，1)。

3) (0，4，0)：data element 为 4，在 matrix 中的 position 为 (3，2)。

4) 存储矩阵行数 3 与列数 3。

$$\begin{pmatrix} 1 & 0 & 0 \\ 0 & 5 & 0 \\ 0 & 4 & 0 \end{pmatrix}$$

● 图 5.11 稀疏矩阵

▶▶ 5.4.4 稀疏矩阵实现示例

本小节稀疏矩阵实现示例说明如下。

1) 用 SciPy 将稠密矩阵转换为稀疏矩阵。

2) NumPy 用于计算稀疏矩阵的稀疏性。

将 3×6 的稀疏矩阵定义为致密数组，先转换为 CSR 稀疏表示，再重构稠密矩阵，接着打印稠密数组，最后用 CSR 表示重新构建的稠密矩阵，实现代码如下。

```
#稠密到稀疏
from numpy import array
from scipy.sparse import csr_matrix
#构建稠密矩阵
A=array([[1, 0, 0, 1, 0, 0], [0, 0, 2, 0, 0, 1], [0, 0, 0, 2, 0, 0]])
print(A)
#转换为稀疏矩阵 (CSR 方法)
S=csr_matrix(A)
print(S)
#重构稠密矩阵
B=S.todense()
print(B)
#打印稠密数组,用 CSR 表示重新构建的稠密矩阵
```

```
[[1 0 0 1 0 0]
 [0 0 2 0 0 1]
 [0 0 0 2 0 0]]

(0, 0) 1
(0, 3) 1
(1, 2) 2
(1, 5) 1
(2, 3) 2

[[1 0 0 1 0 0]
 [0 0 2 0 0 1]
 [0 0 0 2 0 0]]
```

通过 NumPy 计算矩阵的稀疏性。计算矩阵的致密度与 NumPy 的非零元素。通过 count_nonzero 计算元素的总数，通过 A.size 计算数组大小。下面代码包括构建稠密矩阵、计算稀疏度、打印稀疏矩阵等模块。

```
#调用库函数
from numpy import array
from numpy import count_nonzero
#构建稠密矩阵
A=array([[1, 0, 0, 1, 0, 0], [0, 0, 2, 0, 0, 1], [0, 0, 0, 2, 0, 0]])
print(A)
#计算稀疏度
sparsity=1.0 - count_nonzero(A)/A.size
print(sparsity)
#打印稀疏矩阵
[[1 0 0 1 0 0]
 [0 0 2 0 0 1]
 [0 0 0 2 0 0]]
```

5.5 TVM 张量计算分析

▶▶ 5.5.1 生成张量运算

TVM 用硬件后端生成有效实施，再选择优化实现，为每个运算生成高效的代码。基于 Halide，将描述与计算规则（或调度优化）分离，并支持新的优化（如嵌入式并行、张量化和延迟隐藏等）与大量硬件后端。

用 CPU、GPU 与加速后端调度现有 Halide 与新型 TVM 调度原语。张量化对于加速必不可少，可用于 CPU 和 GPU。特定内存范围支持 GPU 中的内存重用与加速器片上存储器的显式管理，而延迟隐藏是特定于 TPU 类加速的。图 5. 12 所示为 TVM 调度降级与代码生成过程。

引入支持自动化代码生成的张量表示语言。与高级计算图不同，张量算子的实现是不透明的，每个算子都用索引表达式语言描述。图 5.13 所示为计算转置矩阵乘法的张量表示示例。

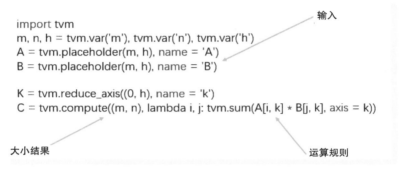

用于各种硬件后端的调度原语	CPU调度	GPU调度	加速调度
[Halide]循环变换	✓	✓	✓
[Halide]线程绑定	✓	✓	✓
[Halide]局部计算	✓	✓	✓
[TVM]特定内存范围		✓	✓
[TVM]张量化	✓	✓	✓
[TVM]延迟隐藏			✓

● 图 5.12　TVM 调度降级与代码生成过程

```
import tvm
m, n, h = tvm.var('m'), tvm.var('n'), tvm.var('h')
A = tvm.placeholder(m, h), name = 'A')
B = tvm.placeholder(m, h), name = 'B')

K = tvm.reduce_axis((0, h), name = 'k')
C = tvm.compute((m, n), lambda i, j: tvm.sum(A[i, k] * B[j, k], axis = k))
```

输入

大小结果　　　　　　　　　　　　运算规则

● 图 5.13　计算转置矩阵乘法的张量表示示例

基于计算图的 IR 不足以解决支持不同硬件后端的问题。原因是，像卷积或矩阵乘法这样的单个图形算子，可以针对每个硬件后端，以不同的方式进行映射与优化。这些特定于硬件的优化包括内存布局、并行化线程模式、缓存访问模式及硬件原语的选择等可能会有很大差异。但能够用通用方式明确表达这些优化，以便有效地导航优化空间，同时构建一个低级表示来解决这个问题。此表示基于索引表达式，并额外支持递归计算。

如何计算每个元素的表达式，而每个计算算子都指定输出张量图描述，然后计算每个元素的表达式呢？张量表示语言支持常见的算术与数学运算，并涵盖常见的深度学习运算模型。张量表示语言为各种不同后端添加硬件感知优化，并没有指定循环结构与其他实现细节。采用 Halide 的解耦计算/调度原理，可实现从张量表示到降级代码的特定映射，而且许多可能的调度都可以完成此功能。

通过增量应用程序基本转换（调度原语）构建调度，以便保持程序的逻辑等价性。在内部，TVM 使用一个数据结构，可在内部应用调度变换，并跟踪循环结构与其他信息，而这些信息可以为给定的最终调度生成降级代码。

通过在 NVIDIA Titan X 上的测试。张量表示从 Halide、Darkroom、TACO 中取得线索，而主要增强功能包括支持新的调度优化等。为了在许多后端上实现高性能，必须支持足够多的调度原语，并覆盖不同硬件后端上的各种优化。图 5.14 总结了 TVM 支持的算子代码生成过程与调度原语。重用有用的原语与 Halide 的低级循环程序 AST，同时引入新的原语，以便优化 GPU 加速器性能。新原语是实现最佳 GPU 性能所必需的，也是加速器所必需的。

▶▶ 5.5.2 嵌套并行与协作

并行是加大深度学习算力中计算密集型内核效率的关键，现代 GPU 具有强大的并行计算能力，要求将所有并行模式复制到调度转换中。而大多数现有的解决方案，都采用嵌套并行（一种 fork-join 形式）的模型。该模型需要一个并行调度原语，执行并行数据处理，利用目标体系结构的多级线程结构（如 GPU 中的线程组），而且每个任务可以进一步递归细分为子任务。此模型称为无共享嵌套并行，因为一个工作线程，无法在同一并行计算阶段查看相同级别的数据。

非共享方法的替代方法是协同数据采集。线程组可以协作获取所有需要的数据，并放入共享内存空间。可以利用 GPU 内存层次结构，可通过共享内存区域跨线程重用数据进行优化。图 5.14 所示为有合作共享与没有合作共享获取 TVM 的性能比较。TVM 使用调度原语，可支持 GPU 优化，并实现最佳性能。

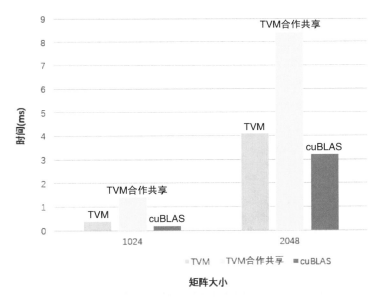

● 图 5.14　有合作共享与没有合作共享获取 TVM 的性能比较

图 5.15 所示为 GPU 优化矩阵乘法的代码示例。

将内存范围引入调度空间，并将计算阶段（代码中的 AS 和 BS）标记为共享。没有显式的存储范围与自动推理，可将计算阶段标记为本地线程。共享任务包括计算线程组所有工作线程的依赖关系。必须正确插入内存同步屏障，以便确保共享数据对用户可见。除了对 GPU 有用外，内存范围会标记特殊的内存缓冲区，可在针对专用深度学习加速器时，创建特殊的降级规则。

```
for thread_group (by, bx) in cross(64, 64):
  for thread_item (ty, tx) in cross(2, 2):
    local CL[8][8] = 0
    shared AS[2][8], BS[2][8]          所有线程以不同的并行模式
    for k in range(1024):                 协作加载AS和BS
      for i in range(4):
        AS[ty][i*4+tx] = A[k][by*64+ty*8+i*4+tx]
      for each i in 0,...,4:
        BS[ty][i*4+tx] = B[k][by*64+ty*8+i*4+tx]
      memory_barrier_among_threads()
      for yi in range(8):                编译器自动插入屏障
        for xi in range(8):
          CL[yi][xi] += AS[yi] * BS[xi]
    for yi in range(8):
      for xi in range(8):
        C[y0*8+yi][x0*8+xi] = CL[yi][xi]
```

● 图 5.15　GPU 优化矩阵乘法的代码示例

▶▶ 5.5.3　张量化计算

深度学习算力具有很高的计算量，通常可以分解为张量计算，如矩阵乘法或一维卷积。在编译过程中，添加张量计算原语，这些原语为基于调度的编译带来了机遇与挑战。虽然可以提高性能，但编译框架必须无缝集成张量化：类似于 SIMD 体系结构的向量化，但有较大差别。指令输入是多维的，并具有固定或可变长度，而且每条指令都有不同的数据分布。新的加速器用自定义的张量指令变体出现，会无法支持一组固定的原语，需要一个可扩展的解决方案。

通过使用张量内在声明机制，可将目标硬件结构从调度中分离，而且使张量化具有可扩展性。实现方法是，可使用相同的张量表示语言，声明每个新硬件的内在性能以及相关降级规则。图 5.16 所示为如何定义 8×8 张量硬件的固有特性的代码示例。

```
w, x = t.placeholder((8, 8), t.placeholdr((8, 8))
k = t.reduce_axis((0, 8))              声明执行行为
y = t.compute((8, 8), lambda i, j:
               t.sum(w[i, k] * x[j, k], axis=k))
def gemm_intrin_lower(inputs, outputs):
    ww_ptr = inputs[0].access_ptr("r")   降低规则，生成硬件内在
    xx_ptr = inputs[1].access_ptr("r")   函数以执行计算
    zz_ptr = outputs[0].access_ptr("w")
    compute = t.hardware_intrin("gemm8*8", ww_ptr, xx_ptr, zz_ptr)
    reset = t.hardware_intrin("fill_zero", zz_ptr)
    update = t.hardware_intrin("fuse_gemm8*8_add", ww_ptr, xx_ptr, zz_ptr)
    return compute, reset, update
gemm8*8 = t.decl_tensor_intrin(y.op, gemm_intrin_lower)
```

● 图 5.16　如何定义 8×8 张量硬件的固有特性的代码示例

引入张量调度原理，使用相应的内部函数替换计算单元。编译器使用硬件匹配计算模式，降级到相应的硬件。

张量化将调度与特定硬件原型分离，这样易于扩展 TVM 支持新的硬件架构。张量化调度生成的

代码，实际上符合高性能计算的实践：将复杂算子分解为一系列微核调用。在一些平台中，可以使用张量原型进行人工微内核处理。例如，为移动 CPU 实现超低精度计算，这些 CPU 通过利用位串行数据算子 1 或 2 位宽的数据类型，可实现向量微内核矩阵乘法；将结果累加为越来越大的数据类型，并最小化内存消耗；将微内核作为 TVM 固有张量表示，可产生 1.5 倍于非张量化的加速率。

▶▶ 5.5.4　显式内存延迟隐藏

图 5.17 所示为内存延迟隐藏。内存延迟隐藏是将内存算子与计算重叠的过程，可最大限度地利用内存和计算资源。根据目标硬件后端的不同，需要不同的延迟隐藏策略。

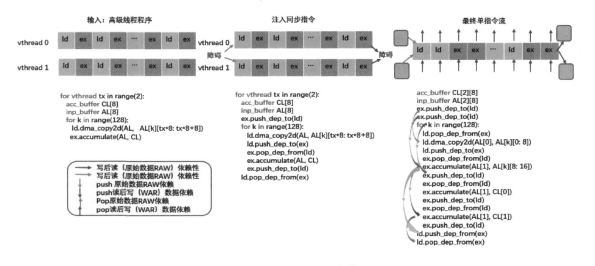

● 图 5.17　延迟隐藏

在 CPU 上，内存延迟隐藏通过同步多线程或硬件预取隐式实现，并且 GPU 依赖于多线程的快速上下文切换。相反，像 TPU 这样的专用深度学习加速器，通常支持使用解耦访问执行（Decoupling Access Execution，DAE）的精简控制架构，并且执行细粒度与软件同步卸载。

下面介绍一个减少运行时延迟的 DAE 硬件管道。与单片机硬件设计相比，该管道可以将大部分内存访问隐藏，并充分利用计算资源。要想获得更高的利用率，必须使用细粒度同步运算，并扩充指令流。如果没有这些算子，依赖项将无法强制执行，并导致执行不正确。因此，DAE 硬件管道，需要细粒度排队，并在管道实现周期内平衡运行，以便保证执行正确，如图 5.18 所示为指令流执行流程。通过允许内存和计算重叠，实际上隐藏了大部分内存访问延迟。依赖令牌队列/出列操作，可由低级同步强制执行，并在编译器堆栈中插入指令流。

显式降级同步的 DAE 加速器的编程很困难。为了减少编程负担，可引入虚拟线程调度原语，让程序员在指定一个硬件中进行解耦访问。

高级数据并行编程，就像支持多线程的硬件后端一样。TVM 会自动降级编程，并转换为具有低层显式同步的单个指令流。该算法从高级多线程程序调度开始，并插入必要的降级同步算子，以便确保在每个线程内正确执行。通过启用 TVM 延迟隐藏，使得基准测试的性能更接近 roofline（峰值线），并显示出更高的计算与内存带宽效率。接下来，可将所有虚拟线程的算子交错到单指令流。

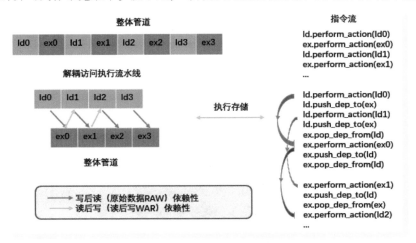

● 图 5.18 指令流执行流程

考虑到一组丰富的调度原语，剩下的问题是如何找到最佳的算子，以便实现深度学习模型每一层的优化计算。而 TVM 为与每层相关联的特定输入形状和布局创建一个专门的算子。以较小的形状和布局多样性为目标代码，也带来了自动化的挑战，需要选择调度优化。例如，修改循环顺序或优化内存层次结构，以及调度特定的参数。这样的组合调度，创造了一个巨大的搜索空间，并实现了每个硬件后端的算子实现。

从大的配置空间中，通过黑盒优化（即自动调整），可找到一种最佳调度方法。此方法用于调整高性能计算库。然而，自动调整需要许多实验来确定一个好的配置。另一种方法是建立一个预定义的成本模型，以便指导搜索特定的硬件后端，而不是运行所有的可能性和性能测量。

理想情况下，完美的成本模型会考虑所有影响性能的因素：内存访问模式、数据重用、管道依赖关系和线程模式等。但由于计算日益复杂，这种现代硬件方法很麻烦。此外，每一个新的硬件目标需要新的（预定义的）成本模型。相反，可以采用统计方法来解决成本模型建模问题。在这种方法中，先进行调度搜索，并提高算子运算效率的配置性能。对于每个调度配置，可使用一种最大似然模型，以低级的循环程序作为输入，并且在给定硬件上的运行时后端进行预测搜索。该模型使用搜索期间收集的运行时测量数据进行训练，而不需要用户输入详细的硬件信息。在优化过程中，当探索更多配置时，会定期更新模型，从而提高精度，并且降低相关的工作负载。这样，深度学习模型的质量会随着实验的进行而提高预判效率。

第 6 章

Relay IR

6.1 TVM 数据介绍

▶▶ 6.1.1 TVM 模块框架介绍

1. 编译模块划分

TVM 是端到端 AI 工具链,将前端 AI 模型高效部署到 CPU、GPU 及特定加速器上。TVM 支持主流 AI 框架,如 TensorFlow、PyTorch、MXNet、Keras、CNTK 等,部署到的各种硬件后端,如 CPU、服务器 GPU、移动 GPU、基于 FPGA 的加速器等。

CPU 通过 LLVM 后端编译部署。用 LLVM,省略了 AMD GPU。英伟达 GPU 产生 CUDA,产生 Relay,再用 LLVM 完成后端编译。图 6.1 所示为 TVM 编译流程框架。

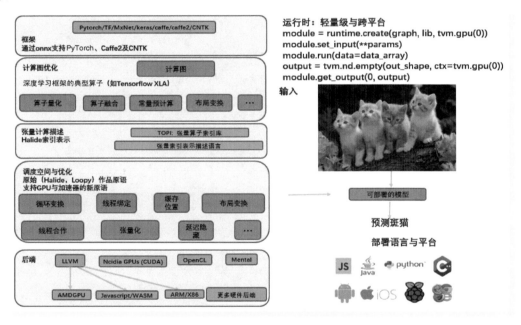

● 图 6.1　TVM 编译流程框架

Pytorch、TensorFlow、MXNet、Caffe 等 DL 框架可使用计算图优化,如动态内存分配与自动微分,而图优化无法处理硬件算子转换。其中大部分框架侧重于 GPU 设备服务器的一个狭窄类和代理特定于目标的优化到高度工程化和供应商特定的算子库。其中算子库太专业化,而且不透明,难以跨设备移植,因此需要消耗海量手动调谐数据。如果提供在各种深度学习框架中,并支持各种硬件后端的编译器,需要海量效率。由此,设备后端框架需要在以下两者间进行选择。

1)预定义算子库包括新算子图优化。

2)没有优化新算子实现。

设备采用端到端方法，可实现图与算子优化。TVM 采用高级编译器，使用不同的 CodeGen（代码生成器），可优化降级代码硬件。而 TVM 提供跨硬件后端手动优化的算子库，可解决硬件功能限制。

TVM（Tensor Virtual Machine）是 AI 核心技术。包括计算图优化，张量计算描述，调度空间与优化，以及后端（支持 LLVM）编译。

TVM 编译流程如下：

1）导入前端 AI 模型，生成计算图。

2）重构计算图，并用算子优化计算图。

3）基于张量计算图，并进行硬件级优化。

4）构建搜索空间，找到优化解决方案。

5）生成硬件指令集与数据，以便部署到硬件上。

2. 传统编译器到 AI 编译器的 IR

一个完整的深度框架中应该包含两个主要部分，即训练（Training）和推理（Inference）。训练框架包括 TensorFlow、PyTorch 等。模型的生产过程分为两步：训练部署和推理部署。

对于训练部署，则是以业务数据为基础，设计相关的业务算法模型，最后使用一些流行的开源训练框架（如 TensorFLow、PyTorch、Caffe 等），或者自研的训练平台（如旷视的天元、清华的计图等），训练得到一定精度的模型。市场上主流的训练框架基本上已经确定下来了。

对于推理部署，则是将训练阶段生产的模型，部署到目标设备，嵌入到整个业务系统中去应用，但是对于部署平台则是"群雄逐鹿"的状态。模型在训练得到后，可能会到多种多样的设备上运行，如 Intel CPU、Intel GPU、ARM CPU、ARM GPU、NV GPU、FPGA、AI 芯片等。图 6.2 所示为推理框架方案。

● 图 6.2　推理框架方案

在这多种多样的设备中，都保持一个高效的推理性能，其实是一件很有挑战的事情。由于 TensorFlow 等推理性能较弱，因此，各大硬件厂商都推出了各自的推理框架。如 ARM 的 ARM NN、Intel 的 OpenVINO、NV 的 TensorRT 等。但这些的推理框架都不具备通用性。需要有统一的推理框架，以便在不同设备上都能进行高效部署。图 6.3 所示为编程语言与硬件设备间的关系。

关于 AI 编译器，可以归纳为以下几个论点。

1）编译器内容：包括前端、中端、后端、IR（中间表示）。

2）编译器前端：接收 C 、C++ 、Fortran 等不同语言进行代码生成，输出 IR。

3）编译器中端：接收 IR，进行不同编译器后端可以共享的优化，如常量替换、死代码消除、循环优化等、输出优化后的 IR。

4）编译器后端：接收优化后的 IR，进行不同硬件平台的相关优化与硬件指令生成，输出目标文件。

图 6.4 所示为编译器前端、中端与后端。

● 图 6.3 编程语言与硬件设备间的关系

● 图 6.4 编译器前端、中端与后端

其实对于推理框架也是类似的道理，只不过将编程语言换成了不同的训练框架，如图 6.5 所示。

● 图 6.5 推理框架前端、中端与后端

把各种模型抽象地看成各种编程语言，则需要引入一个新的编译器，负责识别这些不同框架的模型，然后输出 IR。图 6.6 所示为增加了编译器模块。

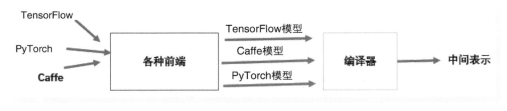

● 图 6.6 增加了编译器模块

深度学习的模型构成是计算图，因此，可以将 IR 称为 Graph IR。则编译器的作用是输入不同训练

框架训练的算子与模型，将其编译成 Graph IR。图 6.7 所示为输出 Graph IR 的过程。

● 图 6.7　输出 Graph IR 过程

3. 前端配置方法

前端支持主流的 AI 框架，如 TensorFlow、PyTorch、MXNet、Keras、CNTK 等。TVM 可关联到 PyTorch 框架的优化与训练，而不是单纯调用 CNN 模型接口。Relay 对计算图计算，包括数据重构、数据重排、张量优化等图优化算子，图 6.8 所示为 Relay 及张量化示例代码。

```
w, x = t. placeholder ((8, 8)), t.placeholder ((8, 8))        声明行为
k = t. reduce_axis ((0, 8))
y = compute ((8, 8), lambda i, j:
                t.sum(w[i, k] * x [j, k], axis = k))

                                                             用下译规则生成执行
def gemm_intrin_lower (inputs, outputs):                      计算的硬件属性
    ww_ptr = inputs [0].access_ptr("r")
    xx_ptr = inputs [1].access_ptr("r")
    zz_ptr = inputs [0].access_ptr("w")
    compute = t.hardware_intrin ("gemm8*8", ww_ptr, xx_ptr,
zz_ptr)
    reset = t.hardware_intrin ("fill_zero", zz_ptr)
    update = t.hardware_intrin ("fuse_gemm8*8_add",
ww_ptr, xx_ptr, zz_ptr)
    return compute, reset, update

    gemm8*8 = t.decl_tensor_intrin(y.op, gemm_intrin_lower)
```

● 图 6.8　Relay 及张量化示例代码

4. 后端部署说明

后端部署包括 CUDA、Metal、OpenCL、ARM、VTA 等，具体说明如下。

1）数据打包与指令流。

2）VTA 与 CPU 交互：driver 驱动、JIT 编译（Just-In-Time Compiler，即时编译）。

智能 AI 部署广泛应用于各种目标设备中，包括自动驾驶、嵌入式设备、云服务器等。由于硬件多样性，需要将深度学习映射到各种设备，如 CPU、GPU、FPGA 及 ASIC（如 TPU）等。图 6.9 所示为 CPU、GPU、TPU 类加速器。以下是几个基本概念的定义。

1）矢量（向量）：矢量指具有大小与方向的量，如一个物体的位移运动。

2）张量：张量是向量（矢量）概念的推广，矢量是一阶张量。张量是一种可用来表示在一些向

量、标量和其他张量之间线性关系的多线性函数。张量可理解为一个 n 维数值阵列。

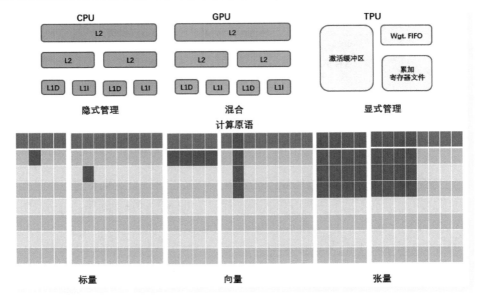

● 图 6.9 CPU、GPU 和 TPU 类加速器

每个张量的维度单位可用阶数来描述，零阶张量是一个标量，一阶张量是一个向量，二阶张量是一个矩阵，所以标量、向量（矢量）和矩阵等都是特殊类型的张量。

TVM 应用部署特点说明如下。

1）TVM 只做前向计算，而不训练网络。

2）编译优化应用部署时，需保持稳定，同时硬件可配置。

3）可在嵌入式 SOC 中部署 TVM 运行时系统，并实现 CPU 与 VTA 之间的交互。

▶▶ 6.1.2　Relay IR 原理简介

Relay 是一种功能多样的编程语言，可用于机器学习系统表达的中间表示。Relay 支持多种运算与控制，包括代数数据类型、闭包、控制流和递归等，从而可以直接表示比基于计算图的 IR 更复杂的模型。Relay 还包括一种使用类型关系的依赖类型形式，用于处理对参数形状有复杂要求的运算形状分析。Relay 在设计上是可扩展的，这使得机器学习的开发者可以很容易地开发新的大型程序转换和优化。Relay 包括语法、类型系统、代数数据类型和运算符。

Relay IR 是一个纯粹面向表达式的表达语言。下面描述 Relay 中不同的表达式并给出语义的定义细节。为了比较 Relay 和传统的基于图的中间表示（DAG），数据流和控制流是 Relay 必须要考虑的。而在编写表达式转换时，只影响数据流的情况可以看作是传统的计算图。

数据流涵盖了不涉及控制流的一组 Relay 表达式，例如，以下部分仅包含数据的计算：

1）变量传递。

2）三元组构建和映射。

3）let-bindings（let 绑定）。

4）Graph Bindings（图绑定）。

5）操作符调用和抽象语法树构造器。

控制流表达式允许计算图的拓扑根据先前的计算结果进行改变。Relay 的控制片段有以下几种结构：

1）if-then-else 表达式。

2）ADT 匹配表达式。

3）递归调用。

从计算图的角度看，一个函数是一个子图，用函数调用嵌入子图，再用相应的名称代替子图中的变量。如果函数的主体只使用数据流构造，则对该函数的调用属于在数据流片段中；相反，如果函数的主体包含控制流，则对该函数的调用不属于数据流片段。

Relay IR 表示升级的 NNVM 的特点如下。

1）支持传统数据流编程与转换。

2）执行 let-binding 绑定功能范围，成为功能齐全的可微语言。

3）混合编程风格。

编译堆栈包括设计组件架构，下面介绍 TVM 的统一 IR 架构。Relay 调用关系流程如图 6.10 所示。

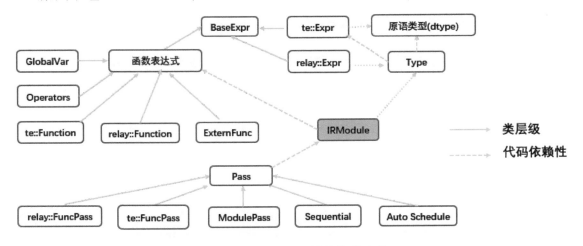

• 图 6.10　Relay 调用关系流程

简化编译过程数据结构与术语，具体流程如下。

```
importer: model → high-level optimizations: relay::Module → optimizations → relay::Module →
low-level optimizations: compute/schedule declaration → Stmt → ir passes → Stmt → device-
specific codegen: LoweredFunc → runtime::Module
```

数据流处理使用不同的术语，而不同阶段（relay::Module、Stmt、lowerefunc）有不同的中间数据结构。IR 与 IR 间单一模块结构将变成 ir::module 到 ir::module 转换。

在图 6.11 中，不同的函数变量能够相互调用。下面的代码片段，同时包含 relay.Function 和

te.Function的模块。Relay 使用 pass 规约添加函数，调用 te 添加函数，而输出作为函数的 pass 输入。

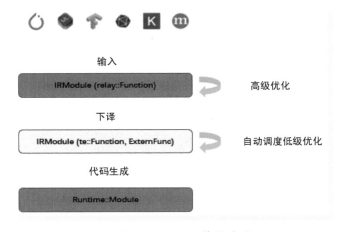

● 图 6.11　Relay 编译流程

实现代码如下。

```
def @ relay_add_one(%x : Tensor((10,), f32)) {
    call_destination_passing @ te_add_one(%x,  out=%b)
}

def @ te_add_one(%a:NDArray, %b: NDArray) {
    var %n
    %A =decl_buffer(shape=[%n], src=%a)
    %B =decl_buffer(shape=[%n], src=%b)
    for %i = 0 to 10 [data_par] {
        %B[%i] = %A[%i] + 1.0
    }
}
```

▶▶ 6.1.3　构建计算图

用 Relay 构建计算（数据流）节点图，而 Relay 与 NNVM 等计算图 IR 的区别如下。

1）NNVM 使用图和子图。

2）Relay 用函数 eg – 表示图形 fn（%x）。

3）Relay 支持多种功能（图形）。

如何构建数据流图，并且可以支持多功能相互调用？Relay 将执行多功能组合，以下为两个函数相互调用的代码示例。

```
def @ muladd(%x, %y, %z) {
  %1 =mul(%x, %y)
  %2 =add(%1, %z)
  %2
```

```
    }
    def @ myfunc(%x) {
      %1 = @ muladd(%x, 1, 2)
      %2 = @ muladd(%1, 2, 3)
      %2
    }
```

直接引用函数，并存储为调用节点的算子。为什么要引入全局变量？因为全局变量启用回归与延迟，并进行解耦定义声明，代码如下。

```
    def @ myfunc(%x) {
      %1 = equal(%x, 1)
      if (%1) {
          %x
      } else {
          %2 = sub(%x, 1)
          %3 = @ myfunc(%2)
          %4 = add(%3, %3)
          %4
      }
    }
```

@ myfunc 为递归调用，而 GlobalVar@ myfunc 表示函数不用循环依存关系。Relay 相对于 NNVM 有以下改进。

1）简洁文本格式，可简化写入 passes 的调试。

2）联合优化，如内联与调用约定规则。

3）前端语言互操作性，可在 Python 中快速构建优化原型，并与 C++ 代码融合。

▶▶ 6.1.4　let 绑定与作用域

本节将讨论 Relay 引入新结构——let 绑定（let-binding）。

在每种高级编程语言中都使用 let 绑定。在 Relay 中，它是具有 3 个字段的数据结构 Let（var，value，body）。在评估 let 表达式时，先评估 value 部分，将其分配给 var，然后在 body 表达式中返回评估结果。

可以使用一系列 let 绑定，构造逻辑上等效数据流程序。嵌套的 let 绑定称为 A 范式，通常用作函数式编程语言中的 IR。

大多数函数式编程语言用 A 范式分析，不需要表达式 DAG。Relay 同时支持数据流形式和 let 绑定。让框架开发人员选择熟悉的表示形式很重要。不过如何编写 pass，有以下这些影响。

1）如果来自数据流背景且要处理 let，将 var 映射到表达式，以便遇到 var 时可以执行查找。

2）如果有项目管理背景且喜欢 A 范式，将提供 A 范式操作数据流。

3）对于项目管理人员，当想实现某些东西（如数据流到 ANF 的转换）时，表达式可以是 DAG，应该使用 Map<Expr，Result>的访问表达式，并且只计算一次转换后的结果，因此结果表达式保持公共结构。

还有一些额外的高级概念，如符号形状推理、多态函数等，本小节未介绍这些内容，感兴趣的读者可查看其他相关材料。

6.2 IR 代码生成

大多数深度学习编译器受益于 LLVM 成熟的优化器与 CodeGen，可采用底层 IR，最终降级到 LLVM IR。LLVM 从零开始为特殊加速器显示地设计定制指令集。传统编译器传递给 LLVM IR 时，可能生成不友好的代码。深度学习编译器采用了以下两种方案。

1）在 LLVM 的上层 IR（如基于 Halide 的 IR 和基于多面体的 IR）中执行特定于目标的循环转换。

2）提供有关优化过程硬件目标的其他信息。

大多数深度学习编译器应用以下两种方法。

1）TC、TVM、XLA 和 nGraph 更专注于前端的深度学习编译器。

2）Glow、PlaidML 和 MLIR 更倾向于后端的深度学习编译器。

6.2.1 前端优化

构造计算图后，前端将应用图级优化。由于图形提供了计算的全局视图，因此更容易在图形级别上识别和执行许多优化。这些优化仅应用于计算图，而不应用于后端实现，因此它们与硬件无关，可以应用于各种后端目标。

前端优化通常通过遍历来定义，并且可以通过遍历计算图的节点并执行图转换来应用。前端提供了以下方法：

1）从计算图捕获特定特征。

2）重写图以进行优化。

前端优化分三类：节点级优化、块级（局部）优化、数据流（全局）优化。

6.2.2 节点优化

计算图的节点很粗糙，可以在单个节点内进行优化。节点级别的优化包括：消除节点（消除不必要的节点）和节点替换（将节点替换为其他低成本节点）。

在深度学习编译器中，Nop Elimination（非消除）负责删除缺少足够输入的操作。例如，可以消除仅具有一个输入张量的求和节点，可以消除具有零填充宽度的填充节点。零维张量消除用于消除输入为零维张量的不必要操作。假设 A 是零维张量，而 B 是恒定张量，则可以将 A 和 B 的求和运算节点替换为已经存在的恒定节点 B，而不会影响正确性。假定 C 是三维张量，但一维形状为零，例如 $\{0,2,3\}$，因此 C 没有元素，可以消除 argmin/argmax 操作节点。

6.2.3 代数优化

代数优化包括以下功能模块。

1）代数识别。

2）强度降低。用代价较小的算子代替代价较大的算子。

3）常量折叠，用它们的值替换常量表达式。考虑节点的序列，然后利用不同类型节点的可交换性、关联性和分布性来简化计算。

除了典型的运算符（如+、×等）之外，代数优化还可以应用深度学习特定的运算符，例如，整型运算、转置和合并。运算符可以重新排序，有时甚至可以取消，从而减少了冗余并提高了效率。常见的代数优化的情况如下。

1）优化计算顺序。在这种情况下，根据特定特征找到并删除重塑/转置操作。以矩阵乘法（GEMM）为例，有两个矩阵（如 A 和 B），两个矩阵都进行了转置，然后再相乘。但是更有效的实现GEMM 的方法是先切换参数 A 和 B 的顺序，再将它们相乘，然后转置 GEMM 的输出，将两次转置减少为一次。

2）节点组合的优化。将多个连续的转置节点组合为单个节点，消除了恒等转置节点，并在它们实际上不移动数据时，将转置节点优化为重塑节点。

3）优化 ReduceMean 节点。在这种情况下，如果 reduce 运算符的输入为 4D，且最后两个维度要缩小，则该优化将用 AvgPool 节点。例如在 Glow 中执行 ReduceMean 的替换。

（1）算子融合

运算符融合是深度学习编译器必不可少的优化。它可以更好地共享计算，消除中间分配，通过组合循环嵌套进一步优化，并减少启动和同步开销。在 TVM 中，运算符分为 4 类：映射式，还原式、复杂可熔式和不透明式。定义运算符后，将确定其对应的类别。针对以上类别，TVM 设计了运算符的融合规则，基于自动多面体转换以不同的方式执行融合。但是如何识别和融合更复杂的图形模式，例如具有多个广播的块时，减少节点数仍然是一个问题。

（2）运算符 sinking（下沉）

此优化将诸如转置之类的运算下沉到诸如批量归一化、ReLU、Sigmoid 和通道混洗之类的运算。通过这种优化简化了许多相似的运算，为代数优化创造了更多机会。

▶▶ 6.2.4　数据流级别的优化

数据优化常用方法包括以下几种。

1）通用子表达式消除（CSE）。

2）死代码消除（DCE）。

3）静态内存计划。

4）布局转换。

实际上，同一操作在不同数据布局中的性能是不同的，并且最佳布局在不同硬件上也有所不同。例如，在 GPU 上以 NCHW 格式运行通常会更快，因此在 GPU 上转换为 NCHW 格式（如 TensorFlow）非常有效。一些深度学习编译器依赖于特定的硬件库来实现更高的性能，并且这些库可能需要某些布局。此外，某些深度学习加速器喜欢更复杂的布局（如 tile）。因此，编译器需要提供一种在各种硬件之间执行布局转换的方法。

张量的数据布局不仅对最终性能有重要影响，而且变换操作也有大量开销。因为它们还会消耗内存和计算资源。基于针对 CPU 的 TVM 的最新工作，首先在计算图中将所有卷积运算的布局更改为 NCHW [x] c，其中 c 表示通道 C 的拆分子维度、x 表示通道 C 的拆分子维度大小。然后，当在特定于硬件的优化过程中提供硬件详细信息，如高速缓存行大小、矢量化单元大小；在内存访问模式时，将通过自动调整全局搜索所有 x 参数。

6.3 在 Relay 中注册算子

在 Relay 中注册算子步骤如下。

1）添加节点，定义编译参数。

2）编写算子类型关系，并整合进 Relay 类的系统文件里。

3）在 C++源码中用 RELAY_REGISTER_OP 宏定义来注册算子的数量、类型等信息。

4）定义算子的计算过程。

5）给算子计算和调度建立连接。

6）定义一个 C++函数，产生一个 CallNode 类，并且注册进 Python API 中。

7）为上述 Python API 写个简洁接口。

8）给算子做测试。

▶▶ 6.3.1 添加节点，定义编译参数

在 include/tvm/relay/attrs/文件中配置编译参数，添加节点。在 Python 中，通过累积创建算子 API 接口，代码如下。

```
def cumprod(data, axis=None, dtype=None, exclusive=None):
    //Numpy 返回沿给定轴元素包含的累积总和
    Parameters
    data : relay.Expr
    //输入数据到算子
    axis : int, optional
    //计算累加乘积的轴。默认值是在平铺阵列上计算累加积
    dtype : string, optional
    //返回数组和元素相乘的累加器的类型
    //如果未指定数据类型,则用默认的数据类型
    exclusive : bool, optional
    Returns
    result : relay.Expr
    //如果 axis 为 None,结果为一维数组
```

添加累加和对应累加积的 API 接口。可在 include/tvm/relay/attrs/transform.h 文件中配置性能时，再配置算子的位置、数据信息及特性，并当作结构体的合理字段，实现代码如下。

```
/* \cumsum 和 cumprod 运算符中使用的简要属性 * /
struct ScanopAttrs : public tvm::AttrsNode<ScanopAttrs> {
```

```
        Integer axis;
        DataType dtype;
        Bool exclusive=Bool(false);
        TVM_DECLARE_ATTRS(ScanopAttrs, "relay.attrs.ScanopAttrs") {
            TVM_ATTR_FIELD(axis).describe("The axis to operate over").set_default(NullValue
<Integer>());
            TVM_ATTR_FIELD(dtype).describe("Output data type").set_default(NullValue<DataType>());
            TVM_ATTR_FIELD(exclusive)
                .describe("The first element is not included")
                .set_default(Bool(false));
        }
    };
```

▶▶ 6.3.2 运算类型关系分析

根据算子实现运算类型规则，分析乘法累积与加法求和运算符的类型关系，并在 src/relay/op/tensor/transform.cc 文件中得到，参考代码如下。

```
    TVM_REGISTER_NODE_TYPE(ScanopAttrs);
    bool ScanopRel(const Array<Type>& types, int num_inputs, const Attrs& attrs, const
TypeReporter& reporter) {
        // types: [data, output]
        ICHECK_EQ(types.size(), 2) << "Expects two types, one for the input and another for the
output";
        const auto* data=types[0].as<TensorTypeNode>();
        if (data == nullptr) {
            ICHECK(types[0].as<IncompleteTypeNode>())
            << "Scanop: expect input type to be TensorType but get " << types[0];
            return false;
        }

        const auto* param=attrs.as<ScanopAttrs>();

        auto dtype=param→dtype;
        if (dtype.is_void()) {
            dtype=data→dtype;
        }

        if (param→axis.defined()) {
            reporter→Assign(types[1], TensorType(data→shape, dtype));
        } else {
            auto prod=data→shape[0];
            for (size_t i=1; i < data→shape.size(); ++i) {
                prod=prod * data→shape[i];
            }
            reporter→Assign(types[1], TensorType({prod}, dtype));
        }
```

```
        return true;
    }
```

▶▶ 6.3.3 在 C++中进行 RELAY_REGISTER_OP 宏注册

注册新运算的名称，用调用接口进行注释。C++中的 RELAY_REGISTER_OP 宏，允许开发人员指定 Relay 中的算子的以下信息：

1）参数数量。

2）参数的名称和描述。

3）支持的等级（1 表示内部实现，数字越大表示积分或外部支持的算子越少）。

4）算子的类型关系：ScanopRel( )函数。

5）其他优化时可能需要的注释。

在本例中，TOpPattern 是编译器关于算子所执行的计算模式的提示，这对于融合算子可能很有用。kOpaque 告诉 TVM 不需要融合该算子。

TVM 算子 lists（topi），可参考 python/TVM/topi/scan. py 和 python/TVM/topi/cuda/scan. py 文件中 GPU 版本示例中的累积和与产品实现部分。在进行累积和与积运算中，直接在 TIR 中写入内容，这是张量表达式和 topi 的降级表示形式。将下面代码添加到 src/relay/op/tensor/transform 文件中。

```
RELAY_REGISTER_OP("cumsum")
    .describe(
        R"doc(返回沿给定轴的元素累积和)doc" TVM_ADD_FILELINE)
    .set_num_inputs(1)
    .add_argument("data", "Tensor", "The input tensor.")
    .set_support_level(3)
    .add_type_rel("Cumsum", ScanopRel)
    .set_attr<TOpPattern>("TOpPattern", kOpaque);

RELAY_REGISTER_OP("cumprod").describe(
        R"doc(返回元素沿给定轴的累积乘积)doc" TVM_ADD_FILELINE)
    .set_num_inputs(1)
    .add_argument("data", "Tensor", "The input tensor.")
    .set_support_level(3)
    .add_type_rel("Cumprod", ScanopRel)
    .set_attr<TOpPattern>("TOpPattern", kOpaque);
```

▶▶ 6.3.4 算子注册与调度

在实现算子的计算函数后，需要将这个计算函数加入到 Relay 算子中。在 TVM 中，不仅是实现计算方法，还要给出对应的调度策略，也就是为计算挑选合适的调度。例如，当 2D 卷积是一个分组卷积时，会分配合适的计算方法和调度。而 Conv2D 的调度定义在 python/tvm/topi/generic/nn.py 文件中，以 schedule_conv2d_开头的函数定义了各种数据布局格式对应的调度策略，并且大部分都使用了默认的调度方法。

Conv2D 的策略函数 conv2d_strategy 定义在 python/tvm/relay/op/strategy/generic.py 文件中。在该函数中，可根据输入数据和卷积核的排布格式，给出各种布局组合的计算方法与调度。

TVM 定义算子运算和调度的组合策略，并对 2D 卷积进行深度计算。可在 python/tvm/relay/op/strategy/generic.py 文件与 python/tvm/relay/op/strategy/cuda.py 文件中，添加实现方法，代码如下。

```python
def wrap_compute_scanop(topi_compute):
    // 扫描 topi 计算

    def _compute_scanop(attrs, inputs, _):
        return [topi_compute(inputs[0], attrs.axis, attrs.dtype, attrs.exclusive)]

    return _compute_scanop

@override_native_generic_func("cumsum_strategy")
def cumsum_strategy(attrs, inputs, out_type, target):
    // cumsum 通用策略
    strategy = _op.OpStrategy()
    strategy.add_implementation(
        wrap_compute_scanop(topi.cumsum),
        wrap_topi_schedule(topi.generic.schedule_extern),
        name="cumsum.generic",
    )
    return strategy
@override_native_generic_func("cumprod_strategy")
def cumprod_strategy(attrs, inputs, out_type, target):
    // cumprod 通用策略
    strategy = _op.OpStrategy()
    strategy.add_implementation(
        wrap_compute_scanop(topi.cumprod),
        wrap_topi_schedule(topi.generic.schedule_extern),
        name="cumprod.generic",
    )
    return strategy

@cumsum_strategy.register(["cuda", "gpu"])
def cumsum_strategy_cuda(attrs, inputs, out_type, target):
    // cumsum cuda 策略
    strategy = _op.OpStrategy()
    strategy.add_implementation(
        wrap_compute_scanop(topi.cuda.cumsum),
        wrap_topi_schedule(topi.cuda.schedule_scan),
        name="cumsum.cuda",
    )
    return strategy

@cumprod_strategy.register(["cuda", "gpu"])
def cumprod_strategy_cuda(attrs, inputs, out_type, target):
    // cumprod cuda 策略
```

```
        strategy=_op.OpStrategy()
        strategy.add_implementation(
            wrap_compute_scanop(topi.cuda.cumprod),
            wrap_topi_schedule(topi.cuda.schedule_scan),
            name="cumprod.cuda",
        )
    return strategy
```

在每个策略中，定义了计算和要在 add_implementation 中使用的调度。最后，将该策略与 python/tvm/relay/op/_transform.py 文件中定义的 Relay 算子链接，计算代码如下所示：

```
#cumsum
@_reg.register_compute("cumsum")
def compute_cumsum(attrs, inputs, output_type):
    // cumsum 计算定义
    return [topi.cumsum(inputs[0], attrs.axis, attrs.dtype, attrs.exclusive)]

_reg.register_strategy("cumsum", strategy.cumsum_strategy)
_reg.register_shape_func("cumsum", False, elemwise_shape_func)

#cumprod
@_reg.register_compute("cumprod")
def compute_cumprod(attrs, inputs, output_type):
    // 计算定义
return [topi.cumprod(inputs[0], attrs.axis, attrs.dtype, attrs.exclusive)]

_reg.register_strategy("cumprod", strategy.cumprod_strategy)
_reg.register_shape_func("cumprod", False, elemwise_shape_func)
```

给定动态图输出，TVM 执行输入与输出相同的图结构。

▶▶ 6.3.5 注册函数 API 分析

使用 Op::Get 从算子注册中获取算子信息，并将参数传给调用节点。而实现代码在 src/relay/op/tensor/transform.cc 文件中，下面是 MakeCumsum、MakeCumprod、TVM_REGISTER_GLOBAL 的代码。

```
Expr MakeCumsum(Expr data, Integer axis, DataType dtype, Bool exclusive) {
    auto attrs=make_object<ScanopAttrs>();
    attrs→dtype=dtype;
    attrs→axis=axis;
    attrs→exclusive=exclusive;
    static const Op& op=Op::Get("cumsum");
    return Call(op, {data}, Attrs(attrs), {});
}

TVM_REGISTER_GLOBAL("relay.op._make.cumsum").set_body_typed(MakeCumsum);
Expr MakeCumprod(Expr data, Integer axis, DataType dtype, Bool exclusive) {
    auto attrs=make_object<ScanopAttrs>();
    attrs→dtype=dtype;
```

```
attrs→axis=axis;
attrs→exclusive=exclusive;
static const Op& op=Op::Get("cumprod");
return Call(op, {data}, Attrs(attrs), {});
}

TVM_REGISTER_GLOBAL("relay.op._make.cumsum").set_body_typed(MakeCumprod);
```

通过使用 relay.op._make.cumsum（…）与 relay.op._make.cumprod（…），TVM_REGISTER_GLOBAL 开放 MakeCumsum 与 MakeCumprod 函数 API 接口。

▶▶ 6.3.6 将 Python API 打包

通过 TVM_REGISTER_GLOBAL 导出函数，再封装在 Python 函数中，但不直接在 Python 中调用。而在 python/tvm/relay/op/transform.py 文件中，却开放了 API 接口，代码如下。

```
def cumsum(data, axis=None, dtype=None, exclusive=None):
    return_make.cumsum(data, axis, dtype, exclusive)
def cumprod(data, axis=None, dtype=None, exclusive=None):
    return_make.cumprod(data, axis, dtype, exclusive)
```

Python 包向算子提供简单 API 接口。例如，为实现 concat 算子注册，将张量元组与 Python 包装器组合成元组，示例代码如下。

```
def concat(* args):
    // 沿轴连接输入张量
    Parameters
    args://张量列表

    Returns
    tensor://串联张量

    tup=Tuple(list(args))
    return_make.concat(tup)
```

▶▶ 6.3.7 单元测试分析

单元测试可在 tests/python/relay/test_op_level3.py 文件中查到，并用于累加和与积算子。

1. 梯度算子

梯度算子对于编写 Relay 中的可微程序非常重要。虽然 Relay 的 autodiff 算法可区分一流的语言结构，但算子是不透明的。Relay 无法查看实现，必须提供明确的差异化规则。

Python 和 C++都可编写梯度算子，但是，示例集中在 Python 上更常用。可在 Python 中添加 Python 梯度算子，并可在 Python/tvm/relay/op/_tensor_grad.py 文件中找到。下面是 sigmoid 乘法代码示例。

```
@ register_gradient("sigmoid")
def sigmoid_grad(orig,grad):
```

```
// Returns [grad * sigmoid(x) * (1 - sigmoid(x))].
return [grad * orig * (ones_like(orig) - orig)]
```

sigmoid 函数导数：术语 orig * （ones_like（orig）-orig）直接匹配导数，这里的 orig 是 sigmoid 函数，但不只是对如何计算这个函数的梯度感兴趣。将这个梯度与其他梯度组合起来，这样就可在整个程序中累积梯度了。

$$\frac{\partial \sigma}{\partial x} = \sigma(x)(1 - \sigma(x))$$

这就是梯度术语的意义所在。在表达式 grad orig（one_like（orig）-orig）中，乘以 grad，表示如何使用到目前为止的梯度合成导数，具体代码如下。

```
@ register_gradient("multiply")
def multiply_grad(orig, grad):
    // Returns [grad * y, grad * x]
    x, y=orig.args
    return [collapse_sum_like(grad * y, x), collapse_sum_like(grad * x, y)]
```

在本例中，返回的列表中有两个元素，multiply 是一个二进制算子。如果 $f(x, y) = xy$，偏微分则是：

$$\frac{\partial f}{\partial x} = y, \quad \frac{\partial f}{\partial y} = x$$

2. 在 C++ 中增加梯度

在 C++ 中添加一个梯度，类似于在 Python 中添加，不过用于注册的接口略有不同。首先，确保包含 src/relay/transforms/pattern_utils.h 文件，提供了用于在 RelayAST 中创建节点的 helper 函数。然后，类似于 Python 示例的方式，定义梯度，代码如下。

```
tvm::Array<Expr> MultiplyGrad(const Expr& orig_call, const Expr& output_grad) {
    const Call& call=orig_call.Downcast<Call>();
    return { CollapseSumLike(Multiply(output_grad,
            call.args[1]), call.args[0]), CollapseSumLike(Multiply(output_grad,
            call.args[0]), call.args[1])
};
}
```

在 C++ 中，不能使用 Python 中的算子重载，需要进行 downcast（向下转换），实现更加冗长。即使如此，可验证这个定义是否反映了 Python 中的早期示例。

现在，不需要使用 Python 装饰器，需要在基础算子的注册末尾，添加一个对 FPrimalGradient 的 set_attr 调用，然后注册梯度，注册代码如下。

```
RELAY_REGISTER_OP("multiply")
    ...
    // 设置其他属性
    ...
    .set_attr<FPrimalGradient>("FPrimalGradient", MultiplyGrad);
```

6.4 TVM 中 IR 示例

▶▶ 6.4.1 IRModule 技术分析

IRModule 通过 IRModuleNode 管理元信息的核心成员，包括以下几个模块。

1）功能函数。

2）计算单元，如 Convolutional、log 运算。

3）函数用 params 参数、body，以及交互 Var 变量。

4）对应 AST 的模块。

实现过程包括建模、编译降级处理，以及张量数据处理，下面是实现代码。

```
Global_var
import tvm
from tvm import relay
import numpy as np
#step 1:建模
m,n = 4, 2
x = relay.var("x", shape=(m,n),dtype='float32')
out = relay.nn.softmax(x)
net = relay.Function([x], out)

#step 2:编译降级
module =tvm.IRModule.from_expr(net)
lib = relay.build(module, "llvm")

#step 3:输入张量数据
ctx = tvm.cpu(0)
x_t =tvm.nd.array(np.random.uniform(size=[m,n]).astype('float32'), ctx)
runtime =tvm.contrib.graph_runtime.GraphModule(lib["default"](ctx))
runtime.set_input("x", x_t)
runtime.run()
print(runtime.get_output(0))

#print(net.body)

fn (% x: Tensor[(4, 2), float32]) {
  nn.softmax(% x)
}

#print(module)

def @ main(%x: Tensor[(4, 2), float32]) {
  nn.softmax(%x)
}
```

▶▶ 6.4.2　TVM Runtime（运行时）分析

TVM 运行时系统主要包含两个部分：Compiler 与 Runtime。其中 Compiler 负责为特定的计算生成可执行的代码，而 Runtime 负责加载运行 Compiler 生成的代码。

Module 代表了 Runtime 要执行的具体代码，这是 compiler 的编译产物。Module 中包含一系列可运行的函数，并且 Module 间可能存在依赖关系，一个 Module 可以导入另外一个 Module，从而访问其他 Module 中的函数。所以，Module 有两个主要接口：GetFunction 和 Import。

NDArray（N 维数组对象）是一个快速且灵活的数据集容器，而 Python 用户可以利用 NDArray，并对数组的整块数据或选择性数据执行批量操作，以确保语法与标量运算一致。

PackedFunc 是 TVM 系统中一个非常基础且重要的数据结构，而前端 C++/Python 的交互与 runtime 中对内核函数的调用都会依赖于 PackedFunc。

Runtime（运行时）分析包括 runtime.Module、runtime.PackedFunc，以及 runtime.NDArray 三个核心模块接口，实现代码如下。

```
import tvm
#Python 运行时执行程序示例,包括类型注释
mod:tvm.runtime.Module = tvm.runtime.load_module("compiled_artifact.so")
arr: tvm.runtime.NDArray = tvm.nd.array([1, 2, 3], ctx=tvm.gpu(0))
fun:tvm.runtime.PackedFunc = mod["addone"]
fun(a)
print(a.asnumpy())
```

Runtime 的 3 大核心模块如下。

1）runtime.Module：封装编译 DSO（Dynamic Share Object，动态共享对象），包含 PackedFunc，并用名称获取函数。

2）runtime.PackedFunc：后端生成深度学习的 KernelFunc 函数。

3）runtime.NDArray：封装张量。

▶▶ 6.4.3　预测部署实现

收集好数据，最终完成了一个合适的模型并进行性能验证。现在终于准备好进入最后的预测阶段了。在接受预测服务的挑战时，希望部署一个专门为预测服务而构建的模型，特别是一个快速、轻量级及静态的模型，因为不希望在提供服务时出现更新。此外，希望预测服务器能够按需扩展，以便能够解决更复杂的问题。

预测部署实现分为多个步骤，包括准备数据、计算 logic 编译、算子运算，以及模型序列化与加载等，下面是实现代码。

```
import tvm
import numpy as np

n = 12
A = te.placeholder((n,), name="A") #张量
```

```
B = te.compute(A.shape, lambda * i: A(* i) + 1.0, name="B") #张量
C = te.compute(A.shape, lambda * i: A(* i) - 1.0, name="C") #张量
s = te.create_scheduleC[B.op, C.op])  #schedule
add_func = tvm.build(s, [A, B, C], "llvm", name="add") #compile
#准备数据
ctx = tvm.cpu(0)
a_t =tvm.nd.array(np.random.uniform(size=nn).astype(A.type), ctx)
b_t =tvm.nd.array(np.zeros(nn, dtype=A.dtype), ctx)
c_t =tvm.nd.array(np.zeros(nn, dtype=A.dtype), ctx)
add_func(a_t, b_t, c_t)
#对于预测部署,可将计算逻辑编译为 DSO
from tvm.contrib import cc
#序列化
add_func.save('./add_kernel.o')
cc.create_shared('./for_infer.so', ['./add_kernel.o'])
#load for inference
m =tvm.runtime.load_module('./for_infer.so')
add_func = m['add']   #load add kernel func
add_func(a_t, b_t, c_t)   #infer
#模型序列化与加载示例
#Resnet18 workload
resnet18_mod, resnet18_params = relay.testing.resnet.get_workload(num_layers=18)
#build
with relay.build_config(opt_level=3):
    _, resnet18_lib, _ = relay.build_module.build(resnet18_mod, "cuda", params=resnet18_
params)
#export library
file_name = "./deploy.so"
resnet18_lib.export_library(file_name)
#重新加载
loaded_lib =tvm.runtime.load_module(file_name)
#inference
data = np.random.uniform(-1, 1, size=input_shape(mod)).astype("float32")
ctx = tvm.gpu()
gmod = graph_runtime.GraphModule(loaded_lib["default"](ctx))
gmod.set_input("data", data)
gmod.run()
out =gmod.get_output(0).asnumpy()
```

▶▶ 6.4.4　动态图实现

动态深度学习网络越来越常见，尤其是在 NLP 领域，业界各大框架也都将动态网络支持作为一大技术热点。主流的深度学习网络主要存在以下 3 种动态特性。

1）控制流。如 RNN、LSTM 网络。

2）动态数据的网络结构。如树状结构的 LSTM 补齐了 LSTM 对树形结构处理的不足，支持每个输入单元依赖多个其他单元的中间层输出。

3）动态 shape 算子。如 BERT 网络相比于 LSTM，先在时序上处理，可将数据进行空间上的扩展处理，从而引入维度不确定的张量。还有 Wide&Deep、AutoML 等也会引入动态 shape 的算子。

支持动态图的框架自带对动态网络的支持，可惜性能太差。而支持静态图的框架大多通过将动态模型转换成静态模型来实现优化复用，在提升性能的同时不可避免地带来了复杂度提高和灵活性降低的问题。而 Nimble 是用于 Swift 和 Object-C 的匹配器框架，可以用来表达 Swift 和 Object-C 表达式预期的结果。Nimble 在 TVM 的基础上提出了一套高性能、可移植的编译优化系统，并支持动态网络在不同平台下的执行，核心技术点如下。

1）支持动态图的编译优化框架，包括类型系统、内存优化、算子生成等。

2）基于虚拟机的轻量级跨平台 Runtime。

核心模块：通过使用自动微分与梯度计算 grads = te.gradient（out, inputs）接口，TVM 能实现反向梯度的自动推理，并进行动态 shape 实现，代码如下。

```
import tvm
import numpy as np
#组网
n, m = te.size_var("n"), te.size_var("m")
A = te.placeholder((n,m), name="A")
k = te.reduce_axis((0, m), "k")
B = te.compute((n,), lambda i:te.sum(A[i,k], axis=k), name="B")
#编译
s = te.create_schedule(B.op)
net =tvm.build(s, [A, B, n, m])
#执行
def run(n, m):
  ctx = tvm.cpu(0)
  a =tvm.nd.array(np.random.uniform(size=[n,m]).astype(A.dtype), ctx)
  b =tvm.nd.array(np.zeros((n,)).astype(A.dtype), ctx)
  return net(a, b, n, m)

run(4, 6)
run(10, 16)
#TVM 包括 debug 机制,可打印中间编译代码
print(str(tvm.lower(s, [A, B])))

primfn(A_1: handle, B_1: handle) → ()
  attr = {"global_symbol": "main", "tir.noalias": True}
  buffers = {B: Buffer(B_2: Pointer(float32), float32, [n: int32], [stride: int32], type=
"auto"),
            A: Buffer(A_2: Pointer(float32), float32, [n, m: int32], [stride_1:int32,
stride_2: int32], type="auto")}
    buffer_map = {A_1: A, B_1: B} {
    for (i: int32, 0, n) {
      B_2[(i* stride)] = 0f32
      for (k: int32, 0, m) {
```

```
        B_2[(i* stride)] = ((float32* )B_2[(i* stride)] + (float32* )A_2[((i* stride_1) +
    (k* stride_2))])
            }
        }
    }
```

可用 print(m.get_source( ))查看构建后的 LLVM 程序。

6.5 TVM 支持 CUDA 架构分析

▶▶ 6.5.1 CUDA 架构基础理论

GPU 并行计算是 AI 模型的标配。而 NVIDIA 常用的 CUDA 版本为 CUDA 9。CUDA 是通用并行计算平台与编程模型，可进行高效复杂的计算，同时可用 GPUs 的并行计算实现 CUDA 编程。

CPU 是主机端 host，GPU 是设备端 device。GPU 是协处理器，并与 CPU 协同工作，使用 CPU+GPU 异构计算架构，可执行 GPU 并行计算。通过使用 PCIe 总线，使得 GPU 与 CPU 协同工作，如图 6.12 所示。

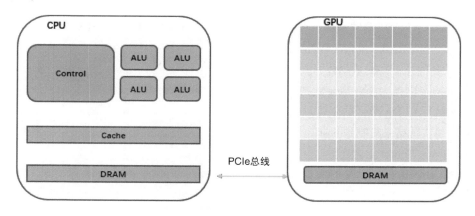

• 图 6.12 通过使用 PCIe 总线 GPU 与 CPU 协同工作

CPU 计算核较少，可执行复杂的逻辑，并擅长调配密集型任务。而 GPU 运算核较多，并擅长数据并行计算，如卷积运算等。同时 CPU 切换上下文与线程调度会消耗算力，但 GPU 多核，线程量级轻。CPU 与 GPU 各有优势，其中 CPU 负责处理逻辑串行编程，而 GPU 负责并行计算程序，并发挥最大功效。图 6.13 所示为 CPU+GPU 异构计算。

从图 6.13 可以看到 GPU 包括许多的运算核心，特别适合数据并行的计算密集型任务，如大型矩阵运算，而 CPU 的运算核心较少，但是可以实现复杂的逻辑运算，因此适合控制密集型任务。另外，CPU 上的线程是重量级的，其上下文切换开销大，但是 GPU 由于存在很多核，所以其线程是轻量级的。因此，基于 CPU+GPU 的异构计算平台可以优势互补，CPU 负责处理逻辑复杂的串行程序，而 GPU 负责重点处理数据密集型的并行计算程序，并发挥最大功效。

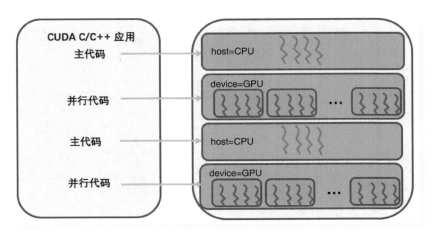

● 图 6.13　CPU+GPU 异构计算

CUDA 编程构建 GPU 应用，并支持 GPU 编程 API。

▶▶ 6.5.2　CUDA 编程模型基础理论

CUDA 是异构编程，可协同 CPU 与 GPU。CUDA 包括 host 与 device 两个设备，其中 device 指 GPU 及其内存，而 host 指 CPU 及其内存。CUDA 程序在 CPU（host）与 GPU（device）上运行，host 与 device进行数据交互。CUDA 执行流程如下所示。

1）配置 host 内存，并初始化数据。

2）配置 device 内存，并将 host 数据复制到 device。

3）device 执行 CUDA 核函数运算。

4）device 将实现结果复制到 host 上。

5）释放 device 与 host 上内存。

kernel 是 CUDA 中一个重要的概念，kernel 是在 device 的线程中并行执行的函数，核函数用 __global__符号声明，在调用时需要用<<<grid, block>>>来指定 kernel 要执行的线程数量。在 CUDA 中，每一个线程都要执行核函数，并且每个线程都会分配一个唯一的线程号 thread ID，这个 ID 值可以通过核函数的内置变量 threadIdx 来获得。

CUDA 主要通过函数限定词来区分 host 和 device 上的代码，3 个限定词如下。

1）__global__：在 device 上执行，从 host 中调用（一些特定的 GPU 也可以从 device 上调用），返回类型必须是 void，不支持可变参数，不能成为类成员函数。注意用__global__定义的 kernel 是异步的，这意味着 host 不会等待 kernel 执行完就执行下一步。

2）__device__：在 device 上执行，仅可以从 device 中调用，不可以和__global__同时用。

3）__host__：在 host 上执行，仅可以从 host 上调用，一般省略不写，不可以和__global__同时用，但可和__device__同时用，此时函数在 device 和 host 都会编译。

内核在设备上实现 GPU 多线程并行处理。内核线程是网格（grid），并共享内存空间。而网格是线程层，可分成多线程块（block）。

如果是线程架构，其 grid 与 block 均为 2 维框架。另外，grid 与 block 也可以都是 dim3，这里 dim3 是（x，y，z）结构体参数，并且默认初始化值为 1。实际上，grid 与 block 也可以是 1-dim、2-dim、3-dim 结构中任意一种架构。图 6.14 所示为内核线程架构（2-dim）。这里内核通过实现<<<grid，block>>>进行调用，同时设定内核线程结构。grid 与 block 定义如下。

```
dim3 grid(3, 2);
dim3 block(5, 3);
kernel_fun<<< grid, block >>>(prams...);
```

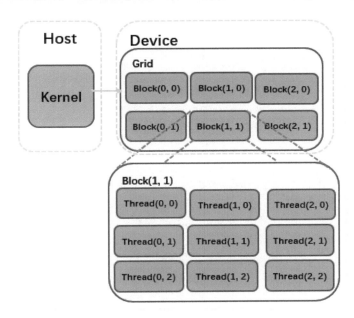

• 图 6.14　内核线程架构（2-dim）

线程用（blockIdx，threadIdx）标识，均为 dim3 类型变量，其中 blockIdx 指明 grid 与 block 位置，而 Thread（1，1）满足以下特性。

```
threadIdx.x = 1
threadIdx.y = 1
blockIdx.x = 1
blockIdx.y = 1
```

线程在流式多处理器 SM 上，但 SM 资源与线程数有限，而 GPUs 线程数有 1024 个。同时 blcok 全局 ID 与组织结构可用线程 blockDim 获取，并得到 thread block 维度值 size。对于 2-dim 的 block (D_x, D_y)，thread（x，y）的 ID 值是 $(x+y\times D_x)$。若是 3-dim 的 block (D_x, D_y, D_z)，thread（x,y,z）的 ID 值是 $(x+y\times D_x+z\times D_x\times D_y)$。而且，线程通过变量 gridDim 获得维度大小。

内核支持 vector、matrix 等算子计算。若用 2-dim 执行矩阵相加，则相应各线程执行算子相加。线程 block（16，16），可将 N×N matrix 均分为线程 block 进行相加计算，相应代码如下。

```
// 内核定义
__global__ void MatAdd(float A[N][N], float B[N][N], float C[N][N])
{
    int i = blockIdx.x * blockDim.x + threadIdx.x;
    int j = blockIdx.y * blockDim.y + threadIdx.y;
    if (i < N && j < N)
        C[i][j] = A[i][j] + B[i][j];
}
int main()
{
    ...
    // 内核线程配置
    dim3 threadsPerBlock(16, 16);
    dim3 numBlocks(N/threadsPerBlock.x, N/threadsPerBlock.y);
    // kernel 调用
    MatAdd<<<numBlocks, threadsPerBlock>>>(A, B, C);
    ...
}
```

CUDA 的内存模型如图 6.15 所示。线程有多种内存，包括本地内存、共享内存、全局内存、常量内存与结构内存等。由于内核的线程结构层次复杂，因此内核可执行很多线程调度。

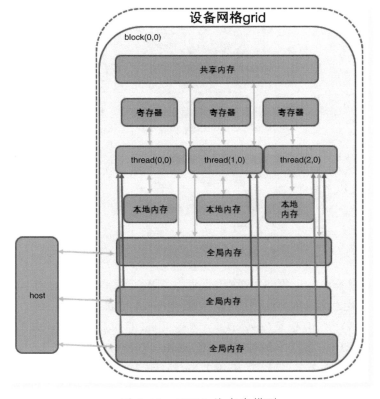

• 图 6.15　CUDA 的内存模型

读者需要对 GPU 的硬件实现有一个基本的认识。关于内核的线程组织层次，一个内核实际上会启动很多线程，这些线程逻辑上是并行的，但是在物理层却并不一定。这与 CPU 的多线程有类似之处，而多线程如果没有多核支持，在物理层也是无法实现并行的。但是好在 GPU 存在很多 CUDA 核，利用 CUDA 核可以充分发挥 GPU 的并行计算能力。GPU 硬件的一个核心组件是 SM，其中 SM 的英文名是 Streaming Multiprocessor，就是流式多处理器。SM 的核心组件包括 CUDA 核、共享内存，以及寄存器等，SM 可以并发地执行数百个线程，其并发能力取决于 SM 所拥有的资源数。当一个内核被执行时，grid 中的线程块被分配到 SM 上，而一个线程块只能在一个 SM 上被调度。SM 一般可以调度多个线程块，而线程块具体数量是多少，这要看 SM 本身的能力。可能一个内核的各线程块被分配多个 SM，所以 grid 只是逻辑层，实际上 SM 才是执行的物理层。

SM 采用的是 SIMT（Single-Instruction，Multiple-Thread，单指令多线程）架构，其基本的执行单元是线程束（warps），而线程束包含 32 个线程。并且这些线程同时执行相同的指令，但是每个线程都包含指令地址计数器和寄存器状态，也有独立的执行路径。所以尽管线程束中的线程同时从同一程序地址执行，但是可能具有不同的行为，如遇到了分支结构。一些线程可能进入这个分支，但是另外一些有可能不执行，只能死等，因为 GPU 规定线程束中所有线程在同一周期执行相同的指令，线程束分化会导致性能下降。当线程块被划分到某个 SM 上时，将进一步划分为多个线程束，因为这才是 SM 的基本执行单元，但是一个 SM 同时并发的线程束数是有限的。这是因为资源限制，SM 要为每个线程块分配共享内存，也要为每个线程束中的线程分配独立的寄存器，所以 SM 的配置会影响所支持的线程块和线程束的并发数量。

总之，网格和线程块只是逻辑划分，一个内核的所有线程，其实在物理层是不一定同时并发的。所以内核的 grid 和 block 的配置不同，会造成性能出现差异，这点是要特别注意的。由于 SM 的基本执行单元是包含 32 个线程的线程束，所以 block 大小一般要设置为 32 的倍数。图 6.16 所示为 CUDA 编程的逻辑层与物理层。

在 CUDA 编码前，先查找 GPU 的硬件配置，可得到 GPU 配置属性如下所示。

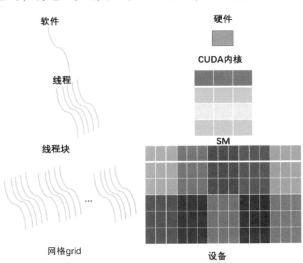

● 图 6.16　CUDA 编程的逻辑层与物理层

```
int dev = 0;
    cudaDeviceProp devProp;
    CHECK(cudaGetDeviceProperties(&devProp, dev));
    std::cout << "使用GPU device " << dev << ": " << devProp.name << std::endl;
    std::cout << "SM 的数量: " << devProp.multiProcessorCount << std::endl;
```

```
        std::cout << "各 thread block 的共享 memory 大小: " << devProp.sharedMemPerBlock/1024.0
<< " KB" << std::endl;
        std::cout << "各 thread block 最大 thread number: " << devProp.maxThreadsPerBlock <<
std::endl;
        std::cout << "各 EM 最大 thread number: " << devProp.maxThreadsPerMultiProcessor <<
std::endl;
        std::cout << "各 SM 的最大 thread 束数: " << devProp.maxThreadsPerMultiProcessor /32<<
std::endl;
```

▶▶ 6.5.3 实现向量加法实例

用 CUDA 实现向量加法。在 device（设备）上配置内存的 cudaMalloc，命令如下。

```
cudaError_t cudaMalloc(void** devPtr, size_t size);
```

对应 C 语言的 malloc，可在 device 上申请 size 大小的显示内存，这里 devPtr 指向分配内存的指针。而 cudaFree 用来释放分配的内存，与 C 语言中 free 对应。cudaMemcpy 负责 host 与 device 间数据通信。

```
cudaError_t cudaMemcpy(void* dst, const void* src, size_t count, cudaMemcpyKind kind)
```

其中 src 指向数据源，dst 是目标区域，count 是 byte 数，kind 是控制方向，包括 cudaMemcpyHostToHost、cudaMemcpyHostToDevice、cudaMemcpyDeviceToHost 及 cudaMemcpyDeviceToDevice，如 cudaMemcpyHostToDevice 是将 host 上的数据复制到 device 设备上。

为实现向量加法运算，可设置 grid 与 block 均为 1-dim，下面先定义内核。

```
// 两个向量加法的内核, grid 与 block 均为 1-dim
__global__ void add(float* x, float * y, float* z, int n)
{
    //获取全局索引
    int index = threadIdx.x + blockIdx.x * blockDim.x;
    // 步长
    int stride = blockDim.x * gridDim.x;
    for (int i = index; i < n; i += stride)
    {
        z[i] = x[i] + y[i];
    }
}
```

stride 是 grid 的线程数，可在各线程实现 multi-elements（Total elements/Total threads）加法，相当于用 multi-grid 处理，这是 grid-stride 的循环方式。一个线程只处理一个元素示例，而且内核循环是不执行的，实现向量加法代码如下。

```
int main()
{
    int N = 1 << 20;
    int nBytes = N * sizeof(float);
    // 申请 host 内存
    float * x, * y, * z;
    x = (float* )malloc(nBytes);
```

```
    y = (float* )malloc(nBytes);
    z = (float* )malloc(nBytes);

    // 初始化数据
    for (int i = 0; i < N; ++i)
    {
        x[i] = 10.0;
        y[i] = 20.0;
    }

    // 申请设备内存
    float * d_x, * d_y, * d_z;
    cudaMalloc((void** )&d_x, nBytes);
    cudaMalloc((void** )&d_y, nBytes);
    cudaMalloc((void** )&d_z, nBytes);

    // 将 host 数据复制到设备
    cudaMemcpy((void* )d_x, (void* )x, nBytes, cudaMemcpyHostToDevice);
    cudaMemcpy((void* )d_y, (void* )y, nBytes, cudaMemcpyHostToDevice);
    // 定义内核的执行配置
    dim3 blockSize(256);
    dim3 gridSize((N + blockSize.x - 1)/blockSize.x);
    // 执行内核
    add << < gridSize, blockSize >> >(d_x, d_y, d_z, N);

    // 将 device 结果复制到 host
    cudaMemcpy((void* )z, (void* )d_z, nBytes, cudaMemcpyDeviceToHost);

    // 检查执行结果
    float maxError = 0.0;
    for (int i = 0; i < N; i++)
        maxError = fmax(maxError, fabs(z[i] - 30.0));
    std::cout << "最大误差: " << maxError << std::endl;

    // 释放 device 内存
    cudaFree(d_x);
    cudaFree(d_y);
    cudaFree(d_z);
    // 释放 host 内存
    free(x);
    free(y);
    free(z);

    return 0;
}
```

这里向量大小为 1<<20、block 大小为 256、grid 大小是 4096，内核的线程层次结构如图 6.17 所示。

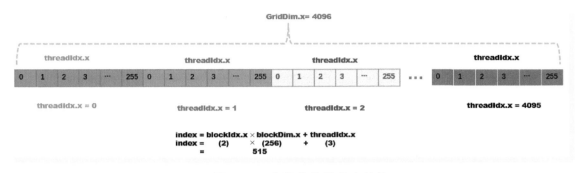

● 图 6.17　内核的线程层次结构

这里可在 host 与 device 上执行内存配置，但数据复制易出错。而 CUDA 统一内存可减少复杂度，若启用托管内存，同时共同管理 host 与 device 的内存，可自动在 host 与 device 中进行数据传输。下面是 CUDA 用 cudaMallocManaged 配置托管内存的代码。

```
cudaError_t cudaMallocManaged(void ** devPtr, size_t size, unsigned int flag=0);
```

统一 host 与 device 内存，具体程序简化如下。

```
int main()
{
    int N = 1 << 20;
    int nBytes = N * sizeof(float);
    // 申请托管内存
    float * x, * y, * z;
    cudaMallocManaged((void** )&x, nBytes);
    cudaMallocManaged((void** )&y, nBytes);
    cudaMallocManaged((void** )&z, nBytes);
    // 初始化数据
    for (int i = 0; i < N; ++i)
    {
        x[i] = 10.0;
        y[i] = 20.0;
    }
    // 定义内核的执行配置
    dim3 blockSize(256);
    dim3 gridSize((N + blockSize.x - 1)/blockSize.x);
    // 执行内核
    add << < gridSize, blockSize >> >(x, y, z, N);
    // 同步 device 确保结果能正确访问
    cudaDeviceSynchronize();
    // 检查执行结果
    float maxError = 0.0;
    for (int i = 0; i < N; i++)
        maxError = fmax(maxError, fabs(z[i] - 30.0));
    std::cout << "最大误差: " << maxError << std::endl;
    // 释放内存
```

```
        cudaFree(x);
        cudaFree(y);
        cudaFree(z);
        return 0;
    }
```

这里用统一内存更容易，可通过内核与 host 异步，并将托管内存进行自动数据传输。使用 cuda-DeviceSynchronize 机制可保证 device 与 host 匹配，并合理执行内核的运算结果。

▶▶ 6.5.4　实现矩阵乘法实例

图 6.18 所示为矩阵乘法实现模式。设输入矩阵为 A 与 B，要得到 $C = A \times B$。各线程先算出 C 的 elements 值，同时选取 grid 与 block 均为 2-D 的。设置 matrix 结构体如下所示。

```
// 矩阵类型, 行优先, M(row, col) = * (M.elements + row *  M.width + col)
struct Matrix
{
    int width;
    int height;
    float * elements;
};
```

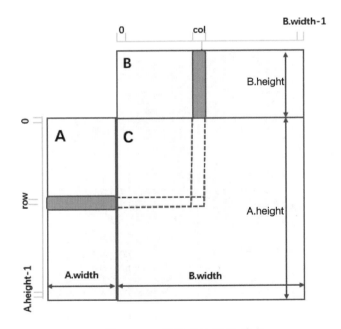

● 图 6.18　矩阵乘法实现模式

下面实现矩阵相乘核函数，同时定义辅助 __device__ 函数，以便获取 matrix 元素与元素赋值，代码如下。

```
// 取得矩阵 A 的 (row, col) 元素
__device__ float getElement(Matrix * A, int row, int col)
{
    return A→elements[row * A→width + col];
}

//为矩阵 A(row, col)的 elements 赋值
__device__ void setElement(Matrix * A, int row, int col, float value)
{
    A→elements[row * A→width + col] = value;
}

// matrix 乘法内核, 2-D, 各线程算出 element
__global__ void matMulKernel(Matrix * A, Matrix * B, Matrix * C)
{
    float Cvalue = 0.0;
    int row = threadIdx.y + blockIdx.y * blockDim.y;
    int col = threadIdx.x + blockIdx.x * blockDim.x;
    for (int i = 0; i < A→width; ++i)
    {
        Cvalue += getElement(A, row, i) * getElement(B, i, col);
    }
    setElement(C, row, col, Cvalue);
}
```

用统一内存开发矩阵乘法示例代码如下。

```
int main()
{
    int width = 1 << 10;
    int height = 1 << 10;
    Matrix * A, * B, * C;
    // 申请托管内存
    cudaMallocManaged((void** )&A, sizeof(Matrix));
    cudaMallocManaged((void** )&B, sizeof(Matrix));
    cudaMallocManaged((void** )&C, sizeof(Matrix));
    int nBytes = width * height * sizeof(float);
    cudaMallocManaged((void** )&A→elements, nBytes);
    cudaMallocManaged((void** )&B→elements, nBytes);
    cudaMallocManaged((void** )&C→elements, nBytes);
    // 初始化数据
    A→height = height;
    A→width = width;
    B→height = height;
    B→width = width;
    C→height = height;
    C→width = width;
    for (int i = 0; i < width * height; ++i)
    {
```

```
    A→elements[i] = 1.0;
    B→elements[i] = 2.0;
}
// 定义内核的执行配置
dim3 blockSize(32, 32);
dim3 gridSize((width + blockSize.x - 1)/blockSize.x,
    (height + blockSize.y - 1)/blockSize.y);
// 执行内核
matMulKernel << < gridSize, blockSize >> >(A, B, C);

// 同步 device 确保结果能正确访问
cudaDeviceSynchronize();
// 检查执行结果
float maxError = 0.0;
for (int i = 0; i < width * height; ++i)
    maxError = fmax(maxError, fabs(C→elements[i] - 2 * width));
std::cout << "最大误差: " << maxError << std::endl;
return 0;
}
```

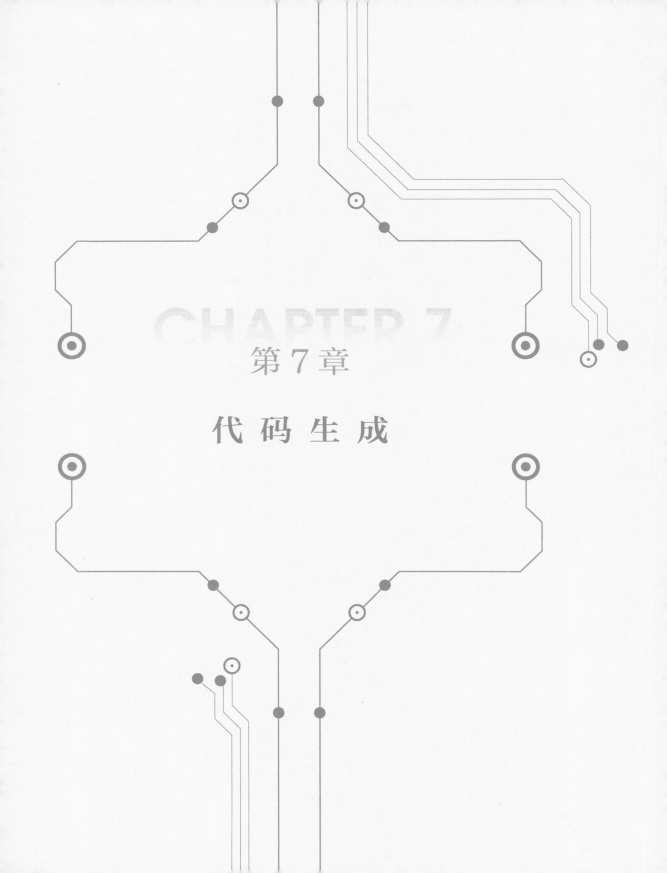

CHAPTER 7

第 7 章

代 码 生 成

7.1 CodeGen 基本原理

▶▶ 7.1.1 TVM 代码生成 CodeGen

硬件后端（如 Intel、NVIDIA、ARM 等）提供诸如 cuBLAS 或 cuDNN 之类的内核库，以及许多常用的深度学习内核或者框架示例，如带有图形引擎的 DNNL 或 TensorRT，使用户以某种方式描述模型，实现高性能。此外，新兴的深度学习加速器还具有自己的编译器、内核库或 Runtime 框架。

当用户尝试在新的内核库或设备上工作时，必须学习新的编程接口。对统一编程接口的需求变得越来越重要，使所有用户和硬件后端提供的程序都在同一页面上。

为了与广泛使用的深度学习框架共享编程接口，许多硬件设备提供商已尝试将其设备后端集成到 TensorFlow。由于 TensorFlow 没有为新的后端提供正式的后端接口，因此必须破解 TensorFlow 进行注册。这需要对许多源文件进行更改，从而使将来的维护变得困难。

▶▶ 7.1.2 CodeGen 框架流程

TVM 代码生成接口上是 IRModule 到运行时模型（Runtime.Module）的转换，它完成 Tir 或者 Relay IR 到目标 target 代码的编译，例如 C 或者 LLVM IR 等。

图 7.1 所示为 CodeGen 框架流程，描述整个代码的编译流程，蓝色表示 C++ 代码，黄色表示

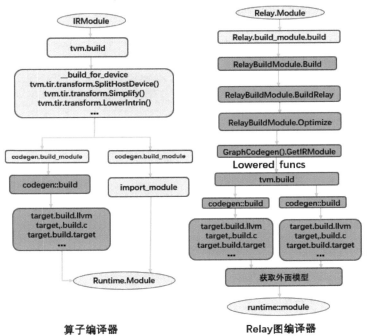

算子编译器　　　　　　　　　Relay 图编译器

● 图 7.1　CodeGen 框架流程

Python 代码。算子编译时会首先进行 Tir 的优化，分离出 host 和 device 部分，然后会调用注册的 target. build.target 函数进行编译。Relay 图编译相比算子稍微复杂一点，核心代码采用 C++开发。它会通过 relayBuildModule.Optimize 进行 Relay 图优化，然后针对模型中的每个 lower_funcs 进行编译，合成最终的运行时模型，其后部分的编译流程和算子编译相似。

▶▶ 7.1.3 代码生成接口函数

TVM 代码生成的接口和主要类型可以总结为两个 build、两个 module、两个 function。它提供了两个代码生成的接口：tvm.build 和 tvm.relay.build，前者是针对算子的代码生成，后者是针对 relay 计算图的代码生成。在 0.7 版本中，TVM 进行了 IR 的统一，使得两个 build 的输入参数类型都可以是 IR-Module，输出类型都是运行时 Module。尽管两个 build 接口统一了输入类型，但是内部包含的函数类型是不一样的，算子编译时是 tvm.tir.function.PrimFunc，而 relay 图编译时是 tvm.relay.function.Function。TVM 在设计时提供了方便的调试功能，通过 IRModule 的 astext 函数可以查看 IR 中间描述，通过运行时 Module 的 get_source 查看生成的代码。TVM 代码生成接口包括以下几个函数。

1）tvm.build。

2）tvm.relay.build。

3）tvm.ir.module.IRModule。

4）tvm.runtime.module.Module。

5）tvm.tir.function.PrimFunc。

6）tvm.relay.function.Function。

▶▶ 7.1.4 CodeGen 的 target.build 接口函数

TVM 针对不同的 target 实现了许多的 CodeGen，它完成了 Tir 到目标代码的翻译工作，例如 C、LLVM IR 等。也可以根据需求实现自己的 CodeGen，TVM 官网提供了一个教程，感兴趣的读者可自行查阅。

target.build 接口函数如下。

1）target.build.c。

2）target.build.llvm。

3）target.build.cuda。

4）target.build.opencl。

5）target.build.opengl。

6）target.build.metal。

7）target.build.vulkan。

7.2 CodeGen 统一编程

▶▶ 7.2.1 统一编程基础

1. 统一编程接口

1）让所有用户和硬件后端提供商站在同一个面上。

2）提供一个可行的解决方案，允许专用硬件或库仅支持具有极高性能的、广泛使用的算子，而将不受支持的算子回退到 CPU/GPU 等通用设备上。

2. 生成 C 代码

如果硬件已经有一个经过良好优化的 C/C++库，例如 CPU 的 Intel CBLAS/MKL 和 GPU 的 NVIDIA CUBLAS，那么这就是要寻找的库。幸运的是，C 源代码模块与 TVM 运行时模块完全兼容，这意味着生成的代码可以由任何具有适当编译标志的 C/C++编译器编译。因此，唯一的任务是实现一个为子图生成 C 代码的代码生成器和一个集成到 TVM 运行时模块的 C 源码模块。

3. 生成图形表示

硬件可能需要其他形式的图形表示，如 JSON。在这种情况下，不仅需要实现 CodeGen，还需要实现定制的 TVM 运行时模块，以让 TVM 运行时知道应该如何执行此图形表示。如果硬件已经有一个完整的图形执行引擎，例如用于 GPU 的 TensorRT，那么这是一个可以考虑的解决方案。

完成 CodeGen 和运行时后，可以让客户使用自定义标记对其模型进行注释，以便利用它们。这里提供了供最终用户注释和启动特定 CodeGen 的教程。

▶▶ 7.2.2 进行 CodeGen 分析

二元运算（Binary Operation）是指由两个元素形成第三个元素的一种规则，如数的加法及乘法等；还有一种说法是，由两个集合形成第三个集合的产生方法或构成规则称为二次运算。二元运算是作用于两个对象的运算，例如：

1）任意两个数相加或相乘得到另一数。

2）任意两个集合相交或相并得到另一集合。

3）任意一个多行矩阵与一个多列矩阵相乘得到另一矩阵。

4）任意两个函数合成为另一个函数。

以上加、乘、交、并、积及合成均属二元运算。

本小节将演示如何实现一个 CodeGen，该 CodeGen 使用预实现的算子函数，生成 C 代码。为了简化，CodeGen 示例不依赖于第三方库。相反，在 C 中可手动实现两个宏，代码如下。

```
#define CSOURCE_BINARY_OP_1D(p_ID_, p_OP_, p_DIM1_)
    extern "C" void p_ID_(float* a, float* b, float* out) {
        for (int64_t i=0; i < p_DIM1_; ++i) {
            out[i]=a[i] p_OP_ b[i];
        }
    }

#define CSOURCE_BINARY_OP_2D(p_ID_, p_OP_, p_DIM1_, p_DIM2_)
    extern "C" void p_ID_(float* a, float* b, float* out) {
        for (int64_t i=0; i < p_DIM1_; ++i) {
            for (int64_t j=0; j < p_DIM2_; ++j) {
                int64_t k=i * p_DIM2_+j;
```

```
            out[k]=a[k] p_OP_ b[k];
          }
        }
      }
```

简单介绍一下二元运算的性质：

1）设⊙是非空集合 A 上的二元运算，如果对任意的 a、b、c∈A，有（a⊙b）⊙c=a⊙（b⊙c），则称运算⊙满足结合律。

2）设⊙是非空集合 A 上的二元运算，如果对任意的 a, b∈A，有 a⊙b=b⊙a，则称运算⊙满足交换律。

3）设（A;×,⊙）是一代数系统，如果对任意的 a、b、c∈A，都有如下性质：

- 如果 a×（b⊙c）=（a×b）⊙（a×c），则称×对⊙有左分配律。
- 如果（b⊙c）×a=（b×a）⊙（c×a），则称×对⊙有右分配律。

两个宏生成二元算子。若输入（10,10）的图二维张量，给定子图，则实现代码如下。

```
c_compiler_input0
    |
    add <-- c_compiler_input1
    |
  subtract <-- c_compiler_input2
    |
  multiply <-- c_compiler_input3
    |
    out
//生成编译代码,执行子图
#include <tvm/runtime/c_runtime_api.h>
#include <tvm/runtime/packed_func.h>
#include <dlpack/dlpack.h>
#include <cstdint>
#include <cstring>
#include <iostream>

#define GCC_BINARY_OP_1D(p_ID_, p_OP_, p_DIM1_)
  extern "C" void p_ID_(float* a, float* b, float* out) {
    for (int64_t i=0; i < p_DIM1_; ++i) {
      out[i]=a[i] p_OP_ b[i];
    }
  }

#define GCC_BINARY_OP_2D(p_ID_, p_OP_, p_DIM1_, p_DIM2_)
  extern "C" void p_ID_(float* a, float* b, float* out) {
    for (int64_t i=0; i < p_DIM1_; ++i) {
      for (int64_t j=0; j < p_DIM2_; ++j) {
        int64_t k=i * p_DIM2_+j;
        out[k]=a[k] p_OP_ b[k];
      }
```

```
        }
    }

    //注 1
    GCC_BINARY_OP_2D(gcc_0_0, * , 10, 10);
    GCC_BINARY_OP_2D(gcc_0_1, -, 10, 10);
    GCC_BINARY_OP_2D(gcc_0_2, +, 10, 10);
    //注 2
    extern "C" void gcc_0_(float* gcc_input0, float* gcc_input1,float* gcc_input2, float*
gcc_input3, float* out) {
        float* buf_0 = (float* )malloc(4 * 100);
        float* buf_1 = (float* )malloc(4 * 100);
        gcc_0_2(gcc_input0, gcc_input1,buf_0);
        gcc_0_1(buf_0, gcc_input2, buf_1);
        gcc_0_0(buf_1, gcc_input3, out);
        free(buf_0);
        free(buf_1);
    }

    //注 3
    extern "C" int gcc_0_wrapper(DLTensor* arg0, DLTensor* arg1, DLTensor* arg2, DLTensor*
arg3, DLTensor* out) {
        gcc_0_(static_cast<float* >(arg0→data), static_cast<float* >(arg1→data),
            static_cast<float* >(arg2→data), static_cast<float* >(arg3→data),
            static_cast<float* >(out→data));
        return 0;
    }
    TVM_DLL_EXPORT_TYPED_FUNC(gcc_0, gcc_0_wrapper);
```

上面代码标注解析如下。

1）注 1：是子图中三个节点的函数实现。

2）注 2：是一个通过分配中间缓冲区和调用相应函数来执行子图的函数。

3）注 3：是一个与 TVM 运行时兼容的包装器函数。它接收一个输入张量列表和一个输出张量（最后一个参数），将它们强制转换为正确的数据类型，并调用注 2 中描述的子图函数。此外，TVM_DLL_EXPORT_TYPED_FUNC 是一个 TVM 宏，它通过将所有张量打包到 TVMArgs，来生成另一个具有统一函数参数的函数 gcc_0。因此，TVM 运行时可以直接调用 gcc_0 来执行子图，而无须额外的工作。

有了上面生成的代码，TVM 就可以将其与图的其余部分一起编译，并导出一个用于部署的库。

逐步实现代码生成以生成上述代码。自定义的代码生成器放在目录 src/relay/backend/contrib/<your-CodeGen-name>/中。在例子中，将代码生成器命名为 CodeGenC，并将其放在/src/relay/backend/contrib/CodeGenC/目录下，需随时检查此文件以获得完整的实现。

具体来说，将在这个文件中实现两个类，图 7.2 所示为 TVM CodeGen 的类关系。

当 TVM 后端发现 Relay 图中的一个函数（子图）带有注册的编译器标签（本例中为 ccompiler）时，TVM 后端调用 CSourceCodeGen 并传递子图。CSourceCodeGen 的成员函数 CreateCSourceModule 将实现：

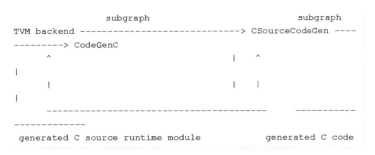

● 图 7.2　TVM CodeGen 的类关系

1）为子图生成 C 代码。

2）将生成的 C 代码封装到一个 C 源代码运行时模块中，供 TVM 后端编译和部署。特别是，C 代码生成对 CodeGenC 类是透明的，因为它提供了许多有用的工具来简化代码生成实现。

▶▶ 7.2.3　**实现 CodeGenC 举例**

为何用 CodeGenC？

AI 编译器想要解决的问题是，多种 AI 应用算法编译部署到各芯片硬件（CPU、GPU、NPU 等）的碎片化工作。但目前看来，前端的很多深度学习算法，包括子的图算子融合等优化，还处于探索阶段，还没有完全收敛。直接针对某个算子写某个后端的极致优化的汇编实现，需要耗费比较多的人力和时间。而后端也是不断有新的深度学习加速芯片出现，虽然 AI 芯片的设计有共通之处，但 AI 编译器要完全支持一个新的后端还是需要大量工作的。

是否存在一个方案，使得前端能快速支持各算法，后端能快速支持新的硬件芯片？目前的方案，无论是 TVM 还是 Halide，后端的支持大部分是通过 LLVM 来适配的。在 LLVM 适配一个新的后端需要大量工作。对于未适配 LLVM 的后端，可以通过快速适配 CodeGenC，自动生成带 SIMD intrinsics（内联函数）的优化的 C 代码，再通过芯片的 C 编译器编译成硬件上的可执行文件。

Halide CodeGenC 流程如图 7.3 所示。首先用 Halide 语言描述计算过程，以及相应的调度策略，Lower 到 Halide IR 后，由 Halide Module 直接 CodeGenC，而如果走 CodeGen_LLVM，需要从 Halide IR 转成 LLVM IR，然后进行后端代码生成（包括 LLVM 汇编、LLVM 二进制位代码、目标设备代码）。

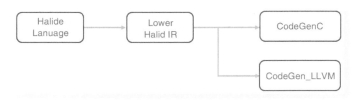

● 图 7.3　Halide CodeGenC 流程

CodeGenC 类继承了以下两个类。

1）ExprVisitor 类提供了遍历子图和收集所需信息的能力，并生成子图函数，如 gcc_0_。

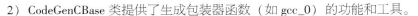

2）CodeGenCBase 类提供了生成包装器函数（如 gcc_0）的功能和工具。

在 src/relay/backend/contrib/codegen_c/codegen.cc 文件中，首先在 tvm.relay.contrib 命名空间下创建一个 CodeGen 类框架，代码如下。

```
tvm.relay.contrib:
#include <tvm/relay/expr_functor.h>
#include <tvm/relay/transform.h>
#include <tvm/relay/type.h>
#include <tvm/runtime/module.h>
#include <tvm/runtime/object.h>
#include <fstream>
#include <sstream>
#include "codegen_c.h"

namespace tvm {
namespace relay {
namespace contrib {
classCodegenC : public ExprVisitor,public CodegenCBase {
 public:
   explicit CodegenC(const std::string& id) { this→ext_func_id_=id; }
   void VisitExpr_(const VarNode* node) { ; }
   void VisitExpr_(const CallNode* call) final { ; }
   std::string JIT() { ; }
 private:
   /* ! \简要介绍表示C源函数的函数id * /
   std::string ext_func_id_="";
   /* ! \简要介绍包装C函数的索引 * /
   int func_idx=0;
   /* ! \简要介绍已分配缓冲区的索引 * /
   int buf_idx_=0;
   /* ! \简要介绍与C编译器兼容的函数的参数 * /
   std::vector<std::string> ext_func_args_;
   /* ! \简要介绍C编译器兼容函数的语句 * /
   std::vector<std::string> ext_func_body;
   /* ! \简要介绍C编译器兼容函数的声明语句 * /
   std::vector<std::string>func_decl_;
   /* ! \简要介绍缓冲区的声明 * /
   std::vector<std::string>buf_decl_;
   /* ! \简要介绍输出的名称和索引对 * /
   std::vector<std::pair<std::string, int>> out_;
 }
```

7.3 算子的 CodeGen 原理与示例

首先实现 VisitExpr_（const CallNode * call）函数。这个函数在遍历子图时访问所有调用节点。每个调用节点都包含一个想要加载到硬件上的算子。因此，需要按照正确的拓扑顺序生成算子的相应 C 代码。

▶▶ 7.3.1 声明生成函数

GCC（GNU Compiler Collection，GNU 编译器套件）是由 GNU 开发的编程语言编译器。GNU 编译器套件既包括 C、C++、Objective-C、Fortran、Java、Ada 和 Go 语言前端，也包括了这些语言的库（如 libstdc++、libgcj 等）。

GCC 的初衷是为 GNU 操作系统专门编写的一款编译器。而 GNU 操作系统是彻底的自由软件，这里"自由"的含义是尊重用户的自由。

GCC 是依据 GPL 许可证所发行的自由软件，也是 GNU 调度的关键部分。GCC 的初衷是为 GNU 操作系统专门编写一款编译器，现已被大多数类 Unix 操作系统（如 Linux、BSD、MacOS X 等）采纳为标准的编译器，甚至在微软的 Windows 上也可以使用 GCC。GCC 支持多种计算机体系结构芯片，如 x86、ARM、MIPS 等，并已被移植到其他多种硬件平台。

示例结果：GCC_BINARY_OP_2D（gcc_0_0，＊，10，10）。

如上所示，要声明生成函数需要包括以下内容：

1）函数名称（如 gcc_0_0）。

2）运算符的类型（如＊）。

3）输入张量形状（如（10,10））。

幸运的是，可以从"CallNode"位置可轻松获取如下所示信息。

```
// 生成唯一函数名
std::string func_name=ext_func_id_+"_"+std::to_string(func_idx++);
//生成函数声明字符串
macro_stream << "CSOURCE_BINARY_OP_" << call→args.size() << "D(" <<func_name << ", ";
//检查运算符类型
if (IsOp(call, "add")) {
  macro_stream << "+";
} else if (IsOp(call, "subtract")) {
  macro_stream << "-";
} else if (IsOp(call, "multiply")) {
  macro_stream << "* ";
} else {
  LOG(FATAL) << "Unrecognized op";
}
//提取输入张量 shape
auto in_shape=GetShape(call→args[0]→checked_type());
for (size_t i=0; i < in_shape.size(); ++i) {
  macro_stream << ", " << in_shape[i];
}
macro_stream << ");";
func_decl_.push_back(macro_stream.str());
```

可以看出，将生成的代码放到类成员变量 func_decl_ 中。在完成遍历整个子图后，已经收集了所有必需的函数声明，唯一需要做的就是由 GCC 进行编译。VisitExpr_（const CallNode＊call）函数的实现，也遵循此概念。

▶▶ 7.3.2　调用生成函数

首先进行 gcc 优化等级介绍。gcc 提供了大量优化等级，以便用来对编译时间、目标文件大小、执行效率 3 个维度进行不同的取舍和平衡。

1）-O0，最少的优化。这是默认的编译选项，可以最大限度地配合产生代码调试信息，可以在任何代码行打断点，特别是死代码处。

2）-O 或-O1，有限优化。编译时占用稍微多的时间和相当大的内存，以减少代码生成尺寸、缩短执行时间。去除无用的 inline 和无用的 static 函数、死代码消除等，在影响调试信息的地方均不进行优化，而在适当的代码体量和充分的调试之间进行平衡，以及获取代码编写阶段最常用的优化等级。

3）-O2，高度优化。在-O1 的基础上，尝试更多寄存器级的优化以及指令级的优化。若调试信息不友好，有可能会修改代码和函数调用的执行流程，自动对函数进行内联。

4）-O3，最大程度优化。在-O2 的基础上，可针对循环进行更多的优化，执行更激进的函数内联等。

5）-Os，相当于-O2.5。使用了所有-O2 的优化选项，但又不缩减代码尺寸的方法。

示例结果：gcc_0_0（buf_1, gcc_input3, out）。

可生成输入与输出函数，放置输入或缓冲区，实现代码如下。

```
bool first=true;
decl_stream << func_name << "(";
for (size_t i=0; i < call→args.size(); ++i) {
  VisitExpr(call→args[i]); // 注1
  for (auto out : out_) {
    if (! first) {
      decl_stream << ", ";
    }
    first=false;
    decl_stream << out.first;
  }
}
//
```

注 1：VisitExpr(call→args[i])函数是递归调用的，可访问当前函数的参数，参数可以是另一个节点的输出或输入张量。在示例实现中，为确保每个节点在离开访问器前都更新一个类变量 out_。

```
#define CSOURCE_BINARY_OP_1D(p_ID_, p_OP_, p_DIM1_)
    extern "C" void p_ID_(float* a, float* b, float* out) {
        for (int64_t i=0; i < p_DIM1_; ++i) {
            out[i]=a[i] p_OP_ b[i];
        }
    }
#define CSOURCE_BINARY_OP_2D(p_ID_, p_OP_, p_DIM1_, p_DIM2_)
    extern "C" void p_ID_(float* a, float* b, float* out) {
```

```
        for (int64_t i=0; i < p_DIM1_; ++i) {
            for (int64_t j=0; j < p_DIM2_; ++j) {
                int64_t k=i * p_DIM2_+j;
                out[k]=a[k] p_OP_ b[k];
            }
        }
    arg_node              arg_node <- Visit arg (Note 1)      arg_node
       |                     |                                   |
    curr_node <- Process   curr_node            curr_node <- Put "buf_0" as an input buffer

    (a) out_={}
    (b) out_={}
    (c) out_={("buf_0", 20)}

    }
```

可能会注意到，在此步骤中没有关闭函数调用字符串。这是因为没有将最后一个参数（即输出）放入此调用。函数调用的输出可以是分配的临时缓冲区，也可以是子图输出张量。为了简化起见，在此示例中，每个调用节点分配一个输出缓冲区（在 7.3.3 节介绍），将结果从最后一个缓冲区复制到输出张量。

▶▶ 7.3.3 生成输出缓冲区

函数的缓冲区输出到对应设备，包括以下 3 种方式。

1）不缓冲，也就是说每次输入一个字符就立即输出，如 stderr。

2）行缓冲：输入一行时，可刷新缓冲。

3）全缓冲：缓冲区满了才输出，一般文件缓冲区用这种方式。

在 DOS 系统，如 Windows 的命令行，默认是不缓冲的，所以 cout、printf 等输出函数立即输出显示在命令行。而 Linux 系统，默认是行缓冲的。

在 C 语言中，printf 和 scanf 之间的规定是：如果 scanf 需要读入数据，而输入缓冲区又没有数据时，则刷新输出缓冲区。

C++ 的 cin、cout 没有这种规定，但是默认 cin.sync_with_stdio（true），即 cin、cout 和 stdio 是同步的，这主要用于 C++中混合使用 C 中的输入/输出函数。cin.tie 用于设置和 cout 的绑定，如果绑定了，则每次在调用 cout 之前都会刷新 cout 的缓冲区。

综上所述，在 Linux 和 Windows 的命令行下，以及代码是否有 cin.sync_with_stdio（false）、cin.tie（0）等情况都会有不同的表现。

一般来说，上述代码减少了一些负担（如要和 stdio 同步，cin 和 cout 绑定后，每次调用 cout 之前，都要执行缓冲区中的输出），可能效率会提升，在一些 OJ 系统（OnlineJudge 系统的简称，用来在线检测程序源代码的正确性。OJ 系统能够编译并执行代码，使用预设的数据对这些程序进行测试）中常用。

示例结果：float * buf_0 =（float *) malloc（4 * 100）。

除了子图输入和输出张量外，可能还需要缓冲区保留中间结果。为了生成缓冲区，提取形状信息，确定缓冲区的类型和大小，实现代码如下。

```
// 支持一个输出
auto type_node=call→checked_type().as<TensorTypeNode>();
ICHECK(type_node !=nullptr && runtime::TypeMatch(type_node→dtype, kDLFloat, 32)) <<
"Only support single output tensor with float type";
//生成一个缓冲区名称
std::string out="buf_"+std::to_string(buf_idx_++);
//将形状提取为缓冲区大小
auto out_shape=GetShape(call→checked_type());
int out_size=1;
for (size_t i=0; i < out_shape.size(); ++i) {
  out_size * = out_shape[i];
}
//进行缓冲区分配与推送
buf_stream << "float* " << out << "=(float* )std::malloc(4 * " << out_size << ");";
buf_decl_.push_back(buf_stream.str());
//分配输出缓冲区,关闭函数调用字符串,推送生成的函数调用到类变量 ext_func_body
decl_stream << ", " << out << ");";
ext_func_body.push_back(decl_stream.str());
```

▶▶ 7.3.4 更新输出缓冲区

为了让接收当前调用节点的输出作为输入的下一个节点，知道应使用的缓冲区，需要在离开此访问函数前更新类变量 out_，实现代码如下。

```
out_.clear();
out_.push_back({out, out_size});
```

1. 输入变量的 CodeGen

VarNode 表示模型中的输入张量，拥有的唯一且重要的信息是名称提示（如 data、weight 等）。在访问 VarNode 时，只需更新类变量 out_，传递名称提示，以便后代调用节点，可以生成正确的函数调用，实现代码如下。

```
void VisitExpr_(const VarNode* node) {
  ext_func_args_.push_back(node→name_hint());
  out_.clear();
  out_.push_back({node→name_hint(), 0});
}
```

在此示例中，假设要加载的子图仅具有调用节点和变量节点。如果子图包含其他类型的节点，如 TupleNode，则需要访问并绕过输出缓冲区信息。

2. 代码发布

该 CodeGen 类的最后一部分是一个 JIT 函数。该函数为子图发送 C 函数，将刚生成的 C 代码用作函数体。除了前面几节中生成的子图函数外，还需要一个包装器函数。该函数具有统一的参数，TVM

运行时可以调用和传递数据。幸运的是，继承的基类已经提供了实现的 JitImpl 生成函数。可以调用的 JitImpl 生成函数如下。

```
JitImpl("gcc_0" /* Subgraph symbol (ID) * /,
        {"gcc_input0", "gcc_input1", "gcc_input2", "gcc_input3"} /* 输入参数 * /,
        {"float * buf_0=(float* )malloc(4 * 20)", ...} /* 缓存分配 * /,
        {"gcc_0_2(gcc_input0, gcc_input1,buf_0);"} /* 函数体 * /,
        {"out"} /* Output * /);
```

上面的调用将生成以下三个函数（一个来自 TVM 包装器宏）。

1）子图函数 gcc_0_（在函数名的末尾，还有一个下画线）：其中包含生成的所有 C 代码执行子图。

2）装饰函数 gcc_0_wrapper_：带有 DLTensor 参数列表，该参数列表将数据转换为正确的类型并调用 gcc_0_。

3）TVM 运行时兼容函数 gcc_0：具有 TVM 统一函数参数，可解压缩 TVM 打包的张量并调用 gcc_0_wrapper_。

因此，JIT 实现过程中唯一需要做的就是，将生成的所有子图函数代码传递给 JitImpl，实现代码如下。

```
std::string JIT() {
  // 写宏
  for (autodecl : func_decl_) {
    code_stream_ <<decl << "\n";
  }
  return JitImpl(ext_func_id_, ext_func_args_, buf_decl_, ext_func_body, out_);
}
```

传递的所有变量（如 ext_func_id 等）都是类变量，在遍历子图时会被填充。

3. 实现 CSourceCodeGen 基类

同样，创建一个类框架并实现所需的功能，继承 CSourceModuleCodeGenBase，代码如下。

```
class CSourceCodeGen : public CSourceModuleCodeGenBase {
 public:
//传递子图函数,生成 C 代码
  void GenCFunc(const Function& func) { ; }
//使用 GenCFunc 生成 C 代码,打包成 C 模型
  runtime::Module CreateCSourceModule(const NodeRef& ref) override { ; }
 private:
  std::ostringstream code_stream_;
};
```

4. 用 GenCFunc 生成 C 代码

GenCFunc 只需使用 CodeGenC，实现遍历 Relay 函数（子图）并获得生成的 C 代码即可。内置函数 GetExtSymbol 在 Relay 函数中，检索唯一的符号名称（如 gcc_0）必须用作 C 函数名称，因为该符号将用于 DSO 运行时查找，代码如下。

```
    void GenCFunc(const Function& func) {
      ICHECK(func.defined()) << "Input error: expect a Relay function.";
    //记录运行时查找表的外部信号
      auto sid=GetExtSymbol(func);
      CodeGenC builder(sid);
      builder.VisitExpr(func→body);
      code_stream_ << builder.JIT();
    }
```

5. 构建 CSourceModule，编译 CodeGen

该函数为外部库创建一个运行时模块。在此示例中，创建了一个 CSourceModule，可以直接编译并与 TVM 生成的 DSOModule 链接在一起。实现 CodeGenC 后，实现此功能相对变得简单，实现代码如下。

（1）创建 CSourceModule

```
    runtime::Module CreateCSourceModule(const NodeRef& ref) override {
      // 创建 headers
      code_stream_ << "#include <cstdint>\n";
      code_stream_ << "#include <iostream>\n";
      code_stream_ << "#include <cstdlib>\n";
      code_stream_ << "#include <stdio.h>\n";
      code_stream_ << "#include <cstring>\n";
      code_stream_ << "#include <tvm/runtime/c_runtime_api.h>\n";
      code_stream_ << "#include <dlpack/dlpack.h>\n";
      // 为运算符定义附加的一些常用宏
      const char* operator_macro=R"op_macro(
    #define CSOURCE_BINARY_OP_1D(p_ID_, p_OP_, p_DIM1_)
      extern "C" void p_ID_(float* a, float* b, float* out) {
        for (int64_t i=0; i < p_DIM1_; ++i) {
          out[i]=a[i] p_OP_ b[i];
        }
      }
    #define CSOURCE_BINARY_OP_2D(p_ID_, p_OP_, p_DIM1_, p_DIM2_)
      extern "C" void p_ID_(float* a, float* b, float* out) {
        for (int64_t i=0; i < p_DIM1_; ++i) {
          for (int64_t j=0; j < p_DIM2_; ++j) {
            int64_t k=i * p_DIM2_+j;
            out[k]=a[k] p_OP_ b[k];
          }
        }
      }
    )op_macro";
      code_stream_ << operator_macro << "\n\n";
      // 为子图生成 C 代码
      if (ref→IsInstance<FunctionNode>()) {
        GenCFunc(Downcast<Function>(ref));
      } else if (ref→IsInstance<relay::ModuleNode>()) {
```

```
        relay::Module mod=Downcast<relay::Module>(ref);
        for (const auto& it : mod→functions) {
          GenCFunc(Downcast<Function>(it.second));
        }
      } else {
        LOG(FATAL) << "The input ref is expected to be a Relay function or module"
                   << "\n";
      }
      // 创建 CSourceModule
      const auto* pf=runtime::Registry::Get("module.csource_module_create");
      ICHECK(pf !=nullptr) << "Cannot find csource module to create the external runtime module";
      return (* pf)(code_stream_.str(), "cc");
    }
```

（2）注册 CodeGen

将 CodeGen 注册到 TVM 后端。先实现一个简单的函数，再调用 CodeGen，随后生成一个运行时模块，实现代码如下。

```
    runtime::Module CCompiler(const NodeRef& ref) {
      CSourceCodegen csource;
      return csource.CreateCSourceModule(ref);
    }
```

将函数注册到 TVM 后端，实现代码如下。

```
    TVM_REGISTER_GLOBAL("relay.ext.ccompiler").set_body_typed(CCompiler);
```

ccompiler 是定制标记，进行子图 ccompiler 注释，标记生成和卸载子图。

cmake 配置 include 标志。创建 cmake 文件 cmake/modules/contrib/CODEGENC.cmake，代码如下。

```
    if(USE_CODEGENC)
      file(GLOB CSOURCE_RELAY_CONTRIB_SRC src/relay/backend/contrib/codegen_c/codegen.cc)
      list(APPEND COMPILER_SRCS ${CSOURCE_RELAY_CONTRIB_SRC})
    endif(USE_CODEGENC)
```

使用 config.cmake 配置 TVM 时，包含编译器：set（USE_CODEGENC ON）。

（3）表示层实施 CodeGen

尽管已经演示了如何实现 C 代码生成，但是硬件可能需要其他的图形表示形式，如 JSON。在这种情况下，可以修改 CodeGenC 类，已经实现了自主生成的图形表示，实现定制的运行时模块，使 TVM 运行时执行该图形表示。

为了简化，定义了一个名为 ExampleJSON 的图表示。ExampleJSON 并不是真正的 JSON，仅仅是没有控制流的图的简单表示。例如，假设有一个名为 subgraph_0 的子图，如下所示。

```
    input0
      |
      add <-- input1
      |
    subtract <-- input2
```

```
      |
  multiply <-- input3
      |
    out
```

子图的 ExampleJSON 如下所示。

```
subgraph_0
  input 0 10 10
  input 1 10 10
  input 2 10 10
  input 3 10 10
  add 4 inputs: 0 1 shape: 10 10
  sub 5 inputs: 4 2 shape: 10 10
  mul 6 inputs: 5 3 shape: 10 10
```

关键字声明输入张量的 ID 和形状，其他语句以语法描述计算，代码示例如下。

```
<op> <output ID> inputs: [input ID] shape: [shape]
```

目标是实现以下定制的 TVM 运行时模块，执行 ExampleJSON 图，实现代码如下。

```
runtime::Module ExampleJsonCompiler(const NodeRef& ref) {
    ExampleJsonCodeGen codegen(ref);
    std::string code=codegen.gen();
    //注1
    const auto* pf=runtime::Registry::Get("module.examplejson_module_create");
    //注2
    ICHECK(pf !=nullptr) << "Cannot find ExampleJson module to create the external runtime
module";
    return (* pf)(code);
}
TVM_REGISTER_GLOBAL("relay.ext.examplejsoncompiler").set_body_typed(ExampleJsonCom-
piler);
```

注 1：将实现自定义代码生成，通过子图生成 ExampleJSON 代码字符串。

注 2：此行获得指向用于创建定制运行时模块的函数的指针。采用了刚刚生成的 ExampleJSON 格式的子图代码，初始化了运行时模块。

6. 实现 ExampleJsonCodeGen 示例分析

将深度学习库 DNNL 映射到 TVM：JSON CodeGen/Runtime。实现将 Relay 序列化为 JSON 表示的 DNNL CodeGen，然后实现 DNNL JSON 运行时，反序列化和运算执行。尝试实现 CodeGen，以便生成 C 兼容的程序。

要使 TVM 中的 DNNL JSON CodeGen/Runtime 正常工作，可确保 DNNL 在计算机上可用，而使用 set（USE_DNNL_CODEGEN ON）能构建 TVM 配置文件。

DNNL CodeGen 在 src/relay/backend/contrib/dnnl/codegen.cc 文件中。在这个文件的两个表单中，都实现了 DNNL CodeGen。而在跟踪代码时，可以将注意力集中在 USE_JSON_RUNTIME 宏所涵盖的部分。

用 TVM API 注册 CodeGen。使用 TVM 编译引擎，可将 Compiler＝<your codegen>的 Relay 函数，分派到 relay.ext.<your codegen>，实现 DNNL 编译器的入口函数。

从 ExprVisitor 中，可获得类似 CodeGen 的 ExampleJsonCodeGen。这里不必继承 CodegenCBase，不需要 TVM C++包装器。CodeGen 类实现如下。

（1）获得 ExampleJsonCodeGen

```
#include <tvm/relay/expr_functor.h>
#include <tvm/relay/transform.h>
#include <tvm/relay/type.h>
#include <tvm/runtime/module.h>
#include <tvm/runtime/object.h>
#include <fstream>
#include <sstream>

namespace tvm {
namespace relay {
namespace contrib {

class ExampleJsonCodeGen : public ExprVisitor {
  public:
    explicit ExampleJsonCodeGen();
    // 注1
    void VisitExpr_(const VarNode* node) { /* 在此示例中跳过* / }
    void VisitExpr_(const CallNode* call) final { /* 在此示例中跳过* / }
    // 注2
    std::string gen(NodeRef& ref) {
        this→code="";
        if (ref→IsInstance<FunctionNode>()) {
            this→visit(Downcast<Function>(ref));
        } else if (ref→IsInstance<relay::ModuleNode>()) {
            relay::Module mod=Downcast<relay::Module>(ref);
            for (const auto& it : mod→functions) {
                this→visit(Downcast<Function>(it.second));
            }
        } else {
            LOG(FATAL) << "The input ref is expected to be a Relay function or module";
        }
        return this→code;
    }
  private:
    /* ! \简述表示C源函数的函数id * /
    std::string code;
}
```

注1：再次实现相应的访问者函数，生成 ExampleJSON 代码并存储到类变量 code 中（在本示例中，跳过了访问器函数的实现，因为其概念与 C 代码基本相同）。完成图访问之后，应该在 code 中有一个 ExampleJSON 图。

注 2：定义了一个内部 API gen，获取子图并生成 ExampleJSON 代码。该 API 可以采用喜欢的任意名称。

下一步利用 ExampleJsonCodeGen 输出，可实现定制的运行时。

（2）实现自定义运行时

将逐步实现自定义的 TVM 运行时并注册到 TVM 运行时模块。自定义的运行时应位于 src/runtime/contrib/<your-runtime-name>/中。在示例中，将运行时命名为 example_ext_runtime，放在 here <src/runtime/contrib/example_ext_runtime/example_ext_runtime.cc>下。随时检查此文件以获取完整的实现。

定义一个自定义的运行时类。该类必须从 TVM 派生 ModuleNode，以便与其他 TVM 运行时模块兼容，实现代码如下。

```cpp
#include <dmlc/logging.h>
#include <tvm/runtime/c_runtime_api.h>
#include <tvm/runtime/memory.h>
#include <tvm/runtime/module.h>
#include <tvm/runtime/ndarray.h>
#include <tvm/runtime/object.h>
#include <tvm/runtime/packed_func.h>
#include <tvm/runtime/registry.h>

#include <fstream>
#include <cmath>
#include <map>
#include <sstream>
#include <string>
#include <vector>

namespace tvm {
namespace runtime {
class ExampleJsonModule : public ModuleNode {
 public:
  explicit ExampleJsonModule(std::string graph_json);
  PackedFunc GetFunction(const std::string& name,
                         const ObjectPtr<Object>& sptr_to_self) final;
  const char* type_key() const { return "examplejson"; }
  void SaveToBinary(dmlc::Stream* stream) final;
  static Module LoadFromBinary(void* strm);
  static Module Create(const std::string& path);
  std::string GetSource(const std::string& format="");
  void Run(int id, const std::vector<int>& inputs, int output);
  void ParseJson(const std::string& json);

 private:
  /* \简述表示计算图的 json 字符串 * /
  std::string graph_json_;
  /* \简述正在处理的子图* /
  std::string curr_subgraph_;
```

```
/*  \简要介绍从子图 id 到节点条目的简单图* /
std::map<std::string, std::vector<NodeEntry> > graph_;
/*  \简要介绍一个简单的池化,包括图中每个节点的张量 * /
std::vector<NDArray> data_entry_;
/*  \简述从节点 id 到操作名称的映射 * /
std::vector<std::string> op_id_;
};
```

特别需要注意的是,必须在 ExampleJsonModule 中实现一些 ModuleNode 派生的函数,具体如下。

1)构造函数:此类的构造函数应接受一个子图,以所需的任何方式进行处理和存储。保存的子图可由以下两个函数使用。

2)GetFunction:这是此类中最重要的函数。当 TVM 运行时要使用编译器标记执行子图时,TVM 运行时会从自定义运行时模块调用此函数。提供函数名称及运行时参数,GetFunction 应返回打包的函数实现,供 TVM 运行时执行。

3)SaveToBinary 和 LoadFromBinary:SaveToBinary 将运行时模块序列化为二进制格式,供以后部署。用户使用 export_libraryAPI 时,TVM 将调用此函数。另外,由于现在使用自主生成的图表示形式,必须确保 LoadFromBinary 能够通过采用 SaveToBinary 生成的序列化二进制文件,构造相同的运行时模块。

4)GetSource(可选):如果想查看生成的 ExampleJSON 代码,可以实现此函数转储,否则,可以跳过实施。

其他功能和类变量将与上述必备功能的实现一起引入。

7. 实现构造函数示例分析

构造函数示例实现代码如下。

```
explicit ExampleJsonModule(std::string graph_json) {
  this→graph_json_=graph_json;
  ParseJson(this→graph_json_);
}
```

然后,实现 ParseJson 解析 ExampleJSON 格式的子图,在内存中构造一个图供以后使用。由于在此示例中不支持带有分支的子图,因此仅使用数组按顺序存储子图中的每个节点,实现代码如下。

```
void ParseJson(const std::string& json) {
  std::string line;
  std::string curr_subgraph;
  std::stringstream ss(json);

  while (std::getline(ss, line, '\n')) {
    std::stringstream ss2(line);
    std::string token;
    int id=0;
    ss2 >> token;
    if (token.find("subgraph_") != std::string::npos) {
```

```
        curr_subgraph=token;
        continue;
      }
    ss2 >> id;
    if (op_id_.size() <= static_cast<size_t>(id)) {
      op_id_.resize(id+1);
      data_entry_.resize(id+1);
    }
    int64_t total_elements=1;
    std::vector<int64_t> shape;
    if (token == "input") {
      int64_t size=0;
      while (ss2 >> size) {
        total_elements * = size;
        shape.push_back(size);
      }
    } else {
      op_id_[id]=token;
      //注 1
      bool shape_data=false;
      NodeEntry entry;
      while (ss2 >> token) {
        if (token == "shape:") {
          shape_data=true;
        } else if (shape_data) {
          total_elements * = std::stoll(token);
          shape.push_back(std::stoll(token));
        } else if (token != "inputs:") {
          entry.inputs.push_back(std::stoi(token));
        }
      }
      entry.id=id;
      entry.output=id;
      graph_[curr_subgraph].push_back(entry);
      //注 2
    }
    DLDevice dev;
    dev.device_type=static_cast<DLDeviceType>(1);
    dev.device_id=0;
    data_entry_[id]=NDArray::Empty(shape, DLDataType{kDLFloat, 32, 1}, dev);
    //注 3
  }
}
```

注 1：使用类变量 op_id_ 将子图节点 ID 映射到运算符名称（如 add），可以在运行时调用相应的运算符函数。

注 2：使用类变量 graph_ 将子图名称映射到节点数组。GetFunction 将在运行时通过子图 ID 查询图节点。

注 3：使用类变量 data_entry_将子图节点 ID 映射到张量数据占位符。在运行时将输入和输出放入相应的数据条目。

8. 实现 GetFunction 到 TVM 运行时分析

build 操作位于 RelayBuildModule 类中，在其中有一个 GetFunction 函数，会通过名称查询要使用的函数，再打包成 PackedFunc 返回，而这个函数可能和 self.mod ［"build"］ 有关。PackedFunc 是 TVM 中提供的 Python 的一个接口，任何函数都可以封装成 PackedFunc，并给 Python 调用。而实现 GetFunction 到 TVM 运行时，应提供可执行的子图函数。将输入张量复制到相应的数据条目，先执行子图，再将数据项的输出复制到 TVM 运行时参数。构造后，应该准备好上述类变量，然后实现 GetFunction 为 TVM 运行时提供可执行的子图函数，实现代码如下。

```cpp
PackedFunc GetFunction(const std::string& name,
                       const ObjectPtr<Object>& sptr_to_self) final {
  if (this→graph_.find(name) != this→graph_.end()) {
    this→curr_subgraph_ =name;
    return PackedFunc([sptr_to_self, this](TVMArgs args, TVMRetValue* rv) {

      // 将输入张量复制到相应的数据条目
      for (auto i =0; i < args.size(); ++i) {
        ICHECK(args[i].type_code() ==kNDArrayContainer ||args[i].type_code() == kArrayHandle)
            << "Expect NDArray or DLTensor as inputs \n";
        if (args[i].type_code() ==kArrayHandle) {
          DLTensor* arg=args[i];
          this→data_entry_[i].CopyFrom(arg);
        } else {
          NDArray arg=args[i];
          this→data_entry_[i].CopyFrom(arg);
        }
      }
      // 执行子图
      for (const auto& it : this→graph_[this→curr_subgraph_]) {
        this→Run(it.id, it.inputs, it.output);
      }
      ICHECK_GT(graph_.count(this→curr_subgraph_), 0U);
      // 将数据项的输出复制到 TVM 运行时参数
      auto out_idx=graph_[this→curr_subgraph_].back().output;
      if (args[args.size() - 1].type_code() ==kArrayHandle) {
        DLTensor* arg=args[args.size() - 1];
        this→data_entry_[out_idx].CopyTo(arg);
      } else {
        NDArray arg=args[args.size() - 1];
        this→data_entry_[out_idx].CopyTo(arg);
      }
      * rv=data_entry_.back();
    });
  } else {
    LOG(FATAL) << "Unknown subgraph: " << name << "\n";
```

```
        return PackedFunc();
    }
  }
```

GetFunction 由以下三部分组成。

1）第一部分将数据从 TVM 运行时参数复制到在构造函数中分配的相应数据条目。

2）第二部分使用 Run 函数（将在以后实现）执行子图并将结果保存到另一个数据条目中。

3）第三部分将结果从输出数据条目复制到相应的 TVM 运行时参数进行输出。

9. 实施运行、存储及函数注册

（1）实现 Run 函数

此函数接收包括一个子图 ID、输入数据条目索引的列表、输出数据条目索引。

列出数据输入索引，先初始化数据保持器，可使用 TVMValue 及类型代码。再初始化 TVM arg setter 参数设置，可将每个参数设置为相应的数据项，然后调用相应的运算符函数等功能模块，实现代码如下。

```cpp
void Run(int id, const std::vector<int>& inputs, int output) {
  // 列出数据输入索引
  std::vector<int> args(inputs.begin(), inputs.end());
  args.push_back(output);

  // 初始化数据保持器
  std::vector<TVMValue> values(args.size());
  std::vector<int> type_codes(args.size());

  // 使用 TVMValue 及类型代码,初始化 TVM arg setter
  TVMArgsSetter setter(values.data(), type_codes.data());

  // 将每个参数设置为相应的数据项
  if (op_id_[id] == "add" || op_id_[id] == "sub" || op_id_[id] == "mul") {
    for (size_t i=0; i < args.size(); i++) {
      setter(i, data_entry_[args[i]]);
    }
  }
  // 调用相应的运算符函数
  if (op_id_[id] == "add") {
    Add(values.data(), type_codes.data(), args.size());
  } else if (op_id_[id] == "sub") {
    Sub(values.data(), type_codes.data(), args.size());
  } else if (op_id_[id] == "mul") {
    Mul(values.data(), type_codes.data(), args.size());
  } else {
    LOG(FATAL) << "Unknown op: " << op_id_[id] << "\n";
  }
}
```

Run 函数包括两部分，如下所示。

1）第一部分分配一个 TVMValue 列表，并映射相应的数据条目块。这将成为运算符函数的参数。

2）第二部分将调用运算符函数。虽然使用与前面的例子相同的 C 函数，可以用自主生成的引擎更换 add、sub 以及 mul。只需要确保引擎将结果存储到最后一个参数，就可以传输回 TVM 运行时。

通过实现上述功能，自定义的代码生成和运行时可以执行子图。最后一步是注册 API（examplejson_module_create），创建此模块，代码如下。

```
TVM_REGISTER_GLOBAL("module.examplejson_module_create")
.set_body_typed([ ](std::string code){
    auto n=make_object<ExampleJsonModule>(code);
    return runtime::Module(n);
});
```

（2）实现 SaveToBinary 与 LoadFromBinary

至此已经实现了自定义运行时的主要功能，可以用作其他 TVM 运行时。但是，当用户要将已构建的运行时保存到磁盘进行部署时，TVM 将有可能不知道如何保存。这就是要实现 SaveToBinary 和 LoadFromBinary 的原因，用于告诉 TVM 如何保留和恢复自定义的运行时。

先实现 SaveToBinary，实现允许用户将该模块保存在磁盘中的功能，代码如下。

```
void SaveToBinary(dmlc::Stream* stream) final {
    stream→Write(this→graph_json_);
}
```

可以发现此函数非常简单。回想一下，在构造函数中使用的唯一参数是一个子图表示，只需要一个子图表示，即可构造/恢复此定制的运行时模块。因此，SaveToBinary 只需将子图写入输出 DMLC 流。当用户使用 export_library API 导出模块时，自定义模块将是子图的 ExampleJSON 流。

同理，LoadFromBinary 读取子图流并重新构建自定义的运行时模块，实现代码如下。

```
static Module LoadFromBinary(void* strm) {
  dmlc::Stream* stream=static_cast<dmlc::Stream* >(strm);
  std::string graph_json;
  stream→Read(&graph_json);
  auto n=tvm::runtime::make_object<ExampleJsonModule>(graph_json);
  return Module(n);
}
```

需要注册此函数，先启用相应的 Python API，实现代码如下。

```
TVM_REGISTER_GLOBAL("module.loadbinary_examplejson")
.set_body_typed(ExampleJsonModule::LoadFromBinary);
```

上面的注册意味着当用户调用 tvm.runtime.load（lib_path）API 导出的库具有 ExampleJSON 流时，LoadFromBinary 调用创建相同的自定义运行时模块。

如果想直接从 ExampleJSON 文件支持模块创建，可以实现一个简单的函数并注册 Python API，代码如下。

```
static Module Create(const std::string& path) {
    std::ifstream filep;
```

```
    filep.open(path, std::ios::in);
    std::string graph_json;
    std::string line;
    while (std::getline(filep, line)) {
        graph_json += line;
        graph_json += "\n";
    }
    filep.close();
    auto n=tvm::runtime::make_object<ExampleJsonModule>(graph_json);
    return Module(n);
}
TVM_REGISTER_GLOBAL("module.loadfile_examplejson")
.set_body([](TVMArgs args, TVMRetValue* rv) {
    * rv=ExampleJsonModule::Create(args[0]);
});
```

用户可以手动编写/修改 ExampleJSON 文件，使用 Python API tvm.runtime.load（"mysubgraph.examplejson"，"examplejson"）构造自定义模块，代码如下。

```
tvm.runtime.load_module("mysubgraph.examplejson", "examplejson")
```

▶▶ 7.3.5 小结

CodeGen 统一编程小结如下。

1）派生自 ExprVisitor 和 CodeGenCBase 的代码生成类和（仅对于 C 代码生成）具有以下函数。

① VisitExpr_（const CallNode * call）收集调用节点信息。

② 收集子图信息所需的其他访问器函数。

③ JIT 生成子图代码。

④ 注册代码生成器。

2）创建 CSourceModule 的函数（用于 C 代码生成）。

3）从 ModuleNode 派生的运行时模块类具有以下函数和模块（用于图形表示）。

① 构造函数。

② GetFunction：用于生成 TVM 运行时兼容的 PackedFunc。

③ Run 函数：用于执行子图。

④ 注册运行时创建 API。

⑤ SaveToBinary 和 LoadFromBinary 函数：用于序列化/反序列化自定义的运行时模块。

⑥ 注册 LoadFromBinaryAPI，用于支持 tvm.runtime.load（your_module_lib_path）。

⑦（可选）Create：以表示中的子图文件支持定制的运行时模块构造。

⑧ 一个用于对用户 Relay 程序进行注释的注释器，以利用编译器和运行时（TBA）。

7.4 如何集成部署 CodeGen

本节将展示，作为一个硬件后端提供商，如何轻松地利用自带的 CodeGen（BYOC，Bring Your

Own CodeGen）框架，将硬件设备的内核库、编译器、框架集成到 TVM。利用 BYOC 框架最大的优势是：设备的所有相关源文件都是自包含的，设备的 CodeGen、runtime 可以嵌入到 TVM 代码库。

1）带有 CodeGen 的 TVM 代码库将与上游兼容。

2）TVM 用户可以根据需要选择启用 CodeGen、Runtime。

部署流程为：首先说明一个场景可能需要使用 BYOC 实现 TVM，然后概述 BYOC 编译和 Runtime 流。最后，以 Intel DNNL（又称 MKL-DNN、OneDNN）为例，逐步说明如何将供应商库或执行引擎集成到 TVM 与 BYOC。

▶▶ 7.4.1 将 ASIC 加速器部署到 TVM

先做一个场景，说明为什么要将加速器引入 TVM，可以从 BYOC 框架中获得哪些特性。

假如制作了一个边缘设备平台，有一个 ARM CPU 和一个加速器，在常见的图像分类模型中，取得了惊人的性能。加速器在 Conv2D、ReLU、GEMM（通用矩阵相乘）等其他广泛使用的 CNN 算子上表现良好。

但是，目标检测模型也越来越流行，客户需要在平台上同时运行图像分类和目标检测模型。虽然加速器能够执行目标检测模型中几乎所有的算子，但还缺少一个算子（如非最大抑制 NMS）。

1. 让 TVM 执行不支持的运算符

由于 TVM 为不同的后端提供了多个代码源，开源社区很容易在短时间内，在 CPU 或 GPU 上实现新的操作程序。如果将加速器的编译流与 BYOC 集成到 TVM，TVM 将执行 Relay 图分区，将图的一部分导入（加载）到加速器上，将其他部分保留在 TVM 上。因此，也就是说平台能够运行所有模型，而不必担心新的算子。

2. 自定义图优化

ASIC 加速器必须有自己的编译流。通常，可能是以下情况之一。

（1）生成一个图形表示，将其输入图形引擎

可能有自己的图形引擎，能够在加速器上执行图形（或神经网络模型）。例如，Intel DNNL 和 NVIDIA TensorRT 都使用引擎运行整个图形或模型，因此能够：

1）减少算子之间的内存事务。

2）使用算子融合优化图形执行。

为了实现上述两个优化，可能需要在编译期间处理该图。例如，Conv2d 和 bias addition，在 TVM 中是两个独立的算子，在加速器上但可能是一个算子（具有 bias addition 功能的 Conv2d）。可能是希望通过将 Conv2d-add graph 模式，替换为带有 bias 节点的 Conv2d，优化图形。

如果编译流程属于这种情况，建议阅读本文的其余部分，但跳过 DNNL 到 TVM：C 源代码生成部分。

（2）生成汇编代码，编译为可执行的二进制文件

如果平台不像前面的例子，有一个端到端的执行框架，可能有一个编译器，用 ISA 的汇编代码编译程序。为了向编译器提供汇编代码，需要一个 CodeGen，从 Relay 图生成和优化汇编代码。

如果编译流程属于这种情况，建议阅读本文的所有其余部分，但跳过 DNNL 到 TVM：JSON Codegen/Runtime 部分。

3. BYOC 的工作原理

设备的所有相关源文件都是独立的，利用 BYOC 框架可将设备的代码源、Runtime 插入到 TVM 代码库中。

BYOC 底层框架组件及实现。依据以上分析完成 BYOC 框架执行，图 7.4 所示为原始 Relay 架构。

7.4.2 图注释

以用户提供的 Relay 图为例，首先是在图中注释。导入到加速器的节点需要遵循从 DNNL 到 TVM 的规则。

下面来实现受支持算子的白名单，或者自定义复合算子的图形模式列表，图 7.5 所示为带有注释的图形。

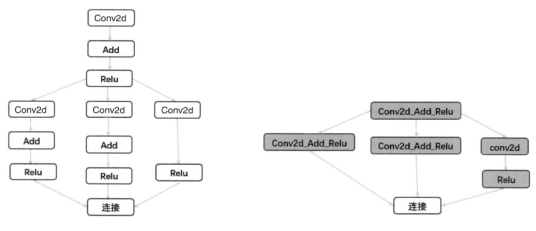

● 图 7.4　原始 Relay 架构　　　　● 图 7.5　带有注释的图形

7.4.3 图变换

接着是基于注释对图形进行变换和优化。具体来说，通过 BYOC 执行以下转换。

1. 合并编译器区域

如图 7.6 所示，图中有许多"区域"，可以导入到加速器上，合并其中一些区域，减少数据传输和内核启动开销。使用贪婪算法，合并尽可能多的这些区域，保证功能的正确性。

2. 分区 Graph

对于上一步中的每个区域，创建一个带有属

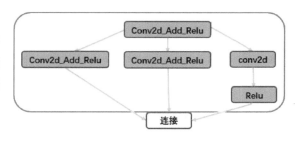

● 图 7.6　合并编译器区域流程

性编译器的 Relay 函数，指示该 Relay 函数，应该完全导入到加速器上，如图 7.7 所示的图分区流程。

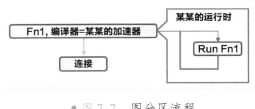

现在知道应该导入 Relay 图的哪个部分。在这一步中，按顺序将每个带有 Compiler = your_accelerator 加速器的 Relay 函数，发送到 CodeGen。CodeGen 应该将 Relay 函数编译成与编译流相匹配的形式，可以是 C 源代码或任何文本格式。

● 图 7.7　图分区流程

最后，所有编译的函数，将与其他未导入的 Relay 函数一起，通过 TVM export_library Python API，序列化到一个 single .so 文件中。换句话说，用户在运行此工作流后，将只获得一个 one.so 文件。

▶▶ 7.4.4　运行时机制分析

1. 将 DNNL（深度神经网络库）集成到 TVM：注释规则

还需要实现一个运行时（Runtime），初始化图形引擎（如果适用），执行编译后的函数。运行时负责使用给定的输入张量数组，启动编译函数，将结果填充到输出张量数组中。

以 DNNL 为例，演示如何使用 BYOC 框架，实现上述工作流。

BYOC 框架提供了两种方法，描述支持的算子和模式，以 DNNL 为例来说明如何使用。这里提供了完整的实现。将 CodeGen 的注释规则放在 python/tvm/relay/op/contrib/your_codegen_name.py 文件中。

可以使用 BYOC API，直观地指定加速器支持哪些 Relay 算子。例如，使用下面的代码片段，构建一个规则，说明 DNNL CodeGen 支持 Conv2d，代码如下。

```
@ tvm.ir.register_op_attr("nn.conv2d", "target.dnnl")
def _dnnl_conv2d_wrapper(attrs, args):
    return True
```

这将注册一个新属性 target.dnnl 接力 nn.conv2d 算子。通过这种方式，BYOC 注释可以调用 target.dnnl( )检查在 DNNL CodeGen 中是否支持。

另外，每个算子都编写上面的代码片段可能很乏味。对于 DNNL 来说，实现了一个 helper 函数，即_register_external_op_helper，会更方便，实现代码如下。

```
def register_external_op_helper(op_name, supported=True):
    @ tvm.ir.register_op_attr(op_name, "target.dnnl")
    def func_wrapper(attrs, args):
        return supported
    return func_wrapper

_register_external_op_helper("nn.batch_norm")
_register_external_op_helper("nn.conv2d")
_register_external_op_helper("nn.dense")
_register_external_op_helper("nn.relu")
_register_external_op_helper("add")
_register_external_op_helper("subtract")
_register_external_op_helper("multiply")
```

在上面的示例中，指定了 DNNL CodeGen 支持的算子列表。

2. 图形模式的规则

加速器或编译器可能已将某些模式（如 Conv2D+add+ReLU）优化为单个指令或 API。可以指定从图形模式到指令、API 的映射。对于 DNNL 来说，Conv2D API 已经包含了 bias addition，允许附加下一个 ReLU，实现代码如下。

```
DNNLConv2d(const bool has_bias=false, const bool has_relu=false) {
  // 创建卷积操作描述
  auto conv_desc=dnnl::convolution_forward::desc(
    dnnl::prop_kind::forward_inference,
    dnnl::algorithm::convolution_direct,
    conv_src_md, conv_weights_md, conv_bias_md, conv_dst_md,
    strides_dims, padding_dims_l, padding_dims_r);

  // 附加 ReLU
  dnnl::primitive_attr attr;
  if (has_relu) {
    dnnl::post_ops ops;
    ops.append_eltwise(1.f, dnnl::algorithm::eltwise_relu, 0.f, 0.f);
    attr.set_post_ops(ops);
  }
  auto conv2d_prim_desc=dnnl::convolution_forward::primitive_desc(
    conv_desc, attr, engine_);
```

在本例中，除了单个 Conv2d，都希望将图形模式 Conv2d + ReLU 映射到 DNNLConv2d（false，true），将 Conv2d+add+ReLU 映射到 DNNLConv2d（true，true），实现代码如下。

```
def make_pattern(with_bias=True):
  data=wildcard()
  weight=wildcard()
  bias=wildcard()
  conv=is_op('nn.conv2d')(data, weight)
  if with_bias:
    conv_out=is_op('add')(conv, bias)
  else:
    conv_out=conv
  return is_op('nn.relu')(conv_out)

@register_pattern_table("dnnl")
def pattern_table():
  conv2d_bias_relu_pat=("dnnl.conv2d_bias_relu", make_pattern(with_bias=True))
  conv2d_relu_pat=("dnnl.conv2d_relu", make_pattern(with_bias=False))
  dnnl_patterns=[conv2d_bias_relu_pat, conv2d_relu_pat]
  return dnnl_patterns
```

在 DNNL 示例中，实现了两个具有不同名称的模式，可以在 CodeGen 中轻松地识别。这些模式是用 Relay 模式语言实现的。

通过模式表，可以使用一个 Relay pass 执行，实现代码如下。

```
%1=nn.conv2d(%data, %weight, ...)
%2=add(%1, %bias)
%3=nn.relu(%2)
to
%1=fn(%input1, %input2, %input3,
        Composite="dnnl.conv2d_bias_relu",
        PartitionedFromPattern="nn.conv2d_add_nn.relu_") {
  %1=nn.conv2d(%input1, %input2, ...)
  %2=add(%1, %input3)
  nn.relu(%2)
}
%2=%1(%data, %weight, %bias)
```

DNNL CodeGen 可以获得模式名 conv2d_bias_relu，将%1 映射到 DNNLConv2d（true，true）。

在复合函数中，还有一个名为 PartitionedFromPattern 的属性。如果模式包含通配符算子，这可能会很有帮助。例如，可能有一个模式表("conv2d_with_something"，conv2d → *)，实现代码如下。

```
def make_pattern(with_bias=True):
  data=wildcard()
  weight=wildcard()
  conv=is_op('nn.conv2d')(data, weight)
  return wildcard()(conv)
```

可得 Composite = conv2d_with_something 包含_something 的复合函数。可用 PartitionedFromPattern，查看 PartitionedFromPattern 是否为 nn.conv2d_add_或者 nn.conv2d_nn.relu_.，判断匹配的图形是否为 conv2d→add 或 conv2d→relu。

使用前文中的注释规则，可以应用 BYOC Relay pass 列表，将 Relay 图进行转换，实现代码如下。

```
mod=create_relay_module_from_model() #Output: Figure 1
mod=transform.MergeComposite(pattern_table)(mod)
mod=transform.AnnotateTarget(["dnnl"])(mod) #Output: Figure 2
mod=transform.MergeCompilerRegions()(mod) #Output: Figure 3
mod=transform.PartitionGraph()(mod) #Output: Figure 4
```

7.5 在 TVM 上集成部署 CodeGen 示例分析

下面实现将 Relay 序列化为 JSON 表示的 DNNL CodeGen，然后实现 DNNL JSON 运行时反序列化和执行。尝试实现 CodeGen，生成 C 兼容的程序。

要使 TVM 中的 DNNL JSON CodeGen 和运行时在本例中工作，确保 DNNL 在计算机上可用，使用 set（USE_DNNL_CODEGEN ON）构建 TVM 配置文件。

DNNL CodeGen 在 src/relay/backend/contrib/dnnl/codegen.cc 文件中。在这个文件的两个表单中都实现了 DNNL CodeGen。在跟踪代码时，可以将注意力集中在 USE_JSON_RUNTIME 宏所涵盖的部分。

首先用 TVM 注册 API 与 CodeGen，使 TVM 编译引擎，将 Compiler=<your codegen>的 Relay 函数分

派到 relay.ext.<your codegen>，实现了 DNNL 编译器的入口函数。有关详细信息，请阅读代码片段中嵌入的注释，实现代码如下。

```
runtime::Module DNNLCompiler(const ObjectRef& ref) {
  // ref 会被分割成 Relay 功能,满足 kCompiler=dnnl
  CHECK(ref→IsInstance<FunctionNode>());
  auto func=Downcast<Function>(ref);
  // 获取函数名作为要在运行时匹配的符号
  auto func_name=GetExtSymbol(func);
  // 将函数序列化为 JSON 字符串
  DNNLJSONSerializer serializer(func_name, func);
  serializer.serialize();
  std::string graph_json=serializer.GetJSON();
  // 已绑定到模块的常量张量名称
  // 调用 export_library 时,所有常量张量将与 JSON 图一起序列化
  auto params=serializer.GetParams();
  // 创建 DNNL JSON 运行时的函数
  const auto* pf=runtime::Registry::Get("runtime.DNNLJSONRuntimeCreate");
  CHECK(pf!= nullptr) << "Cannot find JSON runtime module to create";
  // 创建可以运行序列化函数的 DNNL 运行时模块
  auto mod=(* pf)(func_name, graph_json, params);
  return mod;
}
TVM_REGISTER_GLOBAL("relay.ext.dnnl").set_body_typed(DNNLCompiler);
```

1. 实现 DNNL JSON 序列化

每个运行时模块，只负责一个 Relay 函数，可能在一个 single .so 文件中，有多个 DNNL 运行时模块。

接下来，实现 DNNLJSON 序列化器（L429）。

从 BYOC JSON codegen（src/relay/backend/contrib/codegen_json/codegen_json.h）派生而来。通过 DNNL JSON serializer 尝试进行序列化对，再由 DNNL JSON 运行时解释的 JSON 节点调用。假设有一个与模式匹配的复合函数 dnnl.conv2d_relu，则 BYOC JSON CodeGen 将生成以下 JSON 节点，实现代码如下。

```
{
  op: "kernel",
  name: "dnnl.conv2d_relu",
  inputs: [[0, 0, 0], [1, 0, 0]],
  attrs: {
    PartitionedFromPattern: ["nn.conv2d_nn.relu_"],
    shape: [1, 32, 14, 14]
  }
}
```

在运行时仍然需要 conv2D 属性，如 padding 和 stripes，但是 BYOC JSON 序列化程序，只附加复合函数的属性，不附加实现算子。另外，定制的 DNNL JSON 序列化程序，在复合函数中附加第一个，

也是唯——个 conv2D 的属性，生成以下 JSON 节点，实现代码如下。

```
{
  op: "kernel",
  name: "dnnl.conv2d_relu",
  inputs: [[0, 0, 0], [1, 0, 0]],
  attrs: {
    shape: [1, 32, 14, 14],
    data_layout: ["NCHW"],
    kernel_layout: ["OIHW"],
    strides: [1, 1],
    padding: [1, 1, 1, 1]
  }
}
```

从 DNNL JSON 序列化程序中可以看出，只要 JSON 运行时能够解释，就可以定制序列化程序，生成 JSON 格式的任何表单。

2. 构建 DNNL JSON 运行时

实现 DNNL JSON 运行时，以便解释与执行给定的 JSON 图，实现代码在 src/runtime/contrib/dnnl/dnnl_json_runtime.cc 文件中。

首先注册两个运行时 API。执行序列化 runtime.DNNLJSONRuntimeCreate 后，runtime.module.loadbinary_dnnl_json 可在 load.so 中使用，实现代码如下。

```
// 创建 DNNL JSON 运行时,以便解释和执行给定的 JSON 图
runtime::Module DNNLJSONRuntimeCreate (String symbol_name, String graph_json, const
Array<String>& const_names) {
    auto n=make_object<DNNLJSONRuntime>(symbol_name, graph_json, const_names);
    return runtime::Module(n);
}
TVM_REGISTER_GLOBAL("runtime.DNNLJSONRuntimeCreate")
    .set_body_typed(DNNLJSONRuntimeCreate);
TVM_REGISTER_GLOBAL("runtime.module.loadbinary_dnnl_json")
    .set_body_typed(JSONRuntimeBase::LoadFromBinary<DNNLJSONRuntime>);
//解释 DNNL JSON 运行时实现
class DNNLJSONRuntime : public JSONRuntimeBase {
  const char* type_key() const { return "dnnl_json"; }
  void Init(const Array<NDArray>& consts) override {
    // 初始化 DNNL 图形引擎
    BuildEngine();

    // 设置权重常量
    CHECK_EQ(consts.size(), const_idx_.size())
      << "The number of input constants must match the number of required.";
    SetupConstants(consts);
  }

  void Run() override {
```

```
        // 1) 写输入缓冲区。
        // 2) 通过绘制流来调用引擎。
        // 3) 读取和填充输出缓冲区。
      }
    }
```

上述代码中, Init 是负责通过解释 JSON 图形字符串, 创建 DNNL 引擎, 并填补了固定的权重, 以相应的数据输入缓冲区 (SetupConstant 在 JSON 运行基类中实现, 需要在 Init 调用它)。注意, 即使运行了多次推理, 该函数也只会被调用一次。

接下来, Run 函数首先将输入张量 (可能来自用户输入或恒定权重) 写入在构建 DNNL 引擎时初始化的相应 DNNL 存储缓冲区, 然后启动 DNNL 引擎以执行 JSON 图, 最后, 将 DNNL 输出存储缓冲区写回到相应的输出张量。

由于 DNNL JSONRuntime 中的其余实现都是 DNNL 特有的, 这里不再细说。想强调一点的是, 尽管 DNNL JSONRuntime 是一个很好的开始, 但 JSON 运行时可以完全自定义以满足要求。

3. 用 CodeGen 将 DNNL 生成 TVM

DNNL 代码生成实现在 src/relay/backend/contrib/dnnl/codegen.cc 文件中。

首先, 使用 TVM 注册 API 代码源。该注册使 TVM 编译引擎使用 Compiler = <your codegen> 来分发 Relay 功能 relay.ext.<your codegen>。然后, 实现 DNNL 编译器的入口函数, 代码如下。

```
runtime::Module DNNLCompiler(const ObjectRef& ref) {
  DNNLModuleCodegen dnnl;
  return dnnl.CreateCSourceModule(ref);
}
TVM_REGISTER_GLOBAL("relay.ext.dnnl").set_body_typed(DNNLCompiler);
```

推导 CSourceModuleCodegenBase, 实现 DNNLModuleCodegen。CSourceModuleCodegenBase 负责序列化等其他模块级流程, 需要在 CreateCSourceModule 中实现 DNNL codegen, 代码如下。

```
runtime::Module CreateCSourceModule(const ObjectRef& ref) override {
  // 包含头文件
  code_stream_ << "#include <dnnl/dnnl_kernel.h>\n";

  // ref 将会是 kCompiler = dnnl 的分区 Relay 功能
  CHECK(ref→IsInstance<FunctionNode>());
  auto res = GenDNNLFunc(Downcast<Function>(ref));
  // code 是使用 DNNL API 生成的 C 代码
  std::string code = code_stream_.str();
  // res 是常数权重(符号、值)的元组
  // 调用 export_library 时,所有常量张量将与生成的 C 代码一起序列化
  String sym = std::get<0>(res);
  Array<String> variables = std::get<1>(res);
  // 创建一个包含所有上述特性的 CSource 模块
  const auto* pf = runtime::Registry::Get("runtime.CSourceModuleCreate");
  CHECK(pf != nullptr) << "Cannot find csource module to create the external runtime module";
  return (* pf)(code, "c", sym, variables);
}
```

实现 DNNL 代码生成器，该代码生成器生成 C 源代码，同时该源代码通过调用 DNNL API 来执行 Relay 图。如果尝试实现一个代码生成器，可生成其他图形表示形式（如 JSON 格式）。用 DNN API 生成 C 代码，可执行 GenDNNLFunc。使用 DNNL 执行 Conv2d→Add→Relu 图，再分配中间缓冲区，接着将最终输出复制到相应的缓冲区中，包括具有 DLTensor 类型的所有参数的包装函数，可将所有 DLTensor 强制转换为基元类型缓冲区并调用上述执行函数。

参阅嵌入的注释，以获取与 TVM C 源运行时模块兼容的功能接口的说明，实现代码如下。

```cpp
// 示例 Relay 图: Conv2d → Add → Relu.
#include <cstdint>
#include <cstdlib>
#include <cstring>
#include <vector>
#include <tvm/runtime/c_runtime_api.h>
#include <tvm/runtime/container.h>
#include <tvm/runtime/packed_func.h>
#include <dlpack/dlpack.h>
#include <dnnl/dnnl_kernel.h>
using namespace tvm::runtime;
using namespace tvm::runtime::contrib;
//使用 DNNL 执行 Conv2d→Add→Relu 图
extern "C" void dnnl_0_(float* dnnl_0_i0, float* dnnl_0_i1,
        float* dnnl_0_i2,float* out0)
{
      // 分配中间缓冲区
      float* buf_0=(float* )std::malloc(4 * 4608);
      float* buf_1=(float* )std::malloc(4 * 4608);
      float* buf_2=(float* )std::malloc(4 * 4608);
      //预实现基于 DNNL 函数
      dnnl_conv2d(dnnl_0_i0, dnnl_0_i1, buf_0, 1, 32, 14, 14, 32, 1, 0, 0, 3, 3, 1, 1);
      dnnl_add(buf_0, dnnl_0_i2, buf_1, 1, 32, 12, 12);
      dnnl_relu(buf_1, buf_2, 1, 32, 12, 12);
      //将最终输出复制到相应的缓冲区
      std::memcpy(out0, buf_2, 4 * 4608);
      std::free(buf_0);
      std::free(buf_1);
      std::free(buf_2);
}
  //具有 DLTensor 类型的所有参数的包装函数
extern "C" int dnnl_0_wrapper_(DLTensor* arg0,
      DLTensor* arg1,
      DLTensor* arg2,
      DLTensor* out0) {
  //将所有 DLTensor 强制转换为基元类型缓冲区并调用上述可执行函数
  dnnl_0_(static_cast<float* >(arg0→data),
  static_cast<float* >(arg1→data),
  static_cast<float* >(arg2→data),
  static_cast<float* >(out0→data));
```

```
        return 0;
    }
    // TVM 宏用"dnnl_0_wrapper_"生成 TVM 运行时兼容函数"dnnl_0"
    TVM_DLL_EXPORT_TYPED_FUNC(dnnl_0, dnnl_0_wrapper_);
    //实现 DNNL 函数 src/runtime/contrib/dnnl/dnnl.cc。
```

rest 实现在 src/relay/backend/contrib/dnnl/codegen.cc 文件中，生成 TVM 运行时 codegen。

4. 用库编译生成 C 代码

最后，所有已编译的函数将与其他未卸载的 Relay 函数生成的.so 文件由 TVM export_libraryPython API 序列化为单个文件。换句话说,.so 运行此流程后，用户将仅获得一个文件。

生成 DNNLCompiler 的 C 代码，而 GCC 没有编译为二进制。可用 export_library（mod）编译生成 C 代码，实现代码如下。

```
def update_lib(lib):
    #包括 src/runtime/contrib/dnnl/dnnl.cc 的路径
    test_dir=os.path.dirname(os.path.realpath(os.path.expanduser(__file__)))
    source_dir=os.path.join(test_dir, "..", "..", "..")
    contrib_path=os.path.join(source_dir, "src", "runtime", "contrib")

    #设置 GCC 标志以编译 DNNL 代码
    kwargs={}
    kwargs["options"]=["-O2", "-std=C++14", "-I"+contrib_path]
    tmp_path=util.tempdir()
    lib_name='lib.so'
    lib_path=tmp_path.relpath(lib_name)
    #使用 DNNL API 生成的 C 代码编译为二进制文件 lib.so
    lib.export_library(lib_path, fcompile=False, **kwargs)
    #加载 lib.so 回到运行时模块
    lib=runtime.load_module(lib_path)
    return lib


with tvm.transform.PassContext(opt_level=3):
    json, lib, param=relay.build(mod, target=target, params=params)
lib=update_lib(lib)
rt_mod=tvm.contrib.graph_runtime.create(json, lib, ctx)
```

7.6 代码生成应用实践

▶▶ 7.6.1 表达式编译

1. 表达式编译概述

代码生成（Code Generation）技术广泛应用于现代的数据系统中。代码生成是将用户输入的表达式、查询、存储过程等现场编译成二进制代码再执行，相比解释执行的方式，运行效率要高得多。尤其是对于计算密集型查询或频繁重复使用的计算过程，运用代码生成技术能达到数十倍的性能提升。

很多大数据产品都将代码生成技术作为卖点，然而事实上往往谈论的不是一件事情。比如，之前就有人提问：Spark 1.x 就已经有代码生成技术，为什么 Spark 2.0 又把代码生成宣传了一番？其中的原因在于，虽然都是代码生成，但是各产品生成代码的粒度是不同的。

1）最简单的，如 Spark 1.4，使用代码生成技术加速表达式计算。

2）Spark 2.0 支持将同一个 Stage 的多个算子组合编译成一段二进制。

3）Spark 2.0 支持将自定义函数、存储过程等编译成一段二进制，如 SQL Server。

图 7.8 所示为表达式编译过程。

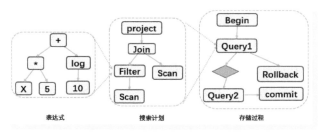

● 图 7.8　表达式编译过程

2. 解析执行的缺陷

如图 7.8 中的表达式：$X * 5 + \log(10) X * 5 + \log(10)$，可用深度优先（DFS）算法进行搜索，代码如下。

```
std::ostringstream macro_stream;
std::ostringstream decl_stream;
std::ostringstream buf_stream;
```

1）调用根节点+的 visit 函数：分别调用左、右子节点的 visit 再相加。

2）调用乘法节点 * 的 visit 函数：分别调用左、右子节点的 visit 再相乘。

3）调用变量节点 X 的 visit 函数：从环境中读取 XX 的值以及类型。

最终，DFS 回到根节点，得到最终结果，实现代码如下。

```
@ Override public Object visitPlus(CalculatorParser.PlusContext ctx) {
    Object left = visit(ctx.plusOrMinus());
    Object right = visit(ctx.multOrDiv());
    if (left instanceof Long && right instanceof Long) {
        return (Long) left + (Long) right;
    } else if (left instanceof Long && right instanceof Double) {
        return (Long) left + (Double) right;
    } else if (left instanceof Double && right instanceof Long) {
        return (Double) left + (Long) right;
    } else if (left instanceof Double && right instanceof Double) {
        return (Double) left + (Double) right;
    }
```

```
        throw new IllegalArgumentException();
    }
```

以下是几个性能问题。

1）涉及大量的虚函数调用，即函数绑定的过程，如 visit 函数。虚函数调用是一个非确定性的跳转指令，CPU 无法做预测分支，导致打断 CPU 流水线。

2）在计算前不能确定类型，各算子的实现中会出现很多动态类型判断。如，如果+左边是 DECI-MAL 类型，右边是 DOUBLE 类型，需要先把左边转换成 DOUBLE 再相加。

3）递归中的函数调用打断了计算过程，不仅调用本身需要额外的指令，而且函数调用传参是通过栈完成的，不能很好地利用寄存器（这一点在现代的编译器和硬件体系中已经有所缓解，但显然比不上连续的计算指令）。

3. 推理验证

代码生成执行，顾名思义，最核心的部分是生成出需要的执行代码。在 native 程序中，通常用 LLVM 的中间语言（IR）作为生成代码的语言。在 JVM 上更简单，因为 Java 编译本身很快，利用运行在 JVM 上的轻量级编译器 janino，可以直接生成 Java 代码。

无论是 LLVM IR 还是 Java 都是静态类型的语言，在生成的代码中再去判断类型，显然不是明智的选择。通常的做法是，在编译之前就确定所有值的类型。幸运的是，表达式和 SQL 执行调度都可以事先做类型推导。

所以，代码生成往往是个两步的过程：先做类型推导，再做真正的代码生成。第一步中，类型推导的同时，其实也是在检查表达式是否合法，很多地方也称之为验证（Validate）。在代码生成完成后，调用编译器编译，得到了所需的函数（类），调用即可得到计算结果。如果函数包含参数，如上面例子中的 X，每次计算可以传入不同的参数，编译一次、计算多次。以下的代码实现都可以在 GitHub 项目 fuyufjh/calculator 找到。

为了尽可能简单，例子中仅涉及两种类型：long 和 double。图 7.9 所示为表达式 AST 变成代数树。

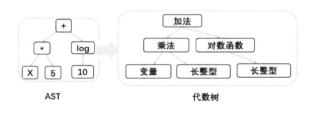

AST   代数树

● 图 7.9 表达式 AST 变成代数树

这一步中，将合法的表达式 AST 转换成代数树，这是一个递归语法树的过程。下面是一个例子（由于 Plus 可以接收 Long、Double 的任意类型组合，所以没有做类型检查），实现代码如下。

```
@ Override public AlgebraNode visitPlus(CalculatorParser.PlusContext ctx) {
    return new PlusNode(visit(ctx.plusOrMinus()), visit(ctx.multOrDiv()));
}
```

AlgebraNode 接口定义。

```
public interface AlgebraNode {
    DataType getType(); // Validate 和 CodeGen 都会用到
    String generateCode(); // CodeGen 使用
    List<AlgebraNode> getInputs();
}
```

实现类与 AST 节点相对应。对于加法，类型推导的过程很简单——如果两个操作数都是 long，结果为 long，否则为 double，实现代码如下。

```
@ Override public DataType getType() {
    if (dataType == null) {
        dataType =inferTypeFromInputs();
    }
    return dataType;
}


private DataType inferTypeFromInputs() {
    for (AlgebraNode input : getInputs()) {
        if (input.getType() == DataType.DOUBLE) {
            return DataType.DOUBLE;
        }
    }
    return DataType.LONG;
}
```

4. 生成加法强类型代码

getType 方法继承自 Object，所以任何对象都具有 getType 方法。而通过 getType 函数可传入任意变量，可以准确获取不同数据类型，如 number、string、boolean 等值类型，另外还有 object、array、map、regexp 等引用类型。

依旧以加法为例，利用上面实现的 getType，可以确定输入、输出的类型，生成出强类型的代码，实现代码如下。

```
@ Override public String generateCode() {
    if (getLeft().getType() == DataType.DOUBLE && getRight().getType() == DataType.
DOUBLE) {
        return "(" +getLeft().generateCode() + " + " + getRight().generateCode() + ")";
    } else if (getLeft().getType() == DataType.DOUBLE && getRight().getType() == Data-
Type.LONG) {
        return "(" +getLeft().generateCode() + " + (double)" + getRight().generateCode() + ")";
    } else if (getLeft().getType() == DataType.LONG && getRight().getType() == DataType.
DOUBLE) {
        return "((double)" +getLeft().generateCode() + " + " + getRight().generateCode() + ")";
    } else if (getLeft().getType() == DataType.LONG && getRight().getType() == DataType.
LONG) {
        return "(" +getLeft().generateCode() + " + " + getRight().generateCode() + ")";
```

```
        }
        throw new IllegalStateException();
    }
```

注意，目前代码还是以字符串形式存在的，递归调用的过程中通过字符串拼接，一步步拼成完整的表达式函数。

以表达式 a+2 * 3−2/x+log(x+1) 为例，最终生成的代码如下。

```
(((double)(a + (2 * 3))−((double)2/x)) + java.lang.Math.log((x + (double)1)))
```

其中，a、x 都是未知数，但类型是已经确定的，分别是 long 型和 double 型。

5. 小结

本列是用 TVMScript 编写 TIR AST，并调用相应的 CodeGen 编译为源代码的全部流程，总结如下：

1）用 TVMScript 编写 IRModule + TIR AST。

2）tvm.build 根据目标参数，选择已经注册的 CodeGen。

3）CodeGen 遍历 TIR AST，将 TIR Node 翻译为相应平台的源代码。

▶▶ 7.6.2　编译 IRModule 方案

1. 编译并运行 IRModule

调用 tvm.build 函数，可对 IRModule 直接编译，然后运行查看结果是否符合预期，实现代码如下。

```
import numpy as np

mod = tvm.build(ir_module, target="c")
#mod = tvm.build(ir_module, target="llvm")
#mod = tvm.build(ir_module, target="cuda")

a = tvm.nd.array(np.arange(8).astype("float32"))
print(a)
#[0.1.2.3.4.5.6.7.]

b = tvm.nd.array(np.zeros((8,)).astype("float32"))
mod(a, b)
print(b)
#[1.2.3.4.5.6.7.8.]
```

2. 根据目标调用相应的 CodeGen

TVM 的代码生成调用 relay.build 或 tvm.build。首先区分两个 build 的区别：tvm.build 主要针对单一算子，这里 relay.build 是针对整个模型进行编译，而 Relay 最后也会调用到 tvm::build 做代码生成。tvm.build 的最后一个参数 target，就是用来选择用哪一个 CodeGen 来编译 TIR AST。如果要编译为 CPU 运行的代码，那么参数可以是 target = " c "，也可以是 target = " llvm "；如果要编译为 GPU 运行的代码，那么参数是 target = " cuda "。

tvm.build 会根据 target 参数，寻找已经注册的编译函数。在 TVM 中，用宏定义 TVM_REGISTER_

GLOBAL 注册编译函数，实现代码如下。

```
// src/target/source/codegen_c_host.cc
TVM_REGISTER_GLOBAL("target.build.c").set_body_typed(BuildCHost);

// src/target/opt/build_cuda_on.cc
TVM_REGISTER_GLOBAL("target.build.cuda").set_body_typed(BuildCUDA);

// src/target/llvm/llvm_module.cc
TVM_REGISTER_GLOBAL("target.build.llvm").set_body_typed([](IRModule mod, Target
target) → runtime::Module {
    auto n = make_object<LLVMModuleNode>();
    n→Init(mod, target);
    return runtime::Module(n);
});
```

CodeGen 调用过程如图 7.10 所示。

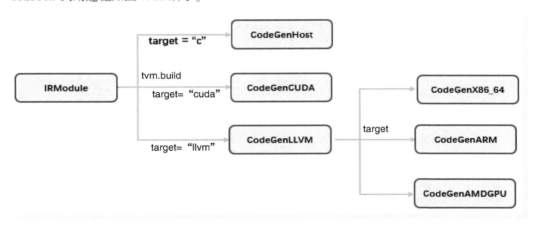

● 图 7.10　CodeGen 调用过程

根据目标信息，调用不同的 CodeGen。

（1）target="C"

如果 target="c"，那么 tvm.build 最终调用的是提前注册的 target.build.c 的全局函数，并且位于源代码 tvm/src/target/source/codegen_c_host.cc 文件中（省略了部分辅助代码），实现代码如下。

```
runtime::Module BuildCHost(IRModule mod, Target target) {
  // Step 1: 初始化 C++中的 CodeGen
  CodeGenCHost cg;
  cg.Init(output_ssa, emit_asserts, target→str(), devices);

  // Step 2: 将 IRModule 中的所有 tir::PrimFunc 添加到编译列表中
  for (auto& kv : funcs) {
    ICHECK(kv.second→IsInstance<PrimFuncNode>()) << "CodegenCHost: Can only take PrimFunc";
    auto f = Downcast<PrimFunc>(kv.second);
```

```
    cg.AddFunction(f);
  }

  // Step 3: 将 IRModule 降放到 C++ 源代码
  std::string code = cg.Finish();

  // Step 4: 编译 C++ 源代码并创建 runtime::Module 封装
  return CSourceModuleCreate(code, "c", cg.GetFunctionNames());
}
```

（2） target = "cuda"

如果 target = "cuda"，tvm.build 最终调用的是提前注册的 target.build.cuda 的全局函数，并且位于源代码 tvm/src/target/opt/build_cuda_on.cc 文件中，实现代码如下。

```
runtime::Module BuildCUDA(IRModule mod, Target target)
  // Step 1: 初始化 CUDA 中的 CodeGen
  bool output_ssa = false;
  CodeGenCUDA cg;
  cg.Init(output_ssa);

  // Step 2: 将 IRModule 中的所有 tir::PrimFunc 添加到编译列表中
  for (auto kv : mod→functions) {
    auto f = Downcast<PrimFunc>(kv.second);
    cg.AddFunction(f);
  }

  // Step 3: 将 IRModule 降级到 CUDA 源代码
  std::string code = cg.Finish();

  // Step 4: 使用 NVCC 编译 CUDA 源代码并创建 runtime::Module
  std::string fmt = "ptx";
  std::string ptx = NVRTCCompile(code, cg.need_include_path());
  return CUDAModuleCreate(ptx, fmt, ExtractFuncInfo(mod), code);
}
```

可以看到，无论是 C++，还是 CUDA，tvm.build 都是两个步骤：TIR → C++/CUDA → bin。

先通过相应的 CodeGen 生成源代码，然后调用相应的编译器，生成可执行文件并且打包为运行时。

（3） target = "llvm"

如果 target = "llvm"，由于 LLVM IR 仍然只是一种中间表示，那么还需要根据目标中更详细的硬件参数找到目标编译硬件，然后调用相应的 CodeGen（省略部分辅助代码）。

包括以下几个步骤。

1） 在基于不同目标设备的 LLVM 上初始化 CodeGen。

2） 在 IRModule 到编译器列表中添加 tir::PrimFunc。

3） 降级优化 IRModule 到 LLVM IR 代码。

实现代码如下。

```
void Init(const IRModule& mod, const Target& target) {
  // Step 1: 初始化具有不同目标的 LLVM 的 CodeGen
  InitializeLLVM();
  tm_ = GetLLVMTargetMachine(target);
  std::unique_ptr<CodeGenLLVM> cg = CodeGenLLVM::Create(tm_.get());

  // Step 2: 将 IRModule 中所有的 tir::PrimFunc 添加到编译列表中
  std::vector<PrimFunc> funcs;
  for (auto kv : mod→functions) {
    if (! kv.second→IsInstance<PrimFuncNode>()) {
      // (@ jroesch): we relax constraints here, Relay functions will just be ignored.
      DLOG(INFO) << "Can only lower IRModule with PrimFuncs, but got "
          << kv.second→GetTypeKey();
      continue;
    }
    auto f = Downcast<PrimFunc>(kv.second);
    funcs.push_back(f);
  }

  // Step 3: 降级 IRModule 到 LLVM IR 代码
  module_ = cg→Finish();
}
```

▶▶ 7.6.3　CodeGen 原理：以 CodeGenC 为例

TIR 能降级优化成目标源代码，关键是 CodeGen。前面提到的 CodeGenCHost，以及 CodeGenCUDA 都是继承自 CodeGenC，即将 TIR 降级优化为 C++代码。

因为 TIR AST 是一个图结构（Tree 也是一种特殊的树），因此 CodeGenC 实际上是一个图遍历器。当 CodeGenC 遍历到某个 TIR 节点的时候，可根据 TIR 节点的类型和属性，同时翻译为相应的 C++ 代码。下面是 CodeGenC 的部分定义，位于 tvm/src/target/source/codegen_c.［h，cc］文件中，实现代码如下。

```
class CodeGenC: public ExprFunctor<void(const PrimExpr&, std::ostream&)>,
        public StmtFunctor<void(const Stmt&)>,
        public CodeGenSourceBase {
public:
  // expression
  void VisitExpr_(const VarNode* op, std::ostream& os) override;
  // NOLINT(* )
  void VisitExpr_(const LoadNode* op, std::ostream& os) override;
  // NOLINT(* )
  void VisitExpr_(const BufferLoadNode* op, std::ostream& os) override;
  // NOLINT(* )
  void VisitExpr_(const LetNode* op, std::ostream& os) override;
  // NOLINT(* )
```

```
void VisitExpr_(const CallNode* op, std::ostream& os) override;
// NOLINT(*)
void VisitExpr_(const AddNode* op, std::ostream& os) override;
// NOLINT(*)
void VisitExpr_(const SubNode* op, std::ostream& os) override;
// NOLINT(*)
void VisitExpr_(const MulNode* op, std::ostream& os) override;
// NOLINT(*)
void VisitExpr_(const DivNode* op, std::ostream& os) override;
// NOLINT(*)
void VisitExpr_(const ModNode* op, std::ostream& os) override;
// NOLINT(*)
void VisitExpr_(const MinNode* op, std::ostream& os) override;
// NOLINT(*)
void VisitExpr_(const MaxNode* op, std::ostream& os) override;
// NOLINT(*)
void VisitExpr_(const EQNode* op, std::ostream& os) override;
// NOLINT(*)
void VisitExpr_(const NENode* op, std::ostream& os) override;
// NOLINT(*)
void VisitExpr_(const LTNode* op, std::ostream& os) override;
// NOLINT(*)
void VisitExpr_(const LENode* op, std::ostream& os) override;
// NOLINT(*)
void VisitExpr_(const GTNode* op, std::ostream& os) override;
// NOLINT(*)
void VisitExpr_(const GENode* op, std::ostream& os) override;
// NOLINT(*)
void VisitExpr_(const AndNode* op, std::ostream& os) override;
// NOLINT(*)
void VisitExpr_(const OrNode* op, std::ostream& os) override;
// NOLINT(*)
void VisitExpr_(const CastNode* op, std::ostream& os) override;
// NOLINT(*)
void VisitExpr_(const NotNode* op, std::ostream& os) override;
// NOLINT(*)
void VisitExpr_(const SelectNode* op, std::ostream& os) override;
// NOLINT(*)
void VisitExpr_(const RampNode* op, std::ostream& os) override;
// NOLINT(*)
void VisitExpr_(const ShuffleNode* op, std::ostream& os) override;
// NOLINT(*)
void VisitExpr_(const BroadcastNode* op, std::ostream& os) override;
// NOLINT(*)
void VisitExpr_(const IntImmNode* op, std::ostream& os) override;
// NOLINT(*)
void VisitExpr_(const FloatImmNode* op, std::ostream& os) override;
// NOLINT(*)
```

```
    void VisitExpr_(const StringImmNode* op, std::ostream& os) override;
    // NOLINT(* )
    // statment
    void VisitStmt_(const LetStmtNode* op) override;
    void VisitStmt_(const StoreNode* op) override;
    void VisitStmt_(const BufferStoreNode* op) override;
    void VisitStmt_(const ForNode* op) override;
    void VisitStmt_(const WhileNode* op) override;
    void VisitStmt_(const IfThenElseNode* op) override;
    void VisitStmt_(const AllocateNode* op) override;
    void VisitStmt_(const AttrStmtNode* op) override;
    void VisitStmt_(const AssertStmtNode* op) override;
    void VisitStmt_(const EvaluateNode* op) override;
    void VisitStmt_(const SeqStmtNode* op) override;
    void VisitStmt_(const AllocateConstNode* op) override;
}
```

可以看到，CodeGenC 会遍历到两种 TIR Node：Expression（表达式）和 Statement（语句）。Expression中包含了常见的变量声明、运算、判断、函数调用。Statement 中包含了控制流（如 if-else、Loop 等）、内存管理、赋值等操作。

例如，遇到四则运算的 Expression，可用 CodeGenC 直接翻译为 a OP b 的代码，具体实现如下。

```
template <typename T>
inline void PrintBinaryExpr(const T* op, const char* opstr,
                            std::ostream& os, CodeGenC* p) {
  // If both a and b are scalars
  if (op→dtype.lanes() == 1) {
    // If OP is an alphabet string, then lower it as "OP(a, b)"
    if (isalpha(opstr[0])) {
      os << opstr <<'(';
      p→PrintExpr(op→a, os);
      os << ", ";
      p→PrintExpr(op→b, os);
      os <<')';
    }
    // If OP is a symbol, like + - * /%, then lower it as "a OP b"
    else {
      os <<'(';
      p→PrintExpr(op→a, os);
      os <<'' << opstr <<'';
      p→PrintExpr(op→b, os);
      os <<')';
    }
  }
  // If both a and b are vectors
  else {
    p→PrintVecBinaryOp(opstr, op→dtype, op→a, op→b, os);
  }
```

```
    }

    void CodeGenC::VisitExpr_(const AddNode* op, std::ostream& os) {
      // NOLINT(* )
      PrintBinaryExpr(op, "+", os, this);
    }
    void CodeGenC::VisitExpr_(const SubNode* op, std::ostream& os) {
      // NOLINT(* )
      PrintBinaryExpr(op, "-", os, this);
      }
    void CodeGenC::VisitExpr_(const MulNode* op, std::ostream& os) {
      // NOLINT(* )
      PrintBinaryExpr(op, "* ", os, this);
    }
    void CodeGenC::VisitExpr_(const DivNode* op, std::ostream& os) {
      // NOLINT(* )
      PrintBinaryExpr(op, "/", os, this);
    }
```

如果选择 SelectNode，CodeGenC 将（c ? a : b）翻译为如下所示的代码。

```
    void CodeGenC::VisitExpr_(const SelectNode* op, std::ostream& os) {
      os << "(";
      PrintExpr(op→condition, os);
      os << " ?";
      PrintExpr(op→true_value, os);
      os << " : ";
      PrintExpr(op→false_value, os);
      os << ")";
    }
```

如果选择 ForNode，CodeGenC 将（c ? a : b）翻译为如下所示的代码。

```
    for (DTYPE VID = 0; VID < EXTEND; ++VID) {
    BODY
    }\n
```

在 CodeGen 过程中，实际上是在遍历 tirStmr 的 AST，因为生成的循环都是基于 For 的，调用过程也比较简单，过程如下。代码如下。

```
    void CodeGenC::VisitStmt_(const ForNode* op) {
      std::string extent = PrintExpr(op→extent);
      PrintIndent();
      std::string vid = AllocVarID(op→loop_var.get());
      ICHECK(is_zero(op→min));
      stream << "for (";
      PrintType(op→loop_var.dtype(), stream);
      stream << ' ' << vid << " = 0; " << vid << " < " << extent << "; ++" << vid << ") {\n";
      int for_scope = BeginScope();
      PrintStmt(op→body);
```

```
        this→EndScope(for_scope);
        PrintIndent();
        stream << "}\n";
    }
```

7.7　CodeGen 调用关系项目示例分析

▶ 7.7.1　项目代码分析

Python 中主要代码位于 relay/build_module.py 文件中，调用关系为 build →BuildModule → build。而在 build 中通过字典获得了 C++中的相应函数，图 7.11 所示为 relay/build_module.py 文件目录。

```
(base) root@82684b9a371e:~/tvm/python/tvm/relay# ls
__init__.py        adt.py        build_module.py      debug.py              function.py      prelude.py      std             type_functor.py
_build_module.py   analysis      collage              expr.py               loops.py         qnn             testing
_ffi_api.py        backend       data_dep_optimization expr_functor.py      op               quantize        transform
_make.py           base.py       dataflow_pattern     frontend              param_dict.py    scope_builder.py ty.py
(base) root@82684b9a371e:~/tvm/python/tvm/relay#
```

● 图 7.11　relay/build_module.py 文件目录

图 7.12 所示为 BuildModule 文件结构，可通过 self.mod["build"]得到 C++中的函数。这里_BuildModule()是 C++中注册到环境中的一个函数。

```
class BuildModule(object):
    """Build an IR module to run on TVM graph executor. This class is used
    to expose the `RelayBuildModule` APIs implemented in C++.
    """

    def __init__(self):
        self.mod = _build_module._BuildModule()
        self._get_graph_json = self.mod["get_graph_json"]
        self._get_module = self.mod["get_module"]
        self._build = self.mod["build"]
        self._optimize = self.mod["optimize"]
        self._set_params_func = self.mod["set_params"]
        self._get_params_func = self.mod["get_params"]
        self._get_function_metadata = self.mod["get_function_metadata"]
        self._get_executor_codegen_metadata = self.mod["get_executor_codegen_metadata"]
        self._get_devices = self.mod["get_devices"]
        self._get_irmodule = self.mod["get_irmodule"]
```

● 图 7.12　BuildModule 文件结构

TVM_REGISTER_GLOBAL 是将 C++函数注册到一个全局映射中。当 Python 加载编译好的动态库时，会自动查询映射中静态注册的函数，并且添加到 Python 模块当中。

注册模块可参考 src/relay/backend/build_module.cc 文件中的代码实现，图 7.13 所示为进行 TVM 注册代码（借用 TVM_REGISTER_GLOBAL 模块）。

```
runtime::Module RelayBuildCreate() {
  auto exec = make_object<RelayBuildModule>();
  return runtime::Module(exec);
}

TVM_REGISTER_GLOBAL("relay.build_module._BuildModule").set_body([](TVMArgs args, TVMRetValue* rv) {
  *rv = RelayBuildCreate();
});

TVM_REGISTER_GLOBAL("relay.build_module.BindParamsByName")
  .set_body([](TVMArgs args, TVMRetValue* rv) {
    Map<String, Constant> params = args[1];
    std::unordered_map<std::string, runtime::NDArray> params_;
    for (const auto& kv : params) {
      params_[kv.first] = kv.second->data;
    }
    *rv = relay::backend::BindParamsByName(args[0], params_);
  });

}  // namespace backend
}  // namespace relay
```

- 图 7.13　进行 TVM 注册代码（借用 TVM_REGISTER_GLOBAL 模块）

真正 build 操作位于 RelayBuildModule 类中，在其中有一个 GetFunction 函数，会通过名字查询要使用的函数，可打包成 PackedFunc 返回，而这个函数可能和 self.mod ["build"] 有关。PackedFunc 是 TVM 提供的 Python 的一个接口，并且任何函数都可以封装成 PackedFunc，同时给 Python 调用。

继续深入代码，如 Build →BuildRelay。这是编译的主要代码，其过程包括优化与 CodeGen，如图 7. 14 所示。

```
* \brief Compile a Relay IR module to runtime module.
*
* \param relay_module The Relay IR module
* \param params The parameters.
*/
void BuildRelay(IRModule relay_module, const String& mod_name) {
  // Relay IRModule -> IRModule optimizations.
  IRModule module = WithAttrs(
      relay_module, {{tvm::attr::kExecutor, executor_}, {tvm::attr::kRuntime, runtime_}});
  relay_module = OptimizeImpl(std::move(module));

  // Get the updated function and new IRModule to build.
  // Instead of recreating the IRModule, we should look at the differences between this and the
  // incoming IRModule to see if we can just pass (IRModule, Function) to the code generator.
  Function func = Downcast<Function>(relay_module->Lookup("main"));
  IRModule func_module = WithAttrs(IRModule::FromExpr(func),
                                   {{tvm::attr::kExecutor, executor_},
                                    {tvm::attr::kRuntime, runtime_},
                                    {tvm::attr::kWorkspaceMemoryPools, workspace_memory_pools_},
                                    {tvm::attr::kConstantMemoryPools, constant_memory_pools_}});

  // Generate code for the updated function.
  executor_codegen_ = MakeExecutorCodegen(executor_->name);
  executor_codegen_->Init(nullptr, config_->primitive_targets);
  executor_codegen_->Codegen(func_module, func, mod_name);
  executor_codegen_->UpdateOutput(&ret_);
  ret_.params = executor_codegen_->GetParams();
```

- 图 7. 14　Build → BuildRelay 使用 CodeGen 代码优化

pass 实际上是指一些优化运算操作，这些 passes 包括常数折叠、算子融合等。之后会调用 graph_codegen→CodeGen。在 CodeGen 中实现了内存分配和硬件代码生成。

在 BuildRelay 中会调用 Codegen 函数。这个函数实现在 src/relay/backend/graph_runtime_codegen.cc 文件中。CodeGen 实现了内存的分配，可执行 IR 节点到 TIR 节点的转换，同时执行 TIR 图节点的一个调度优化。内存分配由函数 relay.backend.GraphPlanMemory 来实现，VisitExpr 对节点进行遍历并进行节点信息的记录。lowered_mod→GetAttr 完成 IR 节点到 TIR 节点的转化，以及调度优化。图 7.15 所示为后端 backend 工程全貌。

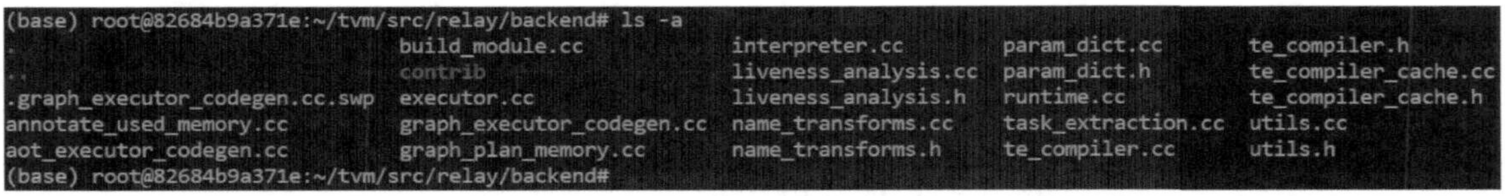

```
(base) root@82684b9a371e:~/tvm/src/relay/backend# ls -a
.                               build_module.cc           interpreter.cc          param_dict.cc           te_compiler.h
..                              contrib                   liveness_analysis.cc    param_dict.h            te_compiler_cache.cc
.graph_executor_codegen.cc.swp  executor.cc               liveness_analysis.h     runtime.cc              te_compiler_cache.h
annotate_used_memory.cc         graph_executor_codegen.cc name_transforms.cc      task_extraction.cc      utils.cc
aot_executor_codegen.cc         graph_plan_memory.cc      name_transforms.h       te_compiler.cc          utils.h
(base) root@82684b9a371e:~/tvm/src/relay/backend#
```

● 图 7.15　后端 backend 工程全貌

在降低内存和更新工作空间大小之前进行调度，可保持外部函数的恒定映射，应按目标分离模块中的功能点，收集降级优化过程中提取的任何常数。重构收集降级优化过程由外部 CodeGen 生成的任何运行时模块，可作为进一步的传递来执行，而不是将数据写入，再传递处理函数，并且允许在每个函数降级优化时处理，实现代码如下。

```
LoweredOutput Codegen(IRModule mod, relay::Function func, String mod_name) {
    mod_name_ = mod_name;
    VLOG_CONTEXT << "GraphExecutorCodegen";
    VLOG(1) << "compiling:" << std::endl << PrettyPrint(func);

    memory_plan_ = GraphPlanMemory(func);

    backend::FunctionInfo func_info;

    if (memory_plan_.defined()) {
      // 移除 UpdateMainWorkspaceSize
      func_info =
          relay::tec::UpdateMainWorkspaceSize(mod, config_, memory_plan_→expr_to_
storage_info);
        mod =WithAttr(mod, "main_func_info", func_info);
    }

    IRModule lowered_mod = tec::LowerTE(mod_name_, config_, [this](BaseFunc func) {
      // 需要保持外部函数的恒定映射,因此传递这个处理函数,允许在降级优化每个函数时处理
      if (func→GetAttr<String>(attr::kCompiler).defined()) {
        UpdateConstants(func, &params_);
      }

      // 应该重构以作为进一步的传递来执行,而不是将数据写入
        201,3,25%
```

```
    // 直接降级优化过程
    tec::UpdateFunctionMetadata(func, this→function_metadata_);
  })(mod);

  Optional<backend::FunctionInfo> main_func_info = lowered_mod→GetAttr<backend::
FunctionInfo>("main_func_info");

    function_metadata_.Set(runtime::symbol::tvm_module_main, main_func_info.value());

    Function lowered_main_func = Downcast<Function>(lowered_mod→Lookup("main"));
    //现在已经将所有运算符降级优化到 TIR 代码,可以继续编译了
    //重新规划,完成降级优化重构功能
    memory_plan_ =GraphPlanMemory(lowered_main_func);
    // 图形调度器也不能处理对全局变量的规划调用,必须重新映射
    // 将所有参数转换为输入节点
    for (auto param : lowered_main_func→params) {
      auto node_ptr = GraphInputNode::make_node_ptr(param→name_hint(), GraphAttrs());
      var_map_[param.get()] =AddNode(node_ptr, param);
    }

    heads_ =VisitExpr(lowered_main_func→body);
    std::ostringstream os;
    dmlc::JSONWriter writer(&os);
    GetJSON(&writer);
    LoweredOutput ret;
    ret.graph_json = os.str();

    // 收集由外部 CodeGen 生成的任何运行时模块
    ret.external_mods =lowered_mod→GetAttr<Array<runtime::Module>>(tvm::attr::kExter-
nalMods).value_or({});

    // 收集由外部 CodeGen 提取的任何常数
    ret.params = std::unordered_map<std::string, tvm::runtime::NDArray>();
    Map<String, runtime::NDArray> const_name_to_constant = lowered_mod→GetAttr<Map<
String, runtime::NDArray>>(tvm::attr::kConstNameToConstant).value_or({});
    for (const auto& kv : const_name_to_constant) {
      VLOG(1) << "constant'" << kv.first << "' contributed by external codegen";
      ICHECK(ret.params.emplace(kv.first, kv.second).second);
    }

    // 收集降级优化过程中提取的任何常数
    for (const auto& kv :params_) {
      VLOG(1) << "constant'" << kv.first << "' contributed by TECompiler";
      ICHECK(ret.params.emplace(kv.first, kv.second).second);
    }

    ret.function_metadata = std::move(function_metadata_);

    // 这就是按目标分离模块中功能点划分的
```

```
    ret.lowered_funcs = tec::GetPerTargetModules(lowered_mod);
    ret.metadata = ExecutorCodegenMetadata(
{} /* inputs * /, {} /* input_tensor_types * /, {} /* outputs * /,
{} /* output_tensor_types * /, {} /* pools * /, {} /* devices * /,
runtime::kTvmExecutorGraph /* executor * /, mod_name_ /* mod_name * /,
"packed" /* interface_api * /, Bool(false) /* unpacked_api * /);
    return ret;
  }
```

▶▶ 7.7.2 内存分配分析

通过 GetPackedFunc 函数获得注册到 global map 的内存分配函数 GraphPlanMemory。可看一下 src/relay/backend/graph_plan_memory.cc 文件中对内存的处理。图 7.16 所示为 GraphPlanMemory 函数。

```
StaticMemoryPlan GraphPlanMemory(const Function& func) { return StorageAllocator().Plan(func); }
TVM_REGISTER_GLOBAL("relay.backend.GraphPlanMemory").set_body_typed(GraphPlanMemory);
```

●图 7.16 GraphPlanMemory 函数

在处理内存分配中主要使用了 StorageAllocaBaseVisitor、StorageAllocaInit、StorageAllocator 这三个类。

StorageAllocaBaseVisitor 是一个基类,既实现了对每个节点的访问,又分配了 token,但是 token 中的信息是在派生类中处理的。这里定义了一个 StorageToken 的结构体,可用于表示申请到内存的大小、类型等信息。在内存处理程序中,主要就是为每个节点分配这个 token,同时定义 token 的内部信息。而内存分配结果是一个节点和 token 的映射表。图 7.17 所示为 token 符号标记工程。

```
/*! A representation of a block of memory required at runtime on some device */
struct StorageToken {
  /*! \brief Reference counter */
  int ref_counter{0};
  /*! \brief number of bytes */
  size_t max_bytes{0};
  /*! \brief The corresponding tensor type. */
  TensorType ttype{nullptr};
  /*! \brief VirtualDevice on which the memory will reside. */
  VirtualDevice virtual_device = VirtualDevice::FullyUnconstrained();
  /*! \brief The storage id */
  int64_t storage_id{-1};

  bool is_valid() const { return !virtual_device->IsFullyUnconstrained(); }

  bool is_compatible(const StorageToken& that) const {
    return virtual_device == that.virtual_device;
  }

  std::string ToString() const {
    std::ostringstream os;
    os << "{storage_id: " << storage_id << ", max_bytes: " << max_bytes
       << ", ttype: " << PrettyPrint(ttype) << ", virtual_device: " << virtual_device << "}";
    return os.str();
  }
};
```

●图 7.17 token 符号标记工程

StorageAllocaInit 主要是创建封装内存申请信息的 TokenMap，以便收集不同算子所在的设备信息。主要函数是 GetINitTokenMap，在这个函数中先是调用 CollectDeviceInfo 来遍历 func 的节点，以获得每个节点运行的设备属性。而获得每个算子节点的设备属性主要是通过 copy 算子来进行推断的。当前后两个算子所在设备不一样的时候，需要实现两个设备的数据交换，而这个交换是通过 copy 算子来实现的。因此，copy 之后连接的算子就是和这个 copy 算子具有相同的设备。算法上采用从 copy 算子向前和向后遍历的方式，来推断非 copy 节点的设备信息。如图 7.18 所示为 StorageAllocator 类中的 Plan 函数。

```
StaticMemoryPlan Plan(const Function& func) {
  VLOG_CONTEXT << "StorageAllocator";
  VLOG(1) << "planning" << std::endl << PrettyPrint(func);
  prototype_ = StorageAllocaInit(&arena_).GetInitTokenMap(func);
  this->Run(func);

  // The value of smap contains two integer arrays where the first array
  // contains the planned storage ids and the second holds the device types
  Map<Expr, backend::StorageInfo> smap;
  int num_annotated_nodes = 0;
  int num_nodes = 0;

  for (const auto& kv : token_map_) {
    std::vector<int64_t> storage_ids;
    storage_ids.reserve(kv.second.size());
    std::vector<VirtualDevice> virtual_devices;
    virtual_devices.reserve(kv.second.size());
    std::vector<int64_t> sid_sizes_byte;
    sid_sizes_byte.reserve(kv.second.size());

    for (StorageToken* tok : kv.second) {
      VLOG(1) << "token" << tok->ToString();
      if (tok->is_valid()) {
        num_annotated_nodes++;
      }
      num_nodes++;
      storage_ids.push_back(tok->storage_id);
      virtual_devices.push_back(tok->virtual_device);
      sid_sizes_byte.push_back(GetMemorySize(tok));
    }
```

• 图 7.18 StorageAllocator 类中的 Plan 函数

关键是函数体中前两行代码，第一行代码初始化了 storageToken，赋予了设备类型和数据类型信息。第二行代码遍历每个节点，并且为每个节点分配内存空间。在内存初始化函数 GetInitTokenMap 中，先收集每个节点的设备信息。设备与数据相关函数如图 7.19 所示。

```
OnDeviceProps on_device_props = GetOnDeviceProps(call.get());
DeviceCopyProps device_copy_props = GetDeviceCopyProps(call.get());
CallLoweredProps call_lowered_props = GetCallLoweredProps(call.get());
```

• 图 7.19 设备与数据相关函数

在 GetDeviceProps、GetDeviceCopyProps、GetCallLoweredProps（在 relay/transforms/device_domains.cc 文件中）中进行设备与数据工程构建。在构建 Relay 图结构的时候，每个节点是有设备号信息的，而 GetDeviceMap 就是按照 post-DFS 顺序获得节点的设备号信息的。当然并不是所有节点都有设备号信息，所以需要根据节点之间的关系来推断出设备号。如图 7.20 所示，add、sqrt、log 节点被标注为 1、2、3 号设备，那么可以用两种方式来推断其他节点设备号。节点之间的关系推断包括以下内容。

1）从一个拷贝节点由下而上遍历，一直到遇到下一个拷贝，如同推断出 add、x、y 节点的设备号和 copy1 一样。

2）从最后一个拷贝节点向下遍历，可以推断出 substract、exp 设备号和 copy3 一样。

● 图 7.20　节点之间的关系推断

设备号获得后，通过 this→run 会调用基类的 run 函数，而基类 run 函数会调用派生类的 CreateToken 函数。CreateToken 函数会申请 StorageToken 空间并且赋予设备号和数据类型，然后返回一个 token_map_。节点遍历相关函数为 Run→GetToken→VisitExpr，而 VisitExpr 会最终调用 StorageAllocaInit 类中定义的 VisitExpr_函数来遍历节点。节点内存初始化完成后，会回到 StorageAllocator 类中，而 run 函数会调用定义的 CreateToken 函数。图 7.21所示为在设备上构建 token。

```
// override create token by getting token as prototype requirements.
void CreateTokenOnDevice(const ExprNode* op, const VirtualDevice& virtual_device,
                         bool can_realloc) final {
  ICHECK(!token_map_.count(op));
  auto it = prototype_.find(op);
  ICHECK(it != prototype_.end());
  std::vector<StorageToken*> tokens;

  for (StorageToken* tok : it->second) {
    ICHECK(tok->virtual_device == virtual_device);
    if (can_realloc) {
      tokens.push_back(Request(tok));
    } else {
      // Allocate a new token
      StorageToken* allocated_tok = Alloc(tok, GetMemorySize(tok));
      allocated_tok->virtual_device = tok->virtual_device;
      // ensure it never get de-allocated
      allocated_tok->ref_counter += 1;
      tokens.push_back(allocated_tok);
    }
  }
  token_map_[op] = tokens;
}
```

● 图 7.21　在设备上构建 token

分配内存空间会有两种情况，一种是能 can_realloc 的，另外一种是不能 can_realloc 的。先看不能 can_realloc 的，GetMemorySize 是根据 token 中记录的数据类型和 shape 信息来获得数据的大小，而 Alloc 函数就是为 tok 分配字节数量的。再看能 can_realloc 的情况，Request 首先获取节点数据的大小，然后从 free_ 中查询能够满足 size 的节点。如果有比该节点 size 大的就选择大的空闲区间分配，如果没有大的空间分配，就选择最接近的空间分配，最终返回一个 token_map_。

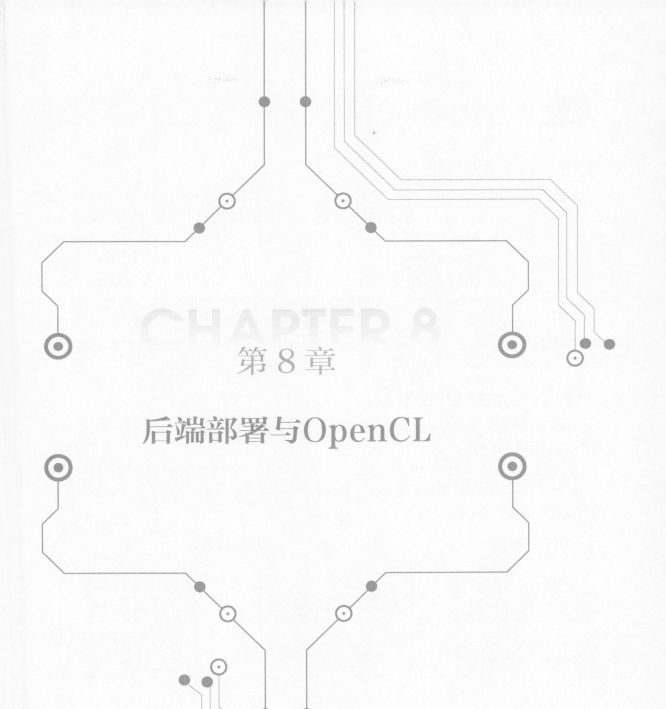

第 8 章

后端部署与OpenCL

8.1 OpenCL 概述与开发示例

▶▶ 8.1.1 异构并行编程

OpenCL（Open Computing Language，开放计算语言）是一种开放、免费的标准，适用于超级计算机、云服务器、个人计算机、移动设备和嵌入式平台等中各种加速器的跨平台并行编程。OpenCL 极大地提高了众多市场类别中各种应用程序的运行速度和响应能力，包括专业创意工具、科学和医疗软件、视觉处理以及神经网络训练和推理等。

OpenCL 通过将计算最密集的代码加载到加速器处理器或设备上，加速应用程序。OpenCL 开发人员使用基于 C 或 C++的内核语言编写程序，这些程序通过设备编译器在加速器设备上并行执行。

OpenCL 为业界提供了最低的 close-to-metal 处理器敏捷执行层，用于加速应用程序、库和引擎，还为编译器提供了代码生成目标。与 Vulkan 等 GPU-only API 不同，OpenCL 支持使用多种加速器，包括多核 CPU、GPU、DSP、FPGA 和专用硬件等。

▶▶ 8.1.2 OpenCL 编程模型

OpenCL 应用程序分成主机和设备部分，主机代码使用通用编程语言（如 C 或 C++）编写，由传统编译器编译，在主机 CPU 上执行。

设备编译阶段可以在线完成（编译阶段是指在使用特殊 API 调用执行应用程序期间），也可以在执行应用程序前编译成机器二进制或由 Khronos 定义的特殊可移植中间表示形式（称为 SPIR-V）。传统编程与 OpenCL 编程范例如图 8.1 所示。

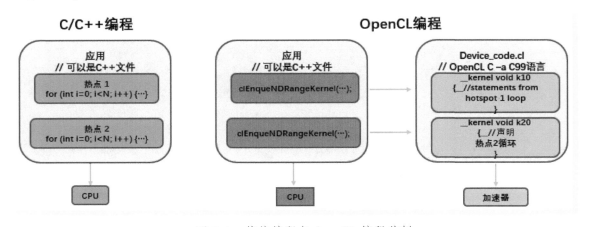

● 图 8.1 传统编程与 OpenCL 编程范例

应用程序宿主代码经常用 C 或 C++编写，不过其他语言也可用，如 Python 等。内核程序可以用 C 语言（OpenCL 的 C）或 C++（OpenCL 的 C++）编写，使得开发人员能够在内核程序中编写计算密集型应用程序的部分。

OpenCL 工作组已经从 OpenCL 2.0 中定义的最初 OpenCL C++内核向 C++过渡，为开源社区开发的 OpenCL 提供了改进的特性，并与 OpenCL 兼容。OpenCL 的 C++是由 CLAN 支持的，使开发人员能够在 OpenCL 内核中，使用大多数 C++17 特性。在很大程度上与 OpenCL C 2.0 向后兼容，能够使用 OpenCL 2.0 或更高版本编程加速器，具有支持 SPIR-V 的一致性驱动程序。可以通过 OpenCL 支持页面跟踪在 Clang 中的实现等。

8.2 OpenCL 程序启动与适配

▶▶ 8.2.1 在 FPGA 上实现 OpenCL 标准的优势

在 FPGA 中，可以把内核功能传送到专用深度流水线硬件电路中，它使用了流水线并行处理概念，在本质上就是多线程的。这些流水线的每一条都可以复制多次，与一条流水线相比，提供了更强的并行处理功能。图 8.2 所示为 Altera OpenCL 平台连接示例。基于 OpenCL 标准的 FPGA 设计，与基于 HDL 设计的传统方法相比，具有很多优势。开发软件的流程一般包括构思、在 C 等高级语言中对算法的编程，然后使用自动编译器来建立指令流等。面向 OpenCL 的 SDK 提供了设计环境，很容易在 FPGA 上实现 OpenCL 应用，流程如下所示。

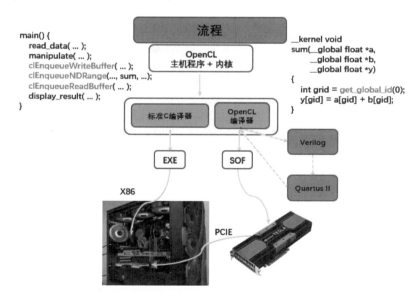

● 图 8.2 Altera OpenCL 平台连接示例

1）首先，需要 OpenCL 设备（如 CPU、GPU），这些设备是执行核函数的地方。

2）其次，主机需要寻找 OpenCL 平台，创建程序（Programs，核函数的程序）、创建核函数（Kernels，并为核函数设置相关的参数）、创建内存对象（Memory Objects，有 Images 和 Buffers 类型）、创建命令队列（对读/写内存、执行核函数等动作进行排队）。

可以把这一方法与传统的 FPGA 设计方法相比较。在传统方法中，设计人员的主要工作是对硬件按照每个周期进行描述，用于实现其算法。传统流程涉及建立数据通路，通过状态机来控制这些数据通路，使用系统级工具连接至底层 IP 内核。由于必须要满足外部接口带来的约束，因此，需要处理时序收敛问题。面向 OpenCL 的 Altera SDK 帮助设计人员自动完成所有这些步骤，使大家能够集中精力定义算法，而不是重点关注乏味的硬件设计。以这种方式进行设计，设计人员很容易移植到新 FPGA，而且性能更好，功能更强。这是因为 OpenCL 编译器将相同的高级描述转换为流水线，从而发挥了 FPGA 新器件的优势。

在 FPGA 上使用 OpenCL 标准，与目前的硬件体系结构（如 CPU、GPU 等）相比，能够大幅度提高性能，同时降低了功耗。此外，与使用 Verilog 或者 VHDL 等底层硬件描述语言（HDL）的传统 FPGA 开发方法相比，使用 OpenCL 标准、基于 FPGA 的混合系统（CPU + FPGA）具有明显的产品及时面市优势。

▶▶ 8.2.2　OpenCL 与 Host 流程图

图 8.3 所示为 OpenCL 主要模块框架与 Host 程序启动流程。

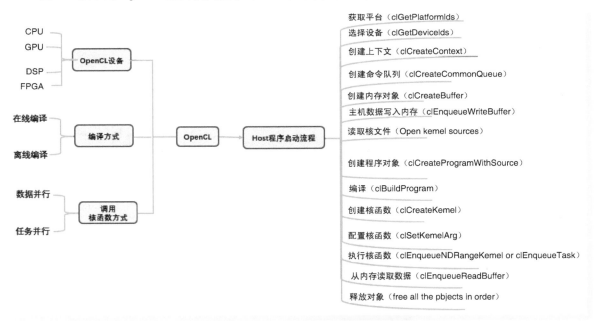

● 图 8.3　OpenCL 主要模块框架与 Host 程序启动流程

1. OpenCL 设备与编译

OpenCL 设备主要包括 CPU、GPU、DSP 和 FPGA 等。编译文件是核函数的源码，需要重新编译，同时需要多花费编译时间，但灵活性高，并且修改源码方便。而已经编译好的二进制文件，灵活性差，要匹配不同的 OpenCL 设备，需要不同版本的二进制文件。两种编译使用的函数不一样。

2. OpenCL 与 Host 流程

平台模型定义了使用 OpenCL 的异构平台的一个高层表示。OpenCL 平台总是包括一个宿主机（host）。宿主机与一个或多个 OpenCL 设备连接，设备就是执行指令流（或内核）的地方，因此，OpenCL 设备通常称为计算设备。设备可以是 CPU、GPU、DSP 或硬件提供以及 OpenCL 开发商支持的任何其他处理器。

宿主机与 OpenCL 设备之间的交互是通过命令完成的，这些命令由宿主机提交给命令队列（command-queue）。这些命令会在命令队列中等待，再到 OpenCL 设备上执行。命令队列由宿主机创建，并在定义上下文之后关联一个 OpenCL 设备。宿主机将命令放入命令队列，然后调度这些命令在关联设备上执行。以下是宿主机与 OpenCL 的一些交互关系。

1）平台模型由一个 Host 连接一个或多个 OpenCL 设备组成。

2）OpenCL 设备可以划分成一个或多个计算单元（Compute Unit，CU）。

3）CU 可以进一步划分成一个或多个处理单元（Processing Unit，PE），而最终的计算由 PE 来完成。

4）OpenCL 应用程序分成两部分：host 代码和 device kernel 代码。其中 Host 运行 host 代码，并将 kernel 代码以命令的方式提交到 OpenCL 设备，再由 OpenCL 设备来运行 kernel 代码。

3. Host 程序启动流程

Host 程序启动流程包括如下内容。

1）获取平台（clGetPlatformIDs）。

2）选择设备（clGetDeviceIDs）。

3）创建上下文（clCreateContext）。

4）创建命令队列（clCreateCommandQueue）。

5）创建内存对象（clCreateBuffer）。

6）主机数据写入内存（clEnqueueWriteBuffer）。

7）读取核文件（open kernel sources）。

8）创建程序对象（clCreateProgramWithSource）。

9）编译（clBuildProgram）。

10）创建核函数（clCreateKernel）。

11）配置核函数参数（clSetKernelArg）。

12）执行核函数（clEnqueueNDRangeKernelor clEnqueueTask）。

13）从内存读取数据（clEnqueueReadBuffer）。

14）释放对象（free all the objects in order）。

此处需要了解各步骤中函数的相关参数，每次启动流程类似。可能需要特别关注的是以上 5）、6）、13）的步骤。因为创建一个 OpenCL 设备是为了做加速运算，存储是 OpenCL 设备和主机之间的接口。数据首先需要从主机通过相关函数复制到 OpenCL 设备里，在设备内执行完数据后，主机又需要通过相关函数获取，才能得到想要的结果。

数据并行与任务并行。数据并行使用 clEnqueueNDRangeKernel 函数，任务并行使用 clEnqueueTask 核函数。

▶▶ 8.2.3 TVM 适配 CUDA

1. CUDA 内核函数

关于 CUDA 内核，这里介绍一下有关 CUDA 内核启动的内容。

（1）内核函数格式及注意事项

内核函数格式为 kernel_name <<<grid，block>>>（argument list）。

注意事项如下。

1）kernel 在设备上执行时会启动很多线程，一个 kernel 启动的所有线程称为一个网格（grid）。

2）同一个块（block）内的线程可以轻松地相互通信，而属于不同块的线程无法协作。

3）对于给定的问题，可以使用不同的网格和块布局来组织线程。例如，假设有 32 个数据元素用于计算，可以将 8 个元素分组到每个块中，并按以下方式启动 4 个块。

```
kernel_name<<<4, 8>>>(argument list);
```

（2）CUDA 内核函数启动

1）与 C 函数调用不同，所有 CUDA 内核函数启动都是异步的。当 CUDA 内核函数被调用后，控制权立即返回给 CPU。

2）可以调用以下函数来强制主机应用程序等待所有内核函数完成。

```
cudaError_t cudaDeviceSynchronize(void);
```

3）一些 CUDA 运行时，API 在主机和设备之间执行隐式同步。使用 cudaMemcpy 在主机和设备之间复制数据时，将在主机端执行隐式同步，并且主机应用程序必须等待数据复制完成。在所有先前的内核函数调用完成后，将开始复制。当复制完成后，控制权立即返回主机。

```
cudaError_t cudaMemcpy(void*dst, const void*src, size_t count, cudaMemcpyKind kind);
```

（3）自主构建 GPU kernel

关键词 global 会告诉编译器这个函数在 CPU 上调用，并在 GPU 上执行，代码如下。

```
__global__void helloFromGPU(void) {
    printf(" Hello World from GPU! \n");
}
```

kernel 的返回类型必须是 void。

（4）验证 Kernel 正确性

验证 kernel 的方式如下。

1）在 Fermi 及后面的版本中，可以使用 printf 函数打印。

2）设置执行参数为 <<<1，1>>>，可强制 kernel 运行一个块和一个线程。

2. 数据布局重排

先介绍一下 dp4a。dp4a 是 Compute Capability 6.1 设备上固有的 CUDA，是一种混合精度指令，可以高效地计算两个 4 元素 8 位整数向量之间的点积，并以 32 位格式累加结果。若使用 dp4a，可以在 8 位整数向量之间实现点积，其元素数可以被 4 整除。而使用高效的点积算子，可以实现高级算子，例如 2D 卷积和密集层，因为这些算子通常可由点积支持。为了说明这一点，可在二维卷积中，接着沿着内核的通道，随后进行宽度和高度轴累积运算。这是典型用例 dp4a。

进行 CUDA 二维 int8 卷积，可用 NCHW4c 数据与 OIHW4o4i 进行权重布局，再提升到 NCHW[x]c 与 OIHW[x]o[x]i，这里 x 是 4 倍正整数。在选用的 NCHW4c 数据布局中，沿通道维度将每 4 个元素打包放到最内层。类似地，在卷积核中，将对应输入和输出通道的维度也分别进行打包并移到最内层。这种卷积核布局使得输出具有和输入相同的布局。因此，不需要在每层之间插入不必要的布局转换。

图 8.4 中所示为 2D 卷积输出元素计算。输入超维度 NCHW 和 OIHW 元素，并且每一行的点积 dp4a 结果累加到输出张量。有一条指令处理 4 组数据的能力，如 x86 结构的 SSE 指令，arm 的 neon 指令，以及通用 GPU 的 OpenGL 和 OpenCL，可单次处理 RGBA 4 组数据。

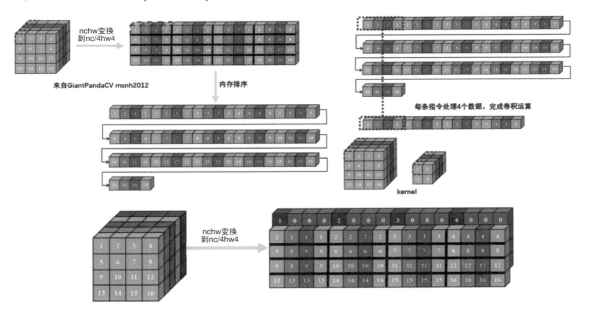

● 图 8.4　2D 卷积输出元素计算

按行处理特点，若对于特征和 kernel 的宽不是 4 倍数进行处理，就会出现错误，而 kernel 已经到了第二行的值。

有没有方法在按行处理的思想上，一次处理 4 个数而不受影响呢？答案是有的，即 NC4HW4。即把前 4 个通道合并在一个通道上，依次类推，在通道数不够 4 的情况下进行补 0。

在进行单次指令处理 4 组数据时，就没有问题。只不过处理结果也是 NC4HW4 这种结构，需要在输出结果中加上 NC4HW4 转 NCHW。

优点：在进行 NC4HW4 重排后，可以充分利用 CPU 指令集的特性，以便实现对卷积等操作进行加速，同时可以减少内存缺失。

缺点：对于较大的特征，如果通道不是 4 的倍数，会导致补充 0 过多，并导致内存占用过高，同时也相应地会增加一些计算量。

下面对图 8.4 中信息进行如下说明。

1）内核过滤器是蓝色的，而输入与内核元素是灰色的。

2）在一个元素中，通道子维度有 4 个打包元素。

3）若在同一个布局中运行模型，就不需要额外开销。

3. 应用框架

一个典型的应用框架都包含有库、API 接口、驱动/编译器和运行时系统等来支持软件开发。CUDA 和 OpenCL 也拥有相似的特性，都拥有运行时 API 和库 API，但具体环境下的创建和复制 API 是不同的，并且 OpenCL 可以通过平台层查询设备的信息。CUDA 的 kernel 可以直接通过 NVIDIA 驱动执行，而 OpenCL 的 kernel 必须通过 OpenCL 驱动，但这样可能会影响到性能。因为 OpenCL 毕竟是一个开源的标准，为了适应不同的 CPU、GPU 等设备都能够得到正常执行，而 CUDA 只针对 NVIDIA 的 GPU 产品。图 8.5 所示为 OpenCL 与 CUDA 应用框架对比。

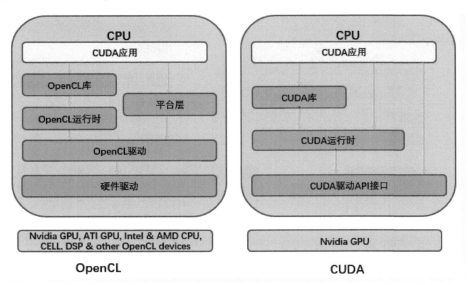

● 图 8.5　OpenCL 与 CUDA 应用框架对比

4. 存储结构

CUDA 与 OpenCL 架构对应，相比较而言，OpenCL 更通用。如 OpenCL 用处理单元替代 CUDA 的处理器，而 CUDA 只能在 NVIDIA 架构的 GPU 上运行。

CUDA 和 OpenCL 的存储模型如图 8.6 所示。两者的模型都是将设备和主机的存储单元独立分开，它们都是按等级划分并需要程序员进行精确的控制，都能通过 API 来查询设备的状态、容量等信息。而 OpenCL 模型更加抽象，并为不同的平台提供了更加灵活的实现，在 CUDA 模型的本地内存在 OpenCL 没有相关的概念。

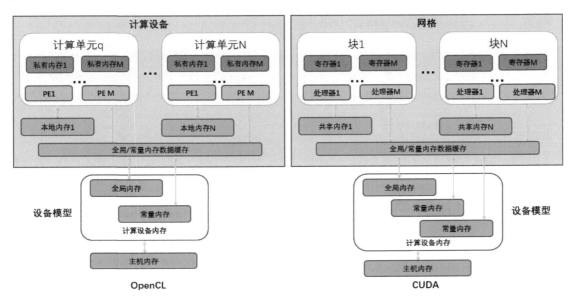

• 图 8.6　CUDA 和 OpenCL 的存储模型

表 8.1 列出了 OpenCL 与 CUDA 对存储单元命名的差异。

表 8.1　OpenCL 与 CUDA 对存储单元命名的差异

OpenCL	CUDA
主机内存	主机内存
全局内存	全局或设备内存
全局内存	局部内存
常量内存	常量内存
全局内存	结构内存
局部内存	共享内存
私有内存	寄存器

8.3　OpenCL 构建编程示例分析

▶▶ 8.3.1　选择 OpenCL 平台并创建上下文

平台是指由主机与 OpenCL 若干个设备构成的，同时运行 OpenCL 程序的完整硬件系统，主要函数如下。

1）clGetPlatformIDs：用于获取可用的平台。

2）clCreateContextFromType：用于创建一个 OpenCL 运行时上下文环境。

8.3.2 选择设备并创建命令队列

选择平台并创建好 OpenCL 上下文环境之后，要做的是选择运行时用到的设备。还要创建一个命令队列，命令队列里定义了设备要完成的操作，以及各个操作的运行次序。主要涉及的函数如下。

clCreateCommandQueue：用于创建一个指定设备上的上下文环境，第二个参数定义了选择的设备。

8.3.3 构建内核程序

程序对象用来存储与上下文相关联的设备的已编译可执行代码，同时也完成内核源代码的加载编译工作，包括以下主要函数。

1）clCreateProgramWithSource：用于创建一个程序对象，在创建的同时，把已经转化成字符串形式的内核源代码加载到该程序对象中。

2）clBuildProgram：用于编译指定程序对象中的内核源代码，编译成功后，再把编译代码存储在程序对象中。

8.3.4 创建内核内存对象

要想执行程序对象中已编译成功的内核运算，需要在内存中创建内核函数并分配内核函数的参数，在 GPU 上定义内存对象并分配存储空间，包括以下主要函数。

1）clCreateKernel：用于创建内核。

2）clCreateBuffer：用于分配内存对象的存储空间，这些对象可以由内核函数直接访问。

8.3.5 设置内核数据并执行队列

创建内核和内存对象之后，接下来要设置核函数的数据，并将要执行的内核排队，主要函数如下。

clEnqueueNDRangeKernel：用于设置内核函数的所有参与运算的数据。

利用命令队列对要在设备上执行的内核排队。需要注意的是，执行内核排队之后并不意味着这个内核一定会立即执行，只是排到了执行队列中。

8.3.6 读取结果并释放 OpenCL 资源

内核执行完成之后，需要把数据从 GPU 复制到 CPU 中，供主机进一步处理，所有工作完成之后需要释放所有的 OpenCL 资源，包括以下主要函数。

1）clEnqueueReadBuffer：用于读取设备内存数据到主机内存。

2）clReleaseXXX：用于释放 OpenCL 资源。

以下程序功能很简单，用于实现两个数组求和，包含以下几个步骤。

1）选择 OpenCL 平台，创建上下文。

2）构建设备与命令队列。

3）构建程序对象。

4）创建 OpenCL 内核，分配内存空间。

5）创建要处理的数据。

6）创建内存对象。

7）设置内核数据并执行。

8）读取结果，释放 OpenCL 资源。

主程序实现如下所示。

```cpp
#include <iostream>
#include <fstream>
#include <sstream>
#include <CL/cl.h>
const int ARRAY_SIZE = 1000;
//选择 OpenCL 平台,创建上下文
cl_context CreateContext()
{
    cl_int errNum;
    cl_uint numPlatforms;
    cl_platform_id firstPlatformId;
    cl_context context = NULL;
    //选择平台中第一个
    errNum = clGetPlatformIDs(1, &firstPlatformId, &numPlatforms);
    if (errNum != CL_SUCCESS || numPlatforms <= 0)
    {
        std::cerr << "Failed to find any OpenCL platforms." << std::endl;
        return NULL;
    }
    //创建 OpenCL 上下文环境
    cl_context_properties contextProperties[] =
    {
        CL_CONTEXT_PLATFORM,
        (cl_context_properties)firstPlatformId,
        0
    };
    context = clCreateContextFromType(contextProperties, CL_DEVICE_TYPE_GPU,NULL, NULL,
&errNum);
    return context;
}
//创建设备及命令队列
cl_command_queue CreateCommandQueue(cl_context context, cl_device_id * device)
{
    cl_int errNum;
    cl_device_id * devices;
    cl_command_queue commandQueue = NULL;
```

```
        size_t deviceBufferSize = -1;
        //获取设备缓冲区大小
        errNum = clGetContextInfo(context, CL_CONTEXT_DEVICES, 0, NULL, &deviceBufferSize);
        if (deviceBufferSize <= 0)
        {
            std::cerr << "No devices available.";
            return NULL;
        }
        //分配缓存空间
        devices = new cl_device_id[deviceBufferSize/sizeof(cl_device_id)];
        errNum = clGetContextInfo(context, CL_CONTEXT_DEVICES, deviceBufferSize, devices, NULL);
        //选取设备中第一个
        commandQueue = clCreateCommandQueue(context, devices[0], 0, NULL);
        * device = devices[0];
        delete[] devices;
        return commandQueue;
    }
    //构建程序对象
    cl_program CreateProgram(cl_context context, cl_device_id device, const char* fileName)
    {
        cl_int errNum;
        cl_program program;

        std::ifstream kernelFile(fileName, std::ios::in);
        if (! kernelFile.is_open())
        {
            std::cerr << "Failed to open file for reading: " << fileName << std::endl;
            return NULL;
        }
        std::ostringstream oss;
        oss << kernelFile.rdbuf();
        std::string srcStdStr = oss.str();
        const char * srcStr = srcStdStr.c_str();
        program = clCreateProgramWithSource(context, 1,(const char** )&srcStr,NULL, NULL);
        errNum = clBuildProgram(program, 0, NULL, NULL, NULL, NULL);
        return program;
    }
    //构建程序对象
    bool CreateMemObjects(cl_context context, cl_mem memObjects[3],float * a, float * b)
    {
        memObjects[0] = clCreateBuffer(context, CL_MEM_READ_ONLY |CL_MEM_COPY_HOST_PTR,
sizeof(float) * ARRAY_SIZE, a, NULL);
        memObjects[1] = clCreateBuffer(context, CL_MEM_READ_ONLY |CL_MEM_COPY_HOST_PTR,
sizeof(float) * ARRAY_SIZE, b, NULL);
        memObjects[2] = clCreateBuffer(context, CL_MEM_READ_WRITE,sizeof(float) * ARRAY_
SIZE, NULL, NULL);
        return true;
    }
    //释放 OpenCL 资源
```

```
        void Cleanup(cl_context context, cl_command_queue commandQueue,cl_program program, cl_
kernel kernel, cl_mem memObjects[3])
    {
        for (int i = 0; i < 3; i++)
        {
            if (memObjects[i] != 0)
                clReleaseMemObject(memObjects[i]);
        }
        if (commandQueue != 0)
            clReleaseCommandQueue(commandQueue);

        if (kernel != 0)
            clReleaseKernel(kernel);

        if (program != 0)
            clReleaseProgram(program);

        if (context != 0)
            clReleaseContext(context);
    }
    int main(int argc, char** argv)
    {
        cl_context context = 0;
        cl_command_queue commandQueue = 0;
        cl_program program = 0;
        cl_device_id device = 0;
        cl_kernel kernel = 0;
        cl_mem memObjects[3] = { 0, 0, 0 };
        cl_int errNum;
        //选择 OpenCL 平台,创建上下文
        context =CreateContext();
        //构建设备与命令队列
        commandQueue = CreateCommandQueue(context, &device);
        //构建程序对象
        program =CreateProgram(context, device, "HelloWorld.cl");
        //创建 OpenCL 内核,分配内存空间
        kernel =clCreateKernel(program, "hello_kernel", NULL);
        //创建要处理的数据
        float result[ARRAY_SIZE];
        float a[ARRAY_SIZE];
        float b[ARRAY_SIZE];
        for (int i = 0; i < ARRAY_SIZE; i++)
        {
            a[i] = (float)i;
            b[i] = (float)(ARRAY_SIZE - i);
        }
        //创建内存对象
        if (! CreateMemObjects(context, memObjects, a, b))
        {
```

```
        Cleanup(context, commandQueue, program, kernel, memObjects);
        return 1;
    }
    //设置内核数据并执行
    errNum = clSetKernelArg(kernel, 0, sizeof(cl_mem), &memObjects[0]);
    errNum |= clSetKernelArg(kernel, 1, sizeof(cl_mem), &memObjects[1]);
    errNum |= clSetKernelArg(kernel, 2, sizeof(cl_mem), &memObjects[2]);
    size_t globalWorkSize[1] = { ARRAY_SIZE };
    size_t localWorkSize[1] = { 1 };
    errNum = clEnqueueNDRangeKernel(commandQueue, kernel, 1, NULL,globalWorkSize,
localWorkSize,0, NULL, NULL);
    //读取结果,释放 OpenCL 资源
    errNum = clEnqueueReadBuffer(commandQueue, memObjects[2], CL_TRUE,0, ARRAY_SIZE *
sizeof(float), result,0, NULL, NULL);
    for (int i = 0; i < ARRAY_SIZE; i++)
    {
        std::cout << result[i] << " ";
    }
    std::cout << std::endl;
    std::cout << "Executed program succesfully." << std::endl;
    getchar();
    Cleanup(context,commandQueue, program, kernel, memObjects);
    return 0;
}

//核函数文件 HelloWorld.cl:
__kernel void hello_kernel(__global const float * a,
    __global const float * b,
    __global float * result)
{
    int gid = get_global_id(0);
    result[gid] = a[gid] + b[gid];
}
```

8.4 OpenCL 平台编程配置与示例分析

▶▶ 8.4.1 配置目标平台

配置目标平台包括以下内容。

1）代码编译后加载到主机内存。

2）核函数代码编译后，加载到 OpenCL 设备。

3）FPGA 设备与主机间通过 PCIe 连接。

OpenCL 是异构并行计算的开源语言，可使用模型模糊各种硬件差异。OpenCL 程序流程如下。

1）查询选择合适的平台。

2）在平台上创建上下文。

3）在上下文上查询并选择合适的目标设备。

▶▶ 8.4.2　构建运行时流程

构建运行时流程如下。

1）加载 OpenCL 内核，创建程序。

2）在设备上编译程序中的内核。

3）创建内核对象。

4）创建内核内存对象。

5）设置内核参数。

6）在设备上创建命令队列。

7）将命令队列读入内核。

8）将计算结果返回主机。

9）回收资源。

▶▶ 8.4.3　平台编程示例

使用 OpenCL API C/C++引入第三方库编程。配置 include 头文件，在 MacOS X 10.6 下 OpenCL 的头文件命名与其他系统不同，通常使用#if defined 进行区分，实现代码如下。

```
#if defined(__APPLE__) || defined(__MACOSX)
#include <OpenCL/cl.hpp>
#else
#include <CL/cl.h>
#endif
```

1. 平台

平台指 OpenCL 框架，不同的 CPU/GPU 开发商（如 Intel、AMD、NVDIA 等），可分别定义 OpenCL 框架，并查询平台。可使用 API 函数 clGetPlatformIDs 获取平台数量，实现代码如下。

```
cl_int status = 0;
cl_uint numPlatforms;
cl_platform_id platform = NULL;
status = clGetPlatformIDs( 0, NULL, &numPlatforms);

if(status != CL_SUCCESS){
    printf("Error: Getting Platforms \n");
    return EXIT_FAILURE;
}
```

通过 clGetPlatformIDs 函数获取可用的平台。OpenCL 先取得数目，再分配足够的内存，接着获取真正的信息，实现代码如下。

```
    if (numPlatforms > 0) {
        cl_platform_id * platforms = (cl_platform_id * )malloc(numPlatforms *  sizeof(cl_
platform_id));
        status =clGetPlatformIDs(numPlatforms, platforms, NULL);
        if (status != CL_SUCCESS) {
            printf("Error: Getting Platform Ids.(clGetPlatformIDs) \n");
            return -1;
        }
    }
```

在计算机上配置 Intel 的 CPU 和 AMD 的 GPU。

用 clGetPlatformInfo 函数得到平台信息，实现代码如下。

```
    for (unsigned int i = 0; i <numPlatforms; ++i) {
        char pbuff[100];
        status =clGetPlatformInfo(
                    platforms[i],
                    CL_PLATFORM_VENDOR,
                    sizeof(pbuff),
                    pbuff,
                    NULL);
        platform = platforms[i];
        if (! strcmp(pbuff, "Advanced Micro Devices, Inc.")) {
            break;
        }
    }
```

应用 OpenCL 标准可以获取不同的厂商信息，这里筛选 AMD。同时在平台上构建上下文，并获取上下文属性，实现代码如下。

```
    // 若找到相应平台就使用，否则返回 NULL
    cl_context_properties cps[3] = {
        CL_CONTEXT_PLATFORM,
        (cl_context_properties)platform,
        0
    };
    cl_context_properties * cprops = (NULL == platform) ? NULL : cps;
```

再用 clCreateContextFromType 构建上下文，实现代码如下。

```
    cl_context context = clCreateContextFromType(
                        cprops,
                        CL_DEVICE_TYPE_GPU,
                        NULL,
                        NULL,
                        &status);
    if (status != CL_SUCCESS) {
        printf("Error: Creating Context.(clCreateContexFromType) \n");
        return EXIT_FAILURE;
    }
```

其中第二个参数可以设定上下文设备类型。而本例 OpenCL 的计算设备是 GPU，其他可使用的类别如下。

```
- CL_DEVICE_TYPE_CPU
- CL_DEVICE_TYPE_GPU
- CL_DEVICE_TYPE_ACCELERATOR
- CL_DEVICE_TYPE_DEFAULT
- CL_DEVICE_TYPE_ALL
```

先完成上下文构建，接着查询设备信息，实现代码如下。

```
status =clGetContextInfo(context,
                         CL_CONTEXT_DEVICES,
                         0,
                         NULL,
                         &deviceListSize);
if (status != CL_SUCCESS) {
    printf("Error: Getting Context Info device list size,clGetContextInfo) \n");
    return EXIT_FAILURE;
}
cl_device_id * devices = (cl_device_id * )malloc(deviceListSize);
if (devices == 0) {
    printf("Error: No devices found. \n");
    return EXIT_FAILURE;
}
status =clGetContextInfo(context,
                         CL_CONTEXT_DEVICES,
                         deviceListSize,
                         devices,
                         NULL);
if (status != CL_SUCCESS) {
    printf("Error: Getting Context Info (device list,clGetContextInfo) \n");
    return EXIT_FAILURE;
}
```

然后根据数量来分配内存，并得到所有可用的平台，所使用的 API 还是 clGetPlatformIDs。在 OpenCL 中，类似这样的函数调用很常见：第一次调用以取得数目，便于分配足够的内存；第二次调用以获取真正的信息。

调用 clGetDeviceInfo 函数获取设备信息，包括设备类型、生产商，以及对某些扩展功能的支持与否等。完整实现代码如下。

```
#if defined(__APPLE__) ||defined(__MACOSX)
#include <OpenCL/cl.hpp>
#else
#include <CL/cl.h>
#endif
#include <iostream>

int main(int argc, char const * argv[])
{
```

```
        printf("hello OpenCL\n");
    cl_int status = 0;
    size_t deviceListSize;
    // 得到并选择可用平台
    cl_uint numPlatforms;
    cl_platform_id platform = NULL;
    status =clGetPlatformIDs(0, NULL, &numPlatforms);
    if (status != CL_SUCCESS) {
        printf("ERROR: Getting Platforms.(clGetPlatformIDs)\n");
        return EXIT_FAILURE;
    }
    if (numPlatforms > 0) {
        cl_platform_id * platforms = (cl_platform_id * )malloc(numPlatforms *  sizeof(cl_
platform_id));
        status =clGetPlatformIDs(numPlatforms, platforms, NULL);
        if (status != CL_SUCCESS) {
            printf("Error: Getting Platform Ids.(clGetPlatformIDs)\n");
            return -1;
        }
        // 遍历所有平台, 选择合适的
        for (unsigned int i = 0; i <numPlatforms; ++i) {
            char pbuff[100];
            status =clGetPlatformInfo(
                    platforms[i],
                    CL_PLATFORM_VENDOR,
                    sizeof(pbuff),
                    pbuff,
                    NULL);
            platform = platforms[i];
            if (! strcmp(pbuff, "Advanced Micro Devices, Inc.")) {
                break;
            }
        }
        delete platforms;
    }
    // 找到相应平台并使用, 否则返回 NULL
    cl_context_properties cps[3] = {
        CL_CONTEXT_PLATFORM,
        (cl_context_properties)platform,
        0
    };
    cl_context_properties * cprops = (NULL == platform) ? NULL : cps;
    // 生成上下文
    cl_context context = clCreateContextFromType(
                    cprops,
                    CL_DEVICE_TYPE_GPU,
                    NULL,
                    NULL,
                    &status);
```

```
            if (status != CL_SUCCESS) {
                printf("Error: Creating Context.(clCreateContexFromType)\n");
                return EXIT_FAILURE;
            }
            // 寻找 OpenCL 设备
            // 先得到设备列表的长度
            status =clGetContextInfo(context,
                                CL_CONTEXT_DEVICES,
                                0,
                                NULL,
                                &deviceListSize);
            if (status != CL_SUCCESS) {
                printf("Error: Getting Context Info device list size,clGetContextInfo)\n");
                return EXIT_FAILURE;
            }
            cl_device_id * devices = (cl_device_id * )malloc(deviceListSize);
            if (devices == 0) {
                printf("Error: No devices found.\n");
                return EXIT_FAILURE;
            }
            // 得到设备列表
            status =clGetContextInfo(context,
                                CL_CONTEXT_DEVICES,
                                deviceListSize,
                                devices,
                                NULL);
            if (status != CL_SUCCESS) {
                printf("Error: Getting Context Info (device list,clGetContextInfo)\n");
                return EXIT_FAILURE;
            }
```

2. 运行时实现

本例是在 4×4 的二维空间上，同时给元素赋值，实现代码如下。

```
        #define KERNEL(...)#__VA_ARGS__
        const char * kernelSourceCode = KERNEL(__kernel void hellocl(__global uint * buffer)
        {
            size_t gidx = get_global_id(0);
            size_t gidy = get_global_id(1);
            size_t lidx = get_local_id(0);
            buffer[gidx + 4 * gidy] = (1 <<gidx) | (0x10 << gidy);
        }
        );
```

这里嵌入字符串，再将内核写成一个文件。

（1）加载 OpenCL 内核并创建程序对象

读取 OpenCL 内核，以便创建程序，实现代码如下。

```
size_t sourceSize[] = {strlen(kernelSourceCode)};
cl_program program = clCreateProgramWithSource(context,
                    1,
                    &kernelSourceCode,
                    sourceSize,
                    &status);
if (status != CL_SUCCESS) {
    printf("Error: Loading Binary into cl_program (clCreateProgramWithBinary) \n");
    return EXIT_FAILURE;
}
```

其中内核使用了 clCreateProgramWithSource 函数。若想让内核程序不公开，可生成二进制文件，接着通过 clCreateProgramWithBinary 函数动态读入。

（2）编译内核程序

内核程序读入后，再用 clBuildProgram 函数编译内核，实现代码如下。

```
status =clBuildProgram(program, 1, devices, NULL, NULL, NULL);
if (status != CL_SUCCESS) {
    printf("Error: Building Program (clBuildingProgram) \n");
    return EXIT_FAILURE;
}
```

最后，使用内核将设备上对应的 OpenCL 编译成机器码。

（3）创建内核对象

通过 clCreateKernel 函数创建内核对象，实现代码如下。

```
cl_kernel kernel =clCreateKernel(program, "hellocl", &status);
if (status != CL_SUCCESS) {
    printf("Error: Creating Kernel from program.(clCreateKernel) \n");
    return EXIT_FAILURE;
}
```

其中 hellocl 就是内核函数名。而每个内核关联程序的内核，可同时写多个内核程序，而且执行内核程序前可以建立内核对象，并多次调用 clCreateKernel 函数。

（4）创建 kernel 内存对象

OpenCL 中的内存对象包括 buffer 以及 image，buffer 是一维数据元素的集合，image 主要用来存储一维、二维、三维图像、纹理或者 framebuffer。对于 image 对象 GPU 会有优化，如使用 L1 cache、tile mode 地址等，实现代码如下。

```
cl_mem outputBuffer = clCreateBuffer(
                        context,
                        CL_MEM_ALLOC_HOST_PTR,
                        4 * 4 * 4,
                        NULL,
                        &status);
if (status != CL_SUCCESS) {
    printf("Error: Create Buffer,outputBuffer.(clCreateBuffer) \n");
```

```
        return EXIT_FAILURE;
    }
```

（5）设置内核参数

使用 clSetKernelArg 函数为内核设置参数，包括设置常数、变量、内存对象等。下面是设置内存对象，实现代码如下。

```
status =clSetKernelArg(kernel, 0, sizeof(cl_mem), (void * )&outputBuffer);
if (status != CL_SUCCESS) {
    printf("Error: Setting kernel argument.(clSetKernelArg) \n");
    return EXIT_FAILURE;
}
```

每次只能设置一个参数，而多个参数需多次调用。需要设置内核参数，否则启动内核会报错。每次运行内核程序都需要使用设置值，直到 API 重新设置参数。

（6）在设备上构建命令队列

clCreateCommandQueue 函数就是用来在某个设备上创建命令队列的。为上下文关联设备，并且队列的所有命令都会在设备上运行，实现代码如下。

```
cl_command_queue commandQueue = clCreateCommandQueue(context,
                                devices[0],
                                0,
                                &status);
if (status != CL_SUCCESS) {
    printf("Error: Create Command Queue.(clCreateCommandQueue) \n");
    return EXIT_FAILURE;
}
```

（7）将内核放入命令队列

OpenCL 提供了创建内核命令的 3 种方案。其中最常用的内核使用了 clEnqueueNDRangeKernel 函数，实现代码如下。

```
size_t globalThreads[] = {4, 4};
size_t localThreads[] = {2, 2};
status = clEnqueueNDRangeKernel(commandQueue, kernel,
                                2, NULL,globalThreads,
                                localThreads, 0,
                                NULL, NULL);
if (status != CL_SUCCESS) {
    printf("Error:Enqueueing kernel \n");
    return EXIT_FAILURE;
}
```

clEnqueueNDRangeKernel 函数将内核传给命令队列，再调用 API 将多个内核放到命令队列中。这里 API clEnqueueTask 和 clEnqueueNativeKernel 用法类似。

调用 clFinish 函数，确定所有队列命令执行完成，实现代码如下。

```
// 确定所有队列命令执行完成
status =clFinish(commandQueue);
```

```
    if (status != CL_SUCCESS) {
        printf("Error: Finish command queue \ n");
        return EXIT_FAILURE;
    }
```

（8）将计算结果返回 Host

调用 clEnqueueReadBuffer，并将 OpenCL 缓存计算结果返回 host，实现代码如下。

```
    // 将内存对象中的结果返回 Host
    status =clEnqueueReadBuffer(commandQueue,
                          outputBuffer, CL_TRUE, 0,
                          4 *  4 *  4,outbuffer, 0, NULL, NULL);
    if (status != CL_SUCCESS) {
        printf("Error: Read buffer queue \ n");
        return EXIT_FAILURE;
    }
```

打印运行结果。

```
    // Host 端打印结果
    printf("out:\ n");
    for (int i = 0; i < 16; ++i) {
        printf("% x ",outbuffer[i]);
        if ((i + 1) %  4 == 0)
            printf("\ n");
    }
```

（9）资源回收

调用 clRelease 函数释放资源，完成对应 C/C++的内存回收，实现代码如下。

```
    // 资源回收
    status =clReleaseKernel(kernel);
    status =clReleaseProgram(program);
    status =clReleaseMemObject(outputBuffer);
    status = clReleaseCommandQueue(commandQueue);
    status =clReleaseContext(context);

    free(devices);
    delete outbuffer;
```

（10）全部代码

程序实现的主要步骤如下。

1）若能得到相应平台，直接使用，否则返回 NULL。

2）生成上下文。

3）寻找 OpenCL 设备。

4）先计算设备列表长度。

5）得到设备列表。

6）装载内核程序，编译 OpenCL 程序，生成 OpenCL 内核实例。

7）为指定的设备编译 OpenCL 程序。

8）得到指定名字的内核实例的句柄。

9）创建 OpenCL 缓冲区对象。

10）为内核程序设置参数。

11）创建一个 OpenCL 命令队列。

12）将一个内核放入命令队列。

13）确认命令队列中所有命令都执行完毕。

14）将内存对象中的结果返回 Host。

15）Host 端打印结果。

16）资源回收。

本例的全部代码实现如下。

```cpp
#include <iostream>
#if defined(__APPLE__) || defined(__MACOSX)
#include <OpenCL/cl.hpp>
#else
#include <CL/cl.h>
#endif
#define KERNEL(...)#__VA_ARGS__

const char * kernelSourceCode = KERNEL(__kernel void hellocl(__global uint * buffer)
{
    size_t gidx = get_global_id(0);
    size_t gidy = get_global_id(1);
    size_t lidx = get_local_id(0);
    buffer[gidx + 4 * gidy] = (1 <<gidx) | (0x10 << gidy);
}
);
int main(int argc, char const * argv[])
{
    printf("hello OpenCL \n");
    cl_int status = 0;
    size_t deviceListSize;

    // 选择可用平台
    cl_uint numPlatforms;
    cl_platform_id platform = NULL;
    status =clGetPlatformIDs(0, NULL, &numPlatforms);

    if (status != CL_SUCCESS) {
        printf("ERROR: Getting Platforms.(clGetPlatformIDs) \n");
        return EXIT_FAILURE;
    }
    if (numPlatforms > 0) {
```

```
        cl_platform_id * platforms = (cl_platform_id * )malloc(numPlatforms *  sizeof(cl_
platform_id));
        status =clGetPlatformIDs(numPlatforms, platforms, NULL);
        if (status != CL_SUCCESS) {
            printf("Error: Getting Platform Ids.(clGetPlatformIDs) \n");
            return -1;
        }
        for (unsigned int i = 0; i <numPlatforms; ++i) {
            char pbuff[100];
            status =clGetPlatformInfo(
                        platforms[i],
                        CL_PLATFORM_VENDOR,
                        sizeof(pbuff),
                        pbuff,
                        NULL);
            platform = platforms[i];
            if (! strcmp(pbuff, "Advanced Micro Devices, Inc.")) {
                break;
            }
        }
        delete platforms;
    }

    // 若能得到相应平台, 直接使用, 否则返回 NULL
    cl_context_properties cps[3] = {
        CL_CONTEXT_PLATFORM,
        (cl_context_properties)platform,
        0
    };
    cl_context_properties * cprops = (NULL == platform) ? NULL : cps;
    // 生成上下文
    cl_context context = clCreateContextFromType(
                        cprops,
                        CL_DEVICE_TYPE_GPU,
                        NULL,
                        NULL,
                        &status);
    if (status != CL_SUCCESS) {
        printf("Error: Creating Context.(clCreateContexFromType) \n");
        return EXIT_FAILURE;
    }
    // 寻找 OpenCL 设备
    // 先计算设备列表长度
    status =clGetContextInfo(context,
                        CL_CONTEXT_DEVICES,
                        0,
                        NULL,
                        &deviceListSize);
```

```
if (status != CL_SUCCESS) {
    printf("Error: Getting Context Info device list size,clGetContextInfo) \n");
    return EXIT_FAILURE;
}
cl_device_id * devices = (cl_device_id * )malloc(deviceListSize);
if (devices == 0) {
    printf("Error: No devices found. \n");
    return EXIT_FAILURE;
}
// 得到设备列表
status =clGetContextInfo(context,
                        CL_CONTEXT_DEVICES,
                        deviceListSize,
                        devices,
                        NULL);
if (status != CL_SUCCESS) {
    printf("Error: Getting Context Info (device list,clGetContextInfo) \n");
    return EXIT_FAILURE;
}
// 装载内核程序, 编译 OpenCL 程序, 生成 OpenCL 内核实例
size_t sourceSize[] = {strlen(kernelSourceCode)};
cl_program program = clCreateProgramWithSource(context,
                1,
                &kernelSourceCode,
                sourceSize,
                &status);
if (status != CL_SUCCESS) {
    printf("Error: Loading Binary into cl_program (clCreateProgramWithBinary) \n");
    return EXIT_FAILURE;
}
// 为指定的设备编译 OpenCL 程序
status =clBuildProgram(program, 1, devices, NULL, NULL, NULL);
if (status != CL_SUCCESS) {
    printf("Error: Building Program (clBuildingProgram) \n");
    return EXIT_FAILURE;
}
// 得到指定名字的内核实例的句柄
cl_kernel kernel =clCreateKernel(program, "hellocl", &status);
if (status != CL_SUCCESS) {
    printf("Error: Creating Kernel from program.(clCreateKernel) \n");
    return EXIT_FAILURE;
}
// 创建 OpenCL 缓冲区对象
unsigned int * outbuffer = new unsigned int [4 * 4];
memset(outbuffer, 0, 4 * 4 * 4);
cl_mem outputBuffer = clCreateBuffer(
context,
CL_MEM_ALLOC_HOST_PTR,
4 * 4 * 4,
```

```
NULL,
&status);
if (status != CL_SUCCESS) {
    printf("Error: Create Buffer,outputBuffer.(clCreateBuffer) \n");
    return EXIT_FAILURE;
}
// 为内核程序设置参数
status =clSetKernelArg(kernel, 0, sizeof(cl_mem), (void * ) &outputBuffer);
if (status != CL_SUCCESS) {
    printf("Error: Setting kernel argument.(clSetKernelArg) \n");
    return EXIT_FAILURE;
}
// 创建一个 OpenCL 命令队列
cl_command_queue commandQueue = clCreateCommandQueue(context,
                                devices[0],
                                0,
                                &status);
if (status != CL_SUCCESS) {
    printf("Error: Create Command Queue.(clCreateCommandQueue) \n");
    return EXIT_FAILURE;
}
// 将一个 kernel 放入命令队列
size_t globalThreads[] = {4, 4};
size_t localThreads[] = {2, 2};
status = clEnqueueNDRangeKernel(commandQueue, kernel,
                                2, NULL,globalThreads,
                                localThreads, 0,
                                NULL, NULL);
if (status != CL_SUCCESS) {
    printf("Error:Enqueueing kernel \n");
    return EXIT_FAILURE;
}
// 确认命令队列中所有命令都执行完毕
status =clFinish(commandQueue);
if (status != CL_SUCCESS) {
    printf("Error: Finish command queue \n");
    return EXIT_FAILURE;
}
// 将内存对象中的结果返回 Host
status =clEnqueueReadBuffer(commandQueue,
                            outputBuffer, CL_TRUE, 0,
                            4 *  4 * 4,outbuffer, 0, NULL, NULL);
if (status != CL_SUCCESS) {
    printf("Error: Read buffer queue \n");
    return EXIT_FAILURE;
}
// Host 端打印结果
printf("out: \n");
for (int i = 0; i < 16; ++i) {
```

```
        printf("%x ",outbuffer[i]);
        if ((i + 1) % 4 == 0)
            printf("\n");
    }
    // 资源回收
    status =clReleaseKernel(kernel);
    status =clReleaseProgram(program);
    status =clReleaseMemObject(outputBuffer);
    status = clReleaseCommandQueue(commandQueue);
    status =clReleaseContext(context);
    free(devices);
    delete outbuffer;
    system("pause");
    return 0;
}
```

8.5　TVM Python 中的 relay.build 示例

8.5.1　TVM 优化 model

使用 TVM 优化过程中，如果 target_device 是 vta，可通过 pass 上下文直接使用 relay_build 与 C++ 后端交互。否则，需通过 build_config 使用 relay_build 与 C++后端交互。可以设置一些参数，这些参数包括优先级、Layout 运算、图 graph、库调用参数、目标设备等。常见的 model 优化过程如图 8.7 所示。

```
if target.device_name != "vta":
    with tvm.transform.PassContext(opt_level=3, disabled_pass={"AlterOpLayout"}):
        graph, lib, params = relay.build(
            relay_prog, target=target, params=params, target_host=env.target_host
        )
else:
    with vta.build_config(opt_level=3, disabled_pass={"AlterOpLayout"}):
        graph, lib, params = relay.build(
            relay_prog, target=target, params=params, target_host=env.target_host
        )
```

● 图 8.7　常见的 model 优化过程

8.5.2　构建 relay.build 调用机制

Python 中的 build 函数配置与编译实现如图 8.8 所示，通过 build_config 调用 BuildModule 的 build 方法，参数设置可选择模型、目标设备、模型参数等。

```
with relay.build_config(opt_level=3):
    graph, lib, params = relay.build_module.build(resnet18_mod, "llvm", params=resnet18_params)
```

● 图 8.8　Python 中的 build 函数配置与编译实现

BuildModule 先进行初始化，再调用 C++函数 build 方法进行编译实现，其中涉及混合编程方法，可设置包括模型文件、图 json、优化、数据、目标设备、执行器等参数，如图 8.9 所示。

```python
class BuildModule(object):
    """Build an IR module to run on TVM graph executor. This class is used
    to expose the 'RelayBuildModule' APIs implemented in C++.
    """

    def __init__(self):
        self.mod = _build_module._BuildModule()
        self._get_graph_json = self.mod["get_graph_json"]
        self._get_module = self.mod["get_module"]
        self._build = self.mod["build"]
        self._optimize = self.mod["optimize"]
        self._set_params_func = self.mod["set_params"]
        self._get_params_func = self.mod["get_params"]
        self._get_function_metadata = self.mod["get_function_metadata"]

    def build(
        self, mod, target=None, target_host=None, params=None, executor="graph", mod_name=None
    ):
```

● 图 8.9　C++函数 build 方法

在 TVM 中，PackedFunc 贯穿了整个 Stack，这是 Python 与 C++进行互相调用的桥梁，深入理解 PackedFunc 的数据结构及相应的调用流程，对理解整个 TVM 的代码很有帮助。PackedFunc 就是通过 std::function 来实现的，而 std::function 最大的好处是可以针对不同的可调用实体形成统一的调用方式。

TypedPackedFunc 是 PackedFunc 的一个封装，TVM 在使用 C++代码开发时，尽量使用这个类而不是直接使用 PackedFunc，不然会增加编译时的类型检查。这样不仅可以作为参数传给 PackedFunc，同时可以给 TVMRetValue 赋值，并且可以直接转换为 PackedFunc。

图 8.10 所示为 GetFunction 与 PackedFunc 的处理过程。

```cpp
class RelayBuildModule : public runtime::ModuleNode {
public:
    /*!
     * \brief Get member function to front-end
     * \param name The name of the function.
     * \param sptr_to_self The pointer to the module node.
     * \return The corresponding member function.
     */
    PackedFunc GetFunction(const std::string& name, const ObjectPtr<Object>& sptr_to_self) final {
        if (name == "get_graph_json") {
            return PackedFunc(
                [sptr_to_self, this](TVMArgs args, TVMRetValue* rv) { *rv = this->GetGraphJSON(); });
        } else if (name == "get_module") {
            return PackedFunc(
                [sptr_to_self, this](TVMArgs args, TVMRetValue* rv) { *rv = this->GetModule(); });
        } else if (name == "build") {
            return PackedFunc([sptr_to_self, this](TVMArgs args, TVMRetValue* rv) {
                ICHECK_EQ(args.num_args, 5);
                this->Build(args[0], args[1], args[2], args[3], args[4]);
            });
        } else if (name == "list_params") {
            return PackedFunc(
                [sptr_to_self, this](TVMArgs args, TVMRetValue* rv) { *rv = this->ListParamNames(); });
        } else if (name == "get_params") {
            return PackedFunc(
                [sptr_to_self, this](TVMArgs args, TVMRetValue* rv) { *rv = this->GetParams(); });
        } else if (name == "set_params") {
            return PackedFunc([sptr_to_self, this](TVMArgs args, TVMRetValue* rv) {
```

● 图 8.10　GetFunction 与 PackedFunc 的处理过程

TVM 注册宏 TVM_REGISTER 方法主要包括以下模块：

1）TVM_REGISTER_GLOBAL：主要用于注册一些全局函数、lambda 表达式、可调用对象等，而且相对来说更靠近用户，同时注册完成之后通过 Python 端提供的相应接口就可以被用户调用。

2）RELAY_REGISTER_OP：主要用于注册 Relay 算子，而且用于集中管理算子的一些共有属性。

3）TVM_REGISTER_NODE_TYPE：主要是为 Relay 算子属性和 Relay IR 节点服务的，并用来统一维护 TVM 中基本组件的属性。

4）TVM 宏注册可参考 src/relay/op/nn/convolution.cc 文件中的一段代码宏，并能协同对 Conv2d 相关的注册。

图 8.11 所示为 BuildModule 注册过程：

```
TVM_REGISTER_GLOBAL("relay.build_module._BuildModule").set_body([](TVMArgs args, TVMRetValue* rv) {
  *rv = RelayBuildCreate();
});

TVM_REGISTER_GLOBAL("relay.build_module.BindParamsByName")
    .set_body([](TVMArgs args, TVMRetValue* rv) {
      Map<String, Constant> params = args[1];
      std::unordered_map<std::string, runtime::NDArray> params_;
      for (const auto& kv : params) {
        params_[kv.first] = kv.second->data;
      }
      *rv = relay::backend::BindParamsByName(args[0], params_);
    });

}  // namespace backend
}  // namespace relay
```

图 8.11　BuildModule 注册过程

BuildRelay 编译方法。先通过获取 target_host，再调用 PackedFunc，随后使用 CodeGen 进行自动优化。如果没有指定目标编译器，需选择默认目标编译器，如 LLVM 等编译器，同时进行优化、更新等操作，具体实现如图 8.12 所示。

```
void BuildRelay(IRModule relay_module,
                const std::unordered_map<std::string, tvm::runtime::NDArray>& params,
                const String mod_name) {
  Target target_host = GetTargetHost();
  // If no target_host has been set, we choose a default one, which is
  // llvm if "codegen.LLVMModuleCreate" is accessible.
  const runtime::PackedFunc* pf = runtime::Registry::Get("codegen.LLVMModuleCreate");
  if (!target_host.defined()) target_host = (pf != nullptr) ? Target("llvm") : Target("stackvm");

  // Update all the targets in the targets_ TargetsMap
  CheckAndUpdateHostConsistency(&targets_, &target_host);

  // Relay IRModule -> IRModule optimizations.
  relay_module = OptimizeImpl(relay_module, params);

  // Get the updated function.
  auto func = Downcast<Function>(relay_module->Lookup("main"));

  // Generate code for the updated function.
  executor_codegen_ = MakeExecutorCodegen(executor_);
  executor_codegen_->Init(nullptr, targets_);
  executor_codegen_->Codegen(func, mod_name);
  executor_codegen_->UpdateOutput(&ret_);
  ret_.params = executor_codegen_->GetParams();

  auto lowered_funcs = executor_codegen_->GetIRModule();
```

图 8.12　RelayBuildModule 的 build 方法

TVM 优化涉及包括目标与 relay_module、ICHECK 模块的处理，以及很多优化策略，具体实现如图 8.13 所示。

```
IRModule Optimize(IRModule relay_module, const TargetsMap& targets,
                    const std::unordered_map<std::string, runtime::NDArray>& params) {
  targets_ = targets;
  // No target host setup it seems.
  return OptimizeImpl(relay_module, params);
}

IRModule OptimizeImpl(IRModule relay_module,
                      const std::unordered_map<std::string, runtime::NDArray>& params) {
  ICHECK(relay_module.defined()) << "The IRModule must be defined for the Relay compiler.";
```

● 图 8.13　多种优化策略

Sequential 是一个容器，用于装载所有 pass。图 8.14 所示为实际执行 SequentialNode 的算子（operator）方法。

```
const SequentialNode* Sequential::operator->() const {
  return static_cast<const SequentialNode*>(get());
}
```

● 图 8.14　SequentialNode 的算子（operator）方法

构造函数是一种特殊的方法，主要用来在创建对象时初始化对象，即为对象成员变量赋初始值，而且会与新运算符一起在创建对象的语句中使用。Sequential∷Sequential 构造函数如图 8.15 所示，其中 name 为默认参数。

```
Sequential::Sequential(tvm::Array<Pass> passes, PassInfo pass_info) {
  auto n = make_object<SequentialNode>();
  n->passes = std::move(passes);
  n->pass_info = std::move(pass_info);
  data_ = std::move(n);
}

Sequential::Sequential(tvm::Array<Pass> passes, String name) {
  auto n = make_object<SequentialNode>();
  n->passes = std::move(passes);
  PassInfo pass_info = PassInfo(0, std::move(name), {});
  n->pass_info = std::move(pass_info);
  data_ = std::move(n);
}
```

● 图 8.15　Sequential∷Sequential 构造函数

SequentialNode 的"operator→()"函数体结构，包括 ICHECK、GetPass 及 pass 优化的模块，具体内容如图 8.16 所示。

执行 CodeGen，先通过 GraphCodegen 调用 GetPackedFunc，再通过 UpdateOutput 实现 GrapgJson 处理，这样可生成执行器执行代码生成实例。这里在编译时没有传入执行器参数，而是直接使用了默认的 graph 执行器。接着得到的将是 relay.build_module._GraphExecutorCodegen 对应的类 GraphExecutor CodegenModule，并且定义在 src/relay/backend/graph_executor_codegen.cc 文件中。其中这个类是在代码

```
IRModule SequentialNode::operator()(IRModule mod, const PassContext& pass_ctx) const {
  for (const Pass& pass : passes) {
    ICHECK(pass.defined()) << "Found undefined pass for optimization.";
    const PassInfo& pass_info = pass->Info();
    if (!pass_ctx.PassEnabled(pass_info)) {
      VLOG(0) << "skipping disabled pass '" << pass_info->name << "'";
      continue;
    }
    // resolve dependencies
    for (const auto& it : pass_info->required) {
      mod = GetPass(it)(std::move(mod), pass_ctx);
    }
    mod = pass(std::move(mod), pass_ctx);
  }
  return mod;
}
```

- 图 8.16 SequentialNode 的 "operator→( )" 函数体结构

生成器的基础上做了一层包装, 而真正代码生成器是 codegen_成员。

这里执行 GraphExecutorCodegenModule 的初始化函数, 就会生成代码生成器, 接着赋值给 codegen_, 其类型是 GraphExecutorCodegen, 具体代码实现如图 8.17 所示。

```
struct GraphCodegen : ExecutorCodegen {
  GraphCodegen() {
    auto pf = GetPackedFunc("relay.build_module._GraphExecutorCodegen");
    mod = (*pf)();
  }
  void UpdateOutput(BuildOutput* ret) override { ret->graph_json = GetGraphJSON(); }

  std::string GetGraphJSON() { return CallFunc<std::string>("get_graph_json", nullptr); }

  ~GraphCodegen() {}
};
```

- 图 8.17 执行 CodeGen 过程

GetPackedFun 函数调用 CreateGraphCodegenMod 注册函数, 得到 GraphRuntimeCodegenModule 对象, 如图 8.18 所示。

```
runtime::Module CreateGraphCodegenMod() {
  auto ptr = make_object<GraphExecutorCodegenModule>();
  return runtime::Module(ptr);
}

TVM_REGISTER_GLOBAL("relay.build_module._GraphExecutorCodegen")
    .set_body([](TVMArgs args, TVMRetValue* rv) { *rv = CreateGraphCodegenMod(); });
```

- 图 8.18 GetPackedFun 函数调用对象工程

graph_codegen_指针指向 GraphRuntimeCodegenModule 对象, 进行初始化与 CodeGen 调用, 这里GetI RModule 都来自注册的 GraphRuntimeCodegenModule, 具体代码如图 8.19 所示。

```
const char* type_key() const final { return "RelayGraphRuntimeCodegenModule"; }

private:
 void init(void* mod, Map<Integer, tvm::Target> tmp) {
   tec::TargetMap targets;
   Target target_host;
   for (const auto& it : tmp) {
     auto dev_type = it.first.as<tir::IntImmNode>();
     if (!target_host.defined() && it.second->kind->device_type == kDLCPU) {
       target_host = it.second;
     }
     ICHECK(dev_type);
     targets[static_cast<DLDeviceType>(dev_type->value)] = it.second;
   }
   codegen_ = std::make_shared<AOTExecutorCodegen>(reinterpret_cast<runtime::Module*>(mod),
                                                    targets, target_host);
 }

 LoweredOutput codegen(Function func, String mod_name) {
   return this->codegen_->Codegen(func, mod_name);
 }
```

● 图 8.19　graph_codegen_ 指针进行初始化与调用代码示例

8.6　缓存、内存、线程调度

▶▶ 8.6.1　并行处理

1. 并行处理概述

模型并行（Model Parallelism）：不同设备（如 GPU、CPU 等）负责网络模型的不同部分。例如，神经网络模型的不同网络层被分配到不同的设备，或者同一层内部的不同参数被分配到不同设备。

数据并行（Data Parallelism）：不同的设备用同一个模型的多个副本，每个设备分配不同的数据，然后将所有设备的计算结果按照某种方式合并。

图 8.20 所示为模型并行与数据并行。

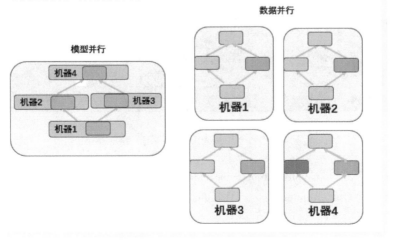

● 图 8.20　模型并行与数据并行

混合并行（Hybrid Parallelism）：在一个集群中，不仅有模型并行，还有数据并行。例如，可以在同一台设备上采用模型并行（在 GPU 间切分模型），同时在设备间采用数据并行。图 8.21 所示为模型与数据混合并行。

模型与数据混合并行

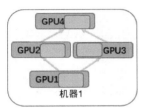 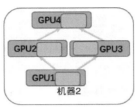 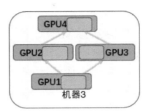 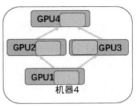

● 图 8.21　模型与数据混合并行

2. 数据并行训练

分布式数据并行训练，在每个工作节点上复制了存储模型，以便处理不同数据集部分。数据并行训练组合各节点的结果，可同步节点间模型参数。数据同步包括以下多种方法。

1）参数平均法。

2）更新式方法。

3）同步方法。

4）异步方法。

5）中心化同步。

6）分布式同步。

▶▶ 8.6.2　参数平均模型数据并行化

参数平均是最简单的一种数据并行方法。若采用参数平均法，训练的过程如下。

1）基于模型的配置随机初始化网络模型参数。

2）将当前这组参数分发到各个工作节点。

3）在每个工作节点，用数据集的一部分数据进行训练。

4）若还有训练数据没有参与训练，则继续从第二步开始。

上述第二步到第四步的过程如图 8.22 所示。在图中，其中 W 表示神经网络模型权重值和偏置值参数，而下标表示参数版本，需要在各个工作节点加以区分。

参数平均法相当于单个机器训练，每个工作节点处理的数据量相同。分布式训练中数据并行度不够，模型并行+数据并行才是最佳选择。

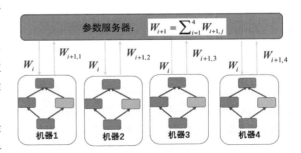

● 图 8.22　参数平均数据并行训练过程

在多个计算设备上部署深度学习模型是训练大规模复杂模型的一种方式，随着对训练速度和训练频率的要求越来越高，该方法的重要性不断增长。数据并行（Data Parallelism，DP）是应用最为广泛的并行策略之一，但随着数据并行训练设备数量的增加，设备之间的通信开销也在增长。

此外，每一个训练步中批大小规模的增加，使得模型统计效率（Statistical Efficiency）出现损失，即获得期望准确率所需的训练 epoch 增加。这些因素会影响整体的训练时间，而且当设备数超出一定量后，利用数据并行获得的加速无法实现很好的扩展。除数据并行以外，训练加速还可以通过模型并行（Model Parallelism，MP）实现。

来自加州大学洛杉矶分校和英伟达的研究人员探索了混合并行化方法，即每一个数据并行化 worker 包含多个设备，利用模型并行分割模型数据流图（Model Dataflow Graph，DFG），并分配到多个设备上。图 8.23 所示为不同并行训练策略。

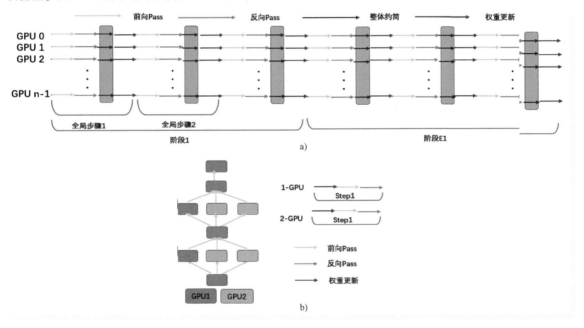

• 图 8.23　不同的并行训练策略

a）数据并行训练　b）模型并行训练

▶▶ 8.6.3　TVM 性能评估分析

MobileNet 作为轻量级卷积网络的代表，其核心思想为采用名为 depth-wise separable convolution 的卷积方式代替传统卷积方式，以达到减少网络权值参数的目的。图 8.24 所示为将模型部署到 Web 时，在 Apache TVM 深度学习编译器中引入了对 WASM 和 WebGPU 的支持。实验表明，在将模型部署到 Web 时，TVM 的 WebGPU 后端可以接近本机 GPU 的性能。

运行一个快速实验，比较通过 TVM 的 WebGPU 后端和使用本地 GPU Runtime（Metal 和 OpenCL）的本地目标执行完整计算图的情况。在 MobileNet 模型上，可以发现 WebGPU 可以接近 Metal 的性能。

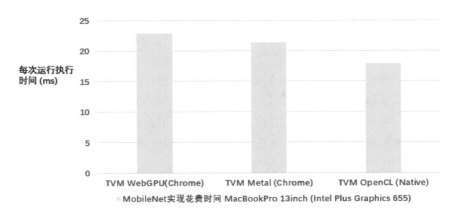

● 图 8.24　将模型部署到 Web

此基准不包括 CPU 到 GPU 的数据复制成本，从 CPU 到 GPU 的数据复制，仍会占用 25% 的执行时间。可以通过诸如连续执行设置中双缓冲之类的方法，进一步摊销这些成本。

1. 机器学习编译器

计算是现代机器学习应用程序的支柱之一。GPU 的引入加快了深度学习的工作量，极大地提高了运行速度。部署机器学习的需求不断增长，浏览器已成为部署智能应用程序的自然之所。

TensorFlow.js 和 ONNX.js 将机器学习引入浏览器，但是由于缺乏对 Web 上 GPU 的标准访问和高性能访问的方式，使用了 WASM SIMD 优化 CPU 计算，通过 WebGL 提供 GPU 计算部分。但是 WebGL 缺少高性能着色学习所需的重要功能，如计算着色器和通用存储缓冲区。

WebGPU 是下一代 Web 图形标准，与最新一代的图形 API（如 Vulkan 和 Metal）一样，WebGPU 提供了一流的计算着色器支持，图 8.25 所示为 WebGPU 为深度神经网络中的原始算子编写着色器。

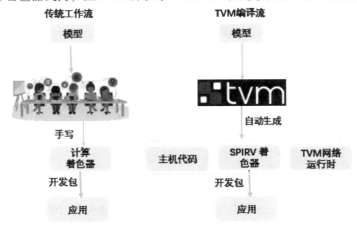

● 图 8.25　WebGPU 为深度神经网络中的原始算子编写着色器

先对 TVM 编译器进行优化,再以 WASM(用于计算启动参数并调用设备启动的主机代码)和 WebGPU(用于设备)为目标在浏览器中使用 WebGPU 进行机器学习部署。通过实践证明使用 TVM 在 Web 上部署机器学习应用程序时,仍能接近 GPU 的本机性能。

WebGPU 的传统工作流程是为深度神经网络(矩阵乘法和卷积)中的原始算子编写着色器,然后直接优化性能。这是现有框架(TensorFlow.js)最新版本中使用的工作模式。

TVM 则与之相反,采用了基于编译的方法。TVM 自动从 TensorFlow、Keras、PyTorch、MXNet 和 ONNX 等高级框架中提取模型,使用机器学习驱动的方法自动生成低级代码。在这种情况下,将以 SPIR-V 格式计算着色器,然后为可部署模块生成的代码打包。

编译方法的一个重要优点是基础架构的重用。通过重用基础架构来优化 CUDA、Metal 和 OpenCL 等本机平台的 GPU 内核,能够轻松地以 Web 为目标。如果 WebGPU API 到本机 API 的映射有效,可以通过很少的工作获得类似的性能。更重要的是,AutoTVM 基础架构能够为感兴趣的特定模型生成最佳的计算着色器。

图 8.26 所示为在 TVM 的 JS 运行时中构建 WebGPU 运行时。

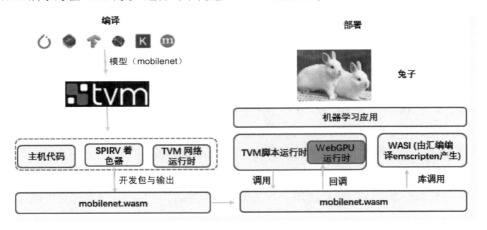

● 图 8.26 在 TVM 的 JS 运行时中构建 WebGPU 运行时

2. 构建 WASM 和 WebGPU 编译器

为了构建一个可以针对 WASM 和 WebGPU 的编译器,需要以下元素。

1)用于计算着色器的 SPIR-V 生成器。

2)主机程序的 WASM 生成器。

3)加载和执行生成程序的运行时。

TVM 已经有 Vulkan 的 SPIR-V 目标,使用 LLVM 生成主机代码,可以利用二者的用途重新生成设备和主机程序。主要挑战是运行时。需要一个运行时来加载着色器代码,并使主机代码能够正确地与着色器通信。TVM 具有最低的基于 C++的运行时,构建了一个最小的 Web 运行时库,生成的着色器和主机驱动代码链接生成一个 WASM 文件。

WASM 模块仍然包含以下两个未知的依赖关系。

1）运行时需要调用系统库（如 malloc、stderr 等）调用。

2）WASM 运行时需要与 WebGPU 驱动程序进行交互（在 JavaScript 中，WebGPU API 是 the first-class citizen）。

WASI 是解决第一个问题的标准解决方案。尽管网络上还没有成熟的 WASI，使用 Emscripten 生成类似 WASI 的库。

通过在 TVM 的 JavaScript 运行时内部构建 WebGPU 运行时来解决第二个问题，在调用 GPU 代码时，从 WASM 模块中回调这些功能。使用 TVM 运行时系统中的 PackedFunc 机制，可以通过将 JavaScript 闭包传递到 WASM 接口，直接公开高级运行时原语。这种方法将大多数运行时代码保留在 JavaScript 中，随着 WASI 和 WASM 支持的成熟，可以将更多 JavaScript 代码引入 WASM 运行时。

将来当 WebGPU 成熟了，通过 WASI 标准化时，可以将其定位为 WebGPU 的本机 API，使用 WebGPU 的独立 WASM 应用程序。图 8.27 所示为 TVM 运行时上的 Golang 接口。TVM 是一个针对 CPU、GPU 和专用加速器的 AI 编译器堆栈，旨在缩小 AI 框架与性能或效率为导向的硬件后端间的差距。

TVM 现在支持通过 Golang 部署已编译的模块，同时 Golang 应用程序可以通过 TVM 部署深度学习模型。这里的 gotvm 开发包可用于加载已编译模块并进行推理应用。

golang 开发包 gotvm 建立在 TVM 的 C 运行时接口之上。该开发包中的 API 提取了本机 C 类型并提供了与 Golang 兼容的类型。

该开发包利用包括 Golang 的接口、碎片、函数闭包模块，然后隐式处理 API 调用间的必要转换。而 TVM 通过交叉编译和 RPC，可在本地设备上编译程序，随后可在远程设备上运行，如图 8.28 所示。

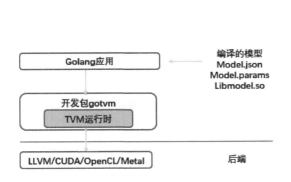

● 图 8.27　TVM 运行时上的 Golang 接口

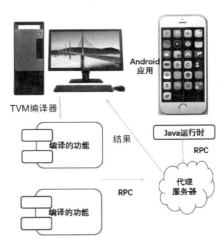

● 图 8.28　TVM RPC 远程部署交互过程

▶▶ 8.6.4　远程部署感性分析

TVM 支持使用 TVM RPC 对嵌入式设备进行交叉编译和测试，这是一个轻量级界面，可在远程嵌入式设备上部署与执行 TVM 交叉编译模块。这为 TVM 用户提供了熟悉的高级 Python 界面，以便在各种低级嵌入式设备上远程编译、优化与测试深度学习算法。

PackedFunc 将函数发送到远程设备。而 RPCModule 参数执行数据移动，并在远程进行计算，图 8.29 所示为远程部署简易框架。

● 图 8.29　远程部署简易框架

RPC 服务器本身是最小的，可以绑定到运行时中，并且在 iPhone、android、raspberry pi 或浏览器上使用 TVM RPC 服务器，而交叉编译与测试交付可在脚本中完成。

即时反馈有很多优势，如在 iPhone 上测试代码，不需要从头开始在 swift/objective-c 中编写测试用例等。可以使用 RPC 在 iPhone 上执行，将结果复制并在主机上通过 numpy 进行验证，同时可用相同脚本分析。

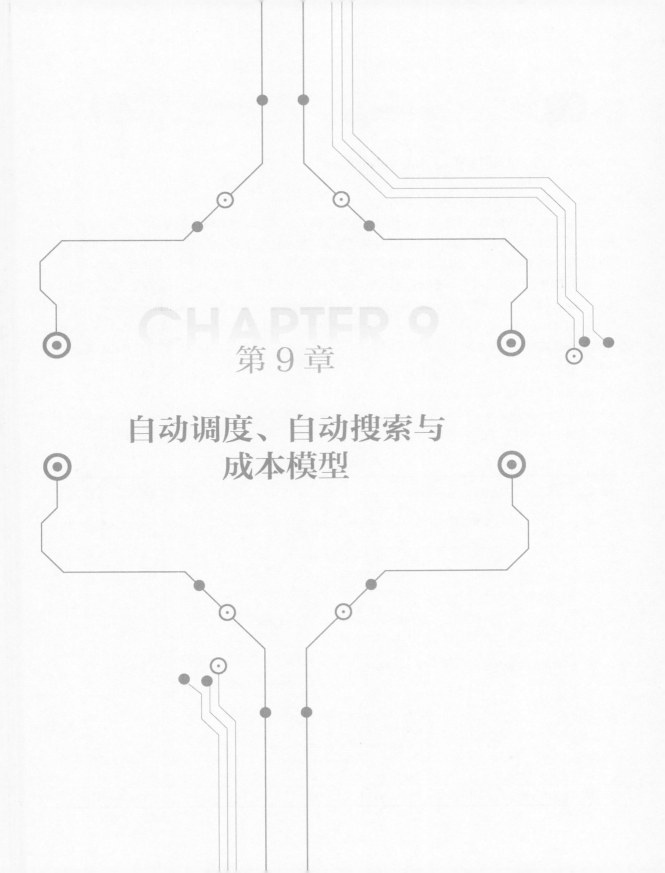

第 9 章

自动调度、自动搜索与
成本模型

9.1 CPU Auto-scheduling

9.1.1 AutoTVM 与 Auto-scheduling

1. AutoTVM 与 Auto-scheduling 概述

AutoTVM 是 TVM 的一个子模块，使用机器学习的方法来自动搜索最优的目标硬件平台的推理代码。优点是接口简单，易于使用，在算子优化门槛高，算子优化工程师少同时市场需求巨大的背景下，通过这种自动搜索的方式，也能搜索出与手工设计优化代码相匹敌的推理代码，优化效率大大提升。

AutoTVM 通过对搜索空间进行自动搜索，能找到张量计算的高效实现。AutoTVM 启动了 TVM 子项目 Ansor，旨在实现全自动 Auto-Scheduler。Ansor 的 Auto-Scheduler 作为 tvm.auto_scheduler 的软件开发包，可集成到 Apache TVM 中。Ansor 仅将张量表达式作为输入，无须手动生成高性能代码。同时在搜索空间构建与搜索算法两方面进行了创新。Auto-Scheduler 用更自动化和更少的搜索时间，可获得更好的性能。

2. AutoTVM 与 Auto-Scheduler 工作流

表 9.1 比较了在 AutoTVM 与 Auto-Scheduler 程序中为算子生成代码的工作流程。在 AutoTVM 中，开发人员必须经过以下三个步骤。

表 9.1　工作流比较

	AutoTVM 工作流	Auto-Scheduler 工作流

第一步：写计算定义（相对容易）	#矩阵乘法
	C = te.compute（（M, N), lambda x, y:
	te.sum（A（x, k] * B [k, y], axis= k)
		#同左（AutoTVM）

第二步：写调度模板（相对较难）	#20-100 行复杂的 DSL 代码 #定义搜索空间 cfg.define_ split（"title_x",batch, num_outputs=4) cfg.define_split("title_y", out_dim, num_outputs=4) … #在模板进行配置 bx, txz, tx, xi = cfg ["title._x"].apply（s, C, C. op.axis [O]） by, tyz, ty, xi = cfg ["title._y"].apply（s, C, C. op.axis [1]） s [C].reorder（by, bx, tyz, ty, tx, yi, xi) s [CC].compute_ at(s[C], tx) …	#无需求
第三步：运行 auto-tuning（自动搜索）	tuner.tune（…）	Task.tune（…）

1）步骤 1：使用 TVM 的张量表达语言编写张量计算。开发人员必须使用 TVM 的张量表达式语言编写计算定义。这部分相对容易，因为 TVM 的张量表达式语言看起来就像数学表达式。

2）步骤 2：编写一个调度模板，由动态脚本语言（Dynamic Script Language，DSL）生成代码组成。开发人员必须编写一个调度模板，该模板通常由 20～100 行棘手的 DSL 代码组成。这部分需要开发人员掌握目标硬件架构和运算符语义的特定专业知识。

3）步骤 3：通过搜索算法自动执行。

在自动调度程序中，通过自动搜索空间构建消除了最困难的步骤 2，使用更好的搜索算法来加速步骤 3。通过构建自动搜索空间，不仅消除了巨大的人工工作，而且还可以探索更多的优化组合。这种自动化非免费提供，因为仍然需要设计规则来生成搜索空间。这些规则非常笼统，基于张量表达式的静态分析设计一些通用规则，应用于深度学习中几乎所有的张量计算。

▶▶ 9.1.2　编译器自动优化

自动优化流程为：指定一个搜索空间，使用 AutoTVM 搜索得到 IR，可在设备上编译运行，需要花费运行时间。使用训练数据训练一个成本模型，先生成一个 IR，接着返回时间花费，再进行调度优化，随后得到硬件运行时间。当 AutoTVM 收到信息后，会反复调用成本模型评估，再选择一个合理的 IR，同时进行运算。

反复运行，成本模型会更加精准，同时生成一个经验库，最后 AutoTVM 迅速生成高效的调度。图 9.1 所示为基于机器学习的自动优化。

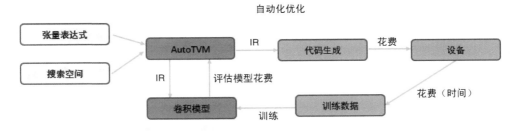

● 图 9.1　基于机器学习的自动优化

▶▶ 9.1.3　AutoKernel 原理分析

AutoKernel 自动算子优化是大趋势。图 9.2 所示为 AutoKernel 过程。深度学习模型能否成功在终端落地应用，并满足产品需求，其中一个关键的指标就是神经网络模型的推理性能。

目前的高性能算子计算库主要是由高性能计算优化工程师进行手工开发。随着新的算法/硬件的不断涌现，导致了算子层级的优化开发工作量巨大。同时优化代码的工作并不是一件简单的事，要求工程师既要精通计算机体系架构，又要熟悉算子的计算流程。

人才少，需求多，技术门槛高，算子自动优化是未来的大趋势。AutoKernel 的初衷便是希望能把这个过程自动化，从小处入手，在算子层级实现优化代码的自动生成。

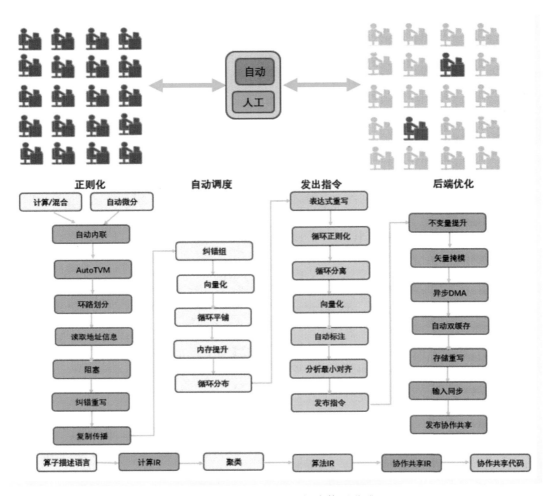

正则化　　　　　　　自动调度　　　　　发出指令　　　　　　后端优化

计算/混合　　自动微分

自动内联

AutoTVM　　　　纠错组

环路划分　　　　向量化

读取地址信息　　循环平铺

阻塞　　　　　　内存提升

纠错重写　　　　循环分布

复制传播

算子描述语言　　计算IR　　　聚类　　　算法IR　　　协作共享IR　　协作共享代码

表达式重写

循环正则化

循环分离

向量化

自动标注

分析最小对齐

发布指令

不变量提升

矢量掩模

异步DMA

自动双缓存

存储重写

输入同步

发布协作共享

● 图 9.2　AutoKernel 自动算子优化

AutoKernel 的输入是算子的计算描述（如 Conv、Poll、Fc 等），输出是经过优化的加速源码。

这一工具的开发旨在降低优化工作的门槛，不需要有底层汇编的知识，不用手写优化汇编，可通过直接调用开发的工具包便可生成汇编代码。同时还提供了包含 CPU、GPU 的 docker 环境，无须部署开发环境，只需使用 docker 便可。还可通过提供的插件（plugin），把自动生成的算子一键集成到推理框架（Tengine）中。

对应地，算子层级的 AutoKernel 主要分为以下三个模块。

1）Op Generator（算子生成器）：采用了开源的 Hallide 框架。

2）AutoSearch：通过机器学习、强化学习常用算法自动搜索的优化策略。

3）AutoKernel Plugin：把生成的自动算子以插件的形式插入到推理引擎中，与人工定制互为补充。

基于 Polyhedral 模型的算子自动生成技术 MindAKG，是 MindSpore 的自动算子生成编译器，现已集成到 AI 框架 MindSpore 中。其中 MindAKG 的作用就是对深度神经网络中的算子进行优化，可利用

Polyhedral 模型来解决在不同芯片架构中 AI 应用的性能自动优化难题，而 Polyhedral 模型是 MindAKG 的数学核心。

MindSpore 是一个全场景深度学习框架，旨在实现包括易开发、高效执行、全场景覆盖三大目标。其中易开发表现为 API 友好、调试难度低；高效执行包括计算效率、数据预处理效率和分布式训练效率；全场景则指框架同时支持云、边缘以及端侧场景。

MindSpore 总体架构分为前端表示层（Mind Expression，ME）、计算图引擎（Graph Engine，GE）和后端运行时三个部分。MindSpore Extend（扩展层）：MindSpore 的扩展包，期待更多开发者来一起贡献和构建。MindExpress（表达层）：基于 Python 的前端表达，未来计划陆续提供 C/C++、Java 等不同的前端。MindSpore 也在考虑自研编程语言，目前还处于预研阶段。同时，内部也在做与 Julia 等第三方前端的对接工作，引入更多的第三方生态。MindCompiler（编译优化层）：图层的核心编译器，主要基于云端统一的 MindIR 实现三大功能，包括硬件无关的优化（如：类型推导、自动微分、表达式化简等）、硬件相关优化（如自动并行、内存优化、图算融合、流水线执行等）、部署推理相关的优化（如量化、剪枝等）。MindRE（全场景运行时）：这里含云侧、端侧以及更小的 IoT。

所有 MindAKG 的源代码早已在 Gitee 网上开源，开发如此大规模的复杂技术，拥有如此开源的 MindSpore，无疑将极大地考验其他开源 AI 框架的硬核程度。

▶▶ 9.1.4　自动调度示例

本示例详细描述如何实现 TVM 自动调度方法，主要包括以下几个过程。

1）Auto-Scheduler 编译很多程序，提取特征执行调优。可用多核高性能 CPU，加速搜索速度。

2）查询 python3 -m tvm.auto_scheduler.measure_record --mode distill -i log.json 日志文件，写入有用记录。

3）在 run_tuning 中执行调度空间搜索，插入 load_log_file 参数。例如，tuner = auto_scheduler.Task-Scheduler（tasks，task_weights，load_log_file = log_file）。

4）可将多目标 CPU 并行化测量，Auto-Scheduler 用 RPC 跟踪。

1. 自动调度整个神经网络

在 CPU 上，可使用 Auto-Scheduler 程序，并调度整个神经网络。

Auto-tuning 神经网络，可将网络划分为多个子图，而每个子图视为搜索任务。使用任务调度器将时间切分，并动态地对任务分配时间资源。任务调度器可预测每个任务，同时优先考虑减少执行时间的任务。

对于每个子图，可使用 tvm/python/topi 计算 DAG。而使用 Auto-Scheduler，能构建 DAG 的搜索空间，并搜索最佳调度（低级优化）。

不同于模板的 AutoTVM 的手动模板，可定义搜索空间，而 Auto-Scheduler 不需要任何调度模板。实际上，Auto-Scheduler 程序只使用 tvm/python/topi 计算声明，而不使用现有的调度模板。

实现代码包含在 if __name__ == "__main__":块中，代码如下。

```
import numpy as np

import tvm
```

```
from tvm import relay, auto_scheduler
from tvm.relay import data_dep_optimization as ddo
import tvm.relay.testing
from tvm.contrib import graph_executor
```

需要使用 Relay 中继前端 API 定义网络。从加载一些预定义的网络 tvm.relay.testing。还从 MXNet，ONNX，PyTorch 和 TensorFlow 加载模型。

对于卷积神经网络，尽管自动调度程序在任何布局下正常工作，使用 NHWC 布局通常能实现最佳性能。使用自动调度程序对 NHWC 布局实施了很多优化，建议将模型转换为 NHWC 布局以使用自动调度程序。使用 ConvertLayout 传递在 TVM 中进行布局转换，包括以下功能模块。

1）获取网络的符号定义和随机权重。

2）定义神经网络和编译目标。

实现代码如下。

```
def get_network(name, batch_size, layout="NHWC", dtype="float32", use_sparse=False):
    // 获取网络的符号定义和随机权重
    #Auto-Scheduler 首选 NHWC 布局
    if layout == "NHWC":
        image_shape = (224, 224, 3)
    elif layout == "NCHW":
        image_shape = (3, 224, 224)
    else:
        raise ValueError("Invalid layout: "+layout)

    input_shape = (batch_size, )+image_shape
    output_shape = (batch_size, 1000)

    if name.startswith("resnet-"):
        n_layer = int(name.split("-")[1])
        mod, params = relay.testing.resnet.get_workload(
            num_layers = n_layer,
            batch_size = batch_size,
            layout = layout,
            dtype = dtype,
            image_shape = image_shape,
        )
    elif name.startswith("resnet3d-"):
        n_layer = int(name.split("-")[1])
        mod, params = relay.testing.resnet.get_workload(
            num_layers = n_layer,
            batch_size = batch_size,
            layout = layout,
            dtype = dtype,
            image_shape = image_shape,
        )
    elif name == "mobilenet":
        mod, params = relay.testing.mobilenet.get_workload(
```

```
            batch_size=batch_size, layout=layout, dtype=dtype, image_shape=image_shape
        )
    elif name == "squeezenet_v1.1":
        assert layout == "NCHW", "squeezenet_v1.1 only supports NCHW layout"
        mod, params=relay.testing.squeezenet.get_workload(
            version="1.1",
            batch_size=batch_size,
            dtype=dtype,
            image_shape=image_shape,
        )
    elif name == "inception_v3":
        input_shape=(batch_size, 3, 299, 299) if layout == "NCHW" else (batch_size, 299, 299, 3)
        mod, params=relay.testing.inception_v3.get_workload(batch_size=batch_size,
dtype=dtype)
    elif name == "mxnet":
        #an example for mxnet model
        from mxnet.gluon.model_zoo.vision import get_model
        assert layout == "NCHW"
        block=get_model("resnet50_v1", pretrained=True)
        mod, params=relay.frontend.from_mxnet(block, shape={"data": input_shape}, dtype=dtype)
        net=mod["main"]
        net=relay.Function(
            net.params, relay.nn.softmax(net.body), None, net.type_params, net.attrs
        )
        mod=tvm.IRModule.from_expr(net)
    elif name == "mlp":
        mod, params=relay.testing.mlp.get_workload(
            batch_size=batch_size, dtype=dtype, image_shape=image_shape, num_classes=1000
        )
    else:
        raise ValueError("Network not found.")
    if use_sparse:
        from tvm.topi.sparse.utils import convert_model_dense_to_sparse
        mod, params=convert_model_dense_to_sparse(mod, params, bs_r=4, random_params=True)
    return mod, params, input_shape, output_shape


#定义神经网络和编译目标
#如果目标机器支持 avx512 指令,可用 llvm -mcpu=skylake-avx512 替换 llvm -mcpu=core-avx2
network="resnet-50"
use_sparse=False
batch_size=1
layout="NHWC"
target=tvm.target.Target("llvm -mcpu=core-avx2")
dtype="float32"
log_file="%s-%s-B%d-%s.json" % (network, layout, batch_size, target.kind.name)
```

2. 提取搜索任务

可从网络中提取搜索任务及权重,再将网络延迟近似为 sum(latency[t] * weight[t]),其中

latency[t]是任务的延迟，weight[t]是任务的权重，这是任务调度器优化目标，实现代码如下。

```
#从网络中提取任务
print("Get model...")
mod, params, input_shape, output_shape=get_network(
    network,
    batch_size,
    layout,
    dtype=dtype,
    use_sparse=use_sparse,
)
print("Extract tasks...")
tasks, task_weights=auto_scheduler.extract_tasks(mod["main"], params, target)
for idx, task in enumerate(tasks):
    print("Task % d  (workload key: % s) " % (idx, task.workload_key))
    print(task.compute_dag)
```

3. 开始启动调度

设置调整和启动搜索任务的选项如下。

1）num_measure_trials 是在调试期间可以使用的测量试验次数，可以将其设置为较小的数字（如200）以进行快速演示。实际上，建议将其设置为 900×len（tasks），通常足以使搜索收敛。例如，resnet-18 中有 24 个任务，因此可以将其设置为 20000，可以根据时间预算调试此参数。

2）此外，还用 RecordToFile 将测量记录转储到日志文件中，这些测量记录可用于更好地查询历史记录、恢复搜索以及以后进行更多分析。

实现代码如下。

```
def run_tuning():
    print("Begin tuning...")
    tuner=auto_scheduler.TaskScheduler(tasks, task_weights)
    tune_option=auto_scheduler.TuningOptions(
        num_measure_trials=200, #change this to 20000 to achieve the best performance
        runner=auto_scheduler.LocalRunner(repeat=10, enable_cpu_cache_flush=True),
        measure_callbacks=[auto_scheduler.RecordToFile(log_file)],
    )

    if use_sparse:
        from tvm.topi.sparse.utils import sparse_sketch_rules

        search_policy=[
            auto_scheduler.SketchPolicy(
                task,
                program_cost_model=auto_scheduler.XGBModel(),
                init_search_callbacks=sparse_sketch_rules(),
            )
            for task in tasks
        ]
```

```
        tuner.tune(tune_option, search_policy=search_policy)
    else:
        tuner.tune(tune_option)

#不在网页服务器中运行调优,因为这需要很长时间
#注销注释以下行,以便自行运行
#run_tuning()
```

打印调试跟踪信息。在调优过程中，会打印很多信息，最重要的信息是任务调度程序的输出。

4. 编译与评估

使用 Auto-tuning 测量记录，写入日志文件中，这样就可以查询日志文件，并且能得到最佳调度，包括以下功能模块。

1）以历史最好的方式编译。

2）创建图形执行器。

3）预测评估。

实现代码如下。

```
#以历史最好的方式编译
print("Compile...")
with auto_scheduler.ApplyHistoryBest(log_file):
    with tvm.transform.PassContext(opt_level=3, config={"relay.backend.use_auto_
scheduler": True}):
        lib=relay.build(mod, target=target, params=params)

#创建图形执行器
dev=tvm.device(str(target), 0)
module=graph_executor.GraphModule(lib["default"](dev))
data_tvm=tvm.nd.array((np.random.uniform(size=input_shape)).astype(dtype))
module.set_input("data", data_tvm)

#预测评估
print("Evaluate inference time cost...")
print(module.benchmark(dev, repeat=3, min_repeat_ms=500))
```

9.2 AutoTVM 用成本模型自动搜索

9.2.1 成本模型原理

1. 成本模型分析

从大的配置空间中，通过黑盒优化（即自动调整），能找到最佳调度，用于调整高性能计算库。然而，自动调谐需要许多实验来确定一个好的配置。另一种方法是建立一个预定义的成本模型（Cost Model），指导搜索特定的硬件后端，而不是运行所有的可能性和性能测量。

成本模型会考虑所有影响性能的因素，包括内存访问模式、数据重用、管道依赖关系和线程模式等。由于系统日益复杂，这种现代硬件方法很麻烦。此外，对于每一个新的硬件目标，需要新的（预定义的）成本模型。

相反，可采用统计方法来解决成本模型建模问题。在这种方法中，使用调度预测，可提高算子操作效率的配置性能。对于每个调度配置，能使用一种最大似然模型，以降低循环程序作为输入，随后预测在给定硬件上的运行时后端。该模型使用搜索期间收集的运行时测量数据进行训练，而不需要用户输入详细的硬件信息。在优化过程中，当探索更多配置时，会定期更新模型，提高精度，以及减少其他相关的工作负载。这样，机器学习模型的质量随着实验的进行而提高预判。

从相关工作量进行评估，基于机器学习的成本模型，在自动调谐和算力开销建模之间取得了平衡。

2. 机器学习模型设计选择

在选择哪种机器学习时（调度管理器将使用的机器学习模型），需要考虑两个关键因素：质量和速度。

调度管理器会经常查询成本模型，这是由于模型预测和模型优化会产生时间开销。而这些开销必须小于在实际硬件上测量性能时所需的时间，可以找到取决于特定的工作负载/硬件目标耗时顺序。这个调度要求区分传统的超参数优化问题，与模型开销相比，实际执行测量的花费非常高，而且更昂贵的模型可能被使用。除了模型的选择，还需要选择一个目标函数来训练模型，例如，可作为配置的预测运行时中的误差 error。

XGBoost 根据循环程序特性预测成本。XGBoost 的全称是 eXtreme Gradient Boosting，这是一种基于决策树的集成机器学习算法，可使用梯度上升框架，适用于分类和回归问题。其优点包括速度快、效果好、能处理大规模数据、支持多种语言、支持自定义损失函数等；不足之处是因为仅仅推出不足 5 年时间，需要进一步的实践检验。

使用 TreeRNN（Tree Recursive Neural Networks，树形递归神经网络）可以直接归纳 AST 方法。

这里先介绍一下 One-hot 编码。One-hot 编码又叫独热编码，其为一位有效编码，主要是采用 N 位状态寄存器来对 N 个状态进行编码，每个状态都有独立的寄存器位，并且在任意时候只有一位有效。One-hot 编码是分类变量作为二进制向量的表示。

但是，由于选择了最重要的候选对象，那么基于预测的相对顺序，而不是基于预测的绝对顺序。相反，可使用等级目标来预测运行时开销的相对顺序。在机器学习优化器中实现了多种类型的模型，这里采用了一种基于梯度树的模型 XGBoost，直接从循环程序中提取特征进行预测。这些特性包括每种方法的内存访问计数和重用率、每个循环级别的内存缓冲区，以及一个 One-hot 循环注释的编码，如"向量化""展平"和"并行"等。评估一个神经网络，可使用 TreeRNN 总结循环的模型程序，而没有特征工程的 AST。

发现 Tree Boosting 与 TreeRNN 有相似的预测能力。然而，前者执行两次预测，使用同样的速度，但花费更少的时间完成训练。因此，选择了 Gradient Tree Boosting 梯度树提升作为默认的成本模型的实验。

成本模型可以选择迭代运行真实的配置测量。而迭代使用机器学习模型预测，会选择一批候选样本运行测量。这里收集的数据作为训练数据来更新模型。如果不存在初始训练数据，将随机挑选候选目标进行测量。可选择前 k 个预测执行者，通过最简单的搜索算法枚举和成本模型运行每个配置。然而，在搜索空间大的情况下，这些策略变得很难处理。

相反，使用并行模拟退火算法。资源管理器从随机配置开始，在每一步中，随机找到附近的配置。如果成本降低，那么这种转变是成功的，正如成本模型所预测的一样。如果目标配置的成本较高，就很可能失败（拒绝）。而随机的查找倾向收敛于预测成本较低的配置。评估状态持续更新成本模型，直到继续执行最后一次更新后的配置。

9.2.2 AutoTVM 自动搜索

1. AutoTVM 搜索过程

图 9.3 显示了优化整个神经网络时 AutoTVM 的自动搜索过程。首先，该系统将深度学习模型作为输入。然后，使用 Relay 的运算符融合遍历将大模型划分为小子图。任务调度器用于分配时间资源，优化子图。在每次迭代中，都会选择一个最可能提高端到端性能的子图。对于此子图，分析其张量表达式为其生成多个草图。然后，使用学习成本模型运行进化搜索，以获取一批优化程序。优化程序将发送到实际硬件进行测量。测量完成后，分析结果将用作反馈来更新系统的所有组件。重复这个过程，直到优化收敛或用完时间预算为止。

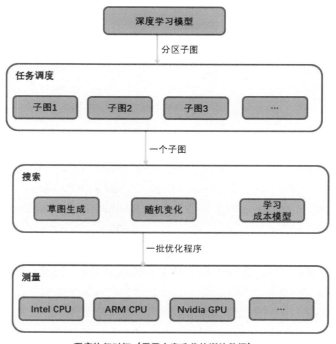

● 图 9.3 优化整个神经网络时 AutoTVM 的自动搜索过程

值得注意的是，由于 AutoTVM（自动调度器）从头开始生成调度器，会重用 TOPI 中的现有计算定义，但不会重用调度器模板。

2. AutoTVM 数据交互

在 GPU 高性能可调模板上运行 auto-tuner，能胜过 CuDNN 库。图 9.4 所示为 AutoTVM 数据交互过程。

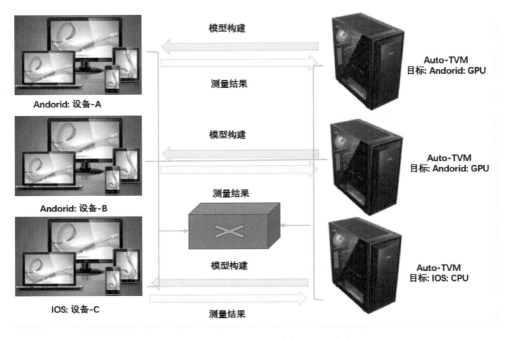

● 图 9.4　AutoTVM 数据交互过程

可以用很多手机平板设备，安装好 TVM RPC 的 App 后，可以在 App 里输入 Tracker 的 IP 和端口，进行设备注册（另外输入一个设备 ID 来让 Auto-TVM tuning 程序找到）。

Tracker 是一个 Python 的程序，使用 git clone TVM 后，先编译好，就可以启动 Tracker 了。

Auto-TVM 调试程序是一个 Python 程序，通过连接 Tracker（也可以和 Tracker 是一台机器）找到相应设备 ID 的 IP，然后与设备直接用 RPC 通信，而 Auto-TVM 程序会根据预设的目标（比如，是不是 ARM CPU，要不要用 OpenCL 等），可将想要优化的深度学习模型直接编译为设备的机器码。然后通过 TVM RPC 把代码部署在终端，接着终端的 TVM RPC App 会测试这个模型的推理性能，再反馈给 Auto-TVM 调试程序。Auto-TVM 调试程序会根据反馈，再重新计算该如何优化编译，接着生成新的模型的机器码，然后再次部署... 如此循环，直至达到预设的实验次数（如 2000），或因多次实验都没有提高而提前结束（如第一次就找到了最优结果）。最后，TVM 会根据调优时得到的最佳编译参数，先编译深度学习模型为终端模型的机器码，这样就完成了优化编译过程。

要在 Windows 或最新版本的 macOS 上运行，需要将正文包含在 "if __name__ == "__main__":" 块中。

总结一下，AutoTVM 的使用步骤如下所示。

1）安装依赖项并导入包。

2）定义搜索空间。

3）执行搜索处理。

9.3 AutoTVM 自动搜索示例

▶▶ 9.3.1 安装依赖项并导入包

1）TVM 使用 AutoTVM 包，需要安装依赖项，代码如下。

```
pip3 install --user psutil xgboost tornado cloudpickle
```

如果 TVM 的 FFI 用 cython，那么 TVM 调优速度会更快，可在 tvm 根目录执行，代码如下。

```
pip3 install --user cython
sudo make cython3
```

2）回到 Python 代码，导入包，实现代码如下。

```
import logging
import sys
import numpy as np
import tvm
from tvm import te, topi, testing
from tvm.topi.testing import conv2d_nchw_python
import tvm.testing
from tvm import autotvm
```

▶▶ 9.3.2 定义搜索空间

1. 搜索空间原理

使用高效的调度模板，可在自动调优迭代中，获得良好的性能。可定义优化模板，以便在搜索空间中进行不同配置。

例如，CUDA 编程，可在内存中缓存数据，选择最佳分块大小。而执行手动平铺，如将轴分割为4 或 16，方便向量内存访问。

可构建 2D 卷积量化，构建搜索空间，如使用切片大小，先融合坐标轴，随后进行循环膨胀与双缓冲配置。而使用 template_key 参数，能构建量化算子调优。

2. 搜索工作流程

下面讲 TVM 工作流程。先量化训练模型，可使用 AutoTVM 自动优化算子，对不同设备进行部署。图 9.5 所示为量化模型的工作流程。

TVM 提供了一个简单的工作流程，可以先在其他框架量化训练模型，再自动优化算子（使用 Au-

● 图 9.5　量化模型的工作流程

toTVM），然后部署到其他设备。

首先，使用 Relay 前端导入现有模型。在这里，以带有（1, 3, 224, 224）输入形状的 MXNet 模型为例，实现代码如下。

```
sym, arg_params, aux_params = mxnet.model.load_checkpoint(model_path, epoch)
net, params = relay.from_mxnet(sym, shape={'data': (1, 3, 224, 224)}, arg_params=arg_pa-
rams, aux_params=aux_params)
```

接下来，使用 Relay 量化 API，并转换为量化模型，实现代码如下。

```
net = relay.quantize.quantize(net, params=params)
```

然后，使用 AutoTVM 为模型中的算子提取调优任务并进行自动优化。

最后，建立模型并在量化模式下运行推理，实现代码如下。

```
with relay.build_config(opt_level=3):
    graph, lib, params = relay.build(net, target)
```

relay. build 是一个可部署的库，可以直接在 GPU 上运行推理，也可以通过 RPC 部署在远程设备上。

TVM 有很多调度原语。可手动调整图结构，依靠高效的 auto-tuner，能构建足够大的搜索空间。

编写 CUDA 调度优化，先修改模板调整算子，如优化深度卷积和矩阵相乘，再优化调度原语和自动调整 API，优化调度包括以下主要功能模块。

1）空间定义启动。

2）内联填充。

3）创建缓存调度。

4）平铺与绑定空间轴。

5）平铺规约轴。

6）协同获取。

7）调整展平。

Conv2d 有很大算子搜索空间，如某些 shape，精度范围在 10^9 的级别，实现代码如下。

```
@ autotvm.template("tutorial/conv2d_no_batching")
def conv2d_no_batching(N, H, W, CO, CI, KH, KW, stride, padding):
    assert N == 1, "Only consider batch_size=1 in this template"

    data=te.placeholder((N, CI, H, W), name="data")
    kernel=te.placeholder((CO, CI, KH, KW), name="kernel")
    conv = topi.nn.conv2d_nchw(data, kernel, stride, padding, dilation=1, out_dtype=
"float32")
```

```python
s=te.create_schedule([conv.op])

#####空间定义开始 #####
n, f, y, x=s[conv].op.axis
rc, ry, rx=s[conv].op.reduce_axis

cfg=autotvm.get_config()
cfg.define_split("tile_f", f, num_outputs=4)
cfg.define_split("tile_y", y, num_outputs=4)
cfg.define_split("tile_x", x, num_outputs=4)
cfg.define_split("tile_rc", rc, num_outputs=3)
cfg.define_split("tile_ry", ry, num_outputs=3)
cfg.define_split("tile_rx", rx, num_outputs=3)
cfg.define_knob("auto_unroll_max_step", [0, 512, 1500])
cfg.define_knob("unroll_explicit", [0, 1])
#####空间定义结束 #####

#内联填充
pad_data=s[conv].op.input_tensors[0]
s[pad_data].compute_inline()
data, raw_data=pad_data, data

output=conv
OL=s.cache_write(conv, "local")

#创建缓存
AA=s.cache_read(data, "shared", [OL])
WW=s.cache_read(kernel, "shared", [OL])
AL=s.cache_read(AA, "local", [OL])
WL=s.cache_read(WW, "local", [OL])

#平铺和绑定空间轴
n, f, y, x=s[output].op.axis
bf, vf, tf, fi=cfg["tile_f"].apply(s, output, f)
by, vy, ty, yi=cfg["tile_y"].apply(s, output, y)
bx, vx, tx, xi=cfg["tile_x"].apply(s, output, x)
kernel_scope=n   #this is the scope to attach global config inside this kernel

s[output].bind(bf, te.thread_axis("blockIdx.z"))
s[output].bind(by, te.thread_axis("blockIdx.y"))
s[output].bind(bx, te.thread_axis("blockIdx.x"))
s[output].bind(vf, te.thread_axis("vthread"))
s[output].bind(vy, te.thread_axis("vthread"))
s[output].bind(vx, te.thread_axis("vthread"))
s[output].bind(tf, te.thread_axis("threadIdx.z"))
s[output].bind(ty, te.thread_axis("threadIdx.y"))
s[output].bind(tx, te.thread_axis("threadIdx.x"))
s[output].reorder(n, bf, by, bx, vf, vy, vx, tf, ty, tx, fi, yi, xi)
s[OL].compute_at(s[output], tx)
```

```
#平铺规约轴
n, f, y, x=s[OL].op.axis
rc, ry, rx=s[OL].op.reduce_axis
rco, rcm, rci=cfg["tile_rc"].apply(s, OL, rc)
ryo, rym, ryi=cfg["tile_rx"].apply(s, OL, ry)
rxo, rxm, rxi=cfg["tile_ry"].apply(s, OL, rx)
s[OL].reorder(rco, ryo, rxo, rcm, rym, rxm, rci, ryi, rxi, n, f, y, x)

s[AA].compute_at(s[OL], rxo)
s[WW].compute_at(s[OL], rxo)
s[AL].compute_at(s[OL], rxm)
s[WL].compute_at(s[OL], rxm)

#协同获取
for load in [AA, WW]:
    n, f, y, x=s[load].op.axis
    fused=s[load].fuse(n, f, y, x)
    tz, fused=s[load].split(fused, nparts=cfg["tile_f"].size[2])
    ty, fused=s[load].split(fused, nparts=cfg["tile_y"].size[2])
    tx, fused=s[load].split(fused, nparts=cfg["tile_x"].size[2])
    s[load].bind(tz, te.thread_axis("threadIdx.z"))
    s[load].bind(ty, te.thread_axis("threadIdx.y"))
    s[load].bind(tx, te.thread_axis("threadIdx.x"))

#调整展开
    s[output].pragma(kernel_scope, "auto_unroll_max_step", cfg["auto_unroll_max_
step"].val)
    s[output].pragma(kernel_scope, "unroll_explicit", cfg["unroll_explicit"].val)

return s, [raw_data, kernel, conv]
```

▶▶ 9.3.3 用成本模型进行搜索处理

用 Resnet 网络模型最后一层调用 XGBoostTuner 作为测试用例。设计示例完成 20 次试验，实际执行 1000 次试验，主要步骤如下。

1）Resnet 网络模型的最后一层。

2）使用本地 GPU，每次配置测量 10 次，以减少差异。

3）开始调整，先在调优期间将日志记录到文件"conv2d.log"，再尝试许多无效的配置，这样能看到许多错误报告。一旦能看到非零 GFLOP，说明就是好的。

4）从日志文件测试验证，同时检查最佳配置。

5）从日志文件应用最佳历史记录。

6）检查正确性。

7）评估运行时间。选择一个大的重复数（如 400），以减少噪声和内核启动的开销，可以使用 nvprof 验证结果。

8）输出结果。

实现代码如下。

```
#logging config (for printing tuning log to screen)
logging.getLogger("autotvm").setLevel(logging.DEBUG)
logging.getLogger("autotvm").addHandler(logging.StreamHandler(sys.stdout))

#resnet 的最后一层
N, H, W, CO, CI, KH, KW, strides, padding=1, 7, 7, 512, 512, 3, 3, (1, 1), (1, 1)
task=autotvm.task.create(
    "tutorial/conv2d_no_batching", args=(N, H, W, CO, CI, KH, KW, strides, padding), tar-
get="cuda"
)
print(task.config_space)

#使用本地 GPU,每次配置测量 10 次,以减少差异
#编译程序的超时为 10s,而运行超时为 4s
measure_option=autotvm.measure_option(
    builder=autotvm.LocalBuilder(),
    runner=autotvm.LocalRunner(repeat=3, min_repeat_ms=100, timeout=4),
)

#开始调整,将日志记录到文件"conv2d.log"中
#在调优期间,将尝试许多无效的配置,因此将看到许多错误报告。一旦能看到非零 GFLOP,说明就是好的

tuner=autotvm.tuner.XGBTuner(task)
tuner.tune(
    n_trial=20,
    measure_option=measure_option,
    callbacks=[autotvm.callback.log_to_file("conv2d.log")],
)
#从日志文件测试验证,检查最佳配置
dispatch_context=autotvm.apply_history_best("conv2d.log")
best_config=dispatch_context.query(task.target, task.workload)
print("\nBest config:")
print(best_config)

#从日志文件应用最佳历史记录
with autotvm.apply_history_best("conv2d.log"):
    with tvm.target.Target("cuda"):
        s, arg_bufs=conv2d_no_batching(N, H, W, CO, CI, KH, KW, strides, padding)
        func=tvm.build(s, arg_bufs)

#检查正确性
a_np=np.random.uniform(size=(N, CI, H, W)).astype(np.float32)
w_np=np.random.uniform(size=(CO, CI, KH, KW)).astype(np.float32)
c_np=conv2d_nchw_python(a_np, w_np, strides, padding)
```

```
dev=tvm.cuda()
a_tvm=tvm.nd.array(a_np, device=dev)
w_tvm=tvm.nd.array(w_np, device=dev)
c_tvm=tvm.nd.empty(c_np.shape, device=dev)
func(a_tvm, w_tvm, c_tvm)

tvm.testing.assert_allclose(c_np, c_tvm.numpy(), rtol=1e-2)

#评估运行时间。选择一个大的重复数(如 400),以减少噪声和内核启动的开销
#可以使用 nvprof 验证结果
evaluator=func.time_evaluator(func.entry_name, dev, number=400)
print("Time cost of this operator: % f" % evaluator(a_tvm, w_tvm, c_tvm).mean)
```

输出结果如下。

```
Best config:
[('tile_f', [-1, 1, 4, 1]), ('tile_y', [-1, 1, 1, 1]), ('tile_x', [-1, 7, 1, 1]), ('tile_rc',
[-1, 4, 1]), ('tile_ry', [-1, 1, 1]), ('tile_rx', [-1, 1, 3]), ('auto_unroll_max_step', 1500),
('unroll_explicit', 1)]
```

参 考 文 献

［1］ 洛佩斯，奥勒 . LLVM 编译器实战教程 ［M］. 过敏意，冷静文，译 . 北京：机械工业出版社，2019.

［2］ 索亚塔 . 基于 CUDA 的 GPU 并行程序开发指南 ［M］. 唐杰，译 . 北京：机械工业出版社，2019.

［3］ Chen T，Moreau T，Jiang Z，et al. TVM：An Automated End-to-End Optimizing Compiler for Deep Learning ［J］. 2018. DOI：10. 48550/arXiv. 1802. 04799.

［4］ 龙良曲 . TensorFlow 深度学习：深入理解人工智能算法设计 ［M］. 北京：清华大学出版社，2020.

［5］ 孙玉林，余本国 . PyTorch 深度学习入门与实战：案例视频精讲 ［M］. 北京：中国水利水电出版社，2020.

［6］ 张臣雄 . AI 芯片：前沿技术与创新未来 ［M］. 北京：人民邮电出版社，2021.

［7］ Cooper K D，Torczon L. 编译器设计 ［M］. 郭旭，译 . 2 版 . 北京：人民邮电出版社，2021.

［8］ 诺尔加德 . 嵌入式系统：硬件、软件及软硬件协同：原书第 2 版 ［M］. 马志欣，苏锐丹，付少锋，译 . 北京：机械工业出版社，2018.

［9］ 马迪厄 . Linux 设备驱动开发 ［M］. 袁鹏飞，刘寿永，译 . 北京：人民邮电出版社，2021.

［10］ 胡正伟，谢志远，王岩 . OpenCL 异构计算 ［M］. 北京：清华大学出版社，2021.

［11］ 陈雷 . 深度学习与 MindSpore 实践 ［M］. 北京：清华大学出版社，2020.

［12］ 刘祥龙，杨晴虹，胡晓光，等 . 飞桨 PaddlePaddle 深度学习实战 ［M］. 北京：机械工业出版社，2020.

［13］ 杨世春，曹耀光，陶吉，等 . 自动驾驶汽车决策与控制 ［M］. 北京：清华大学出版社，2020.

［14］ 董文军 . GNU gcc 嵌入式系统开发 ［M］. 北京：北京航空航天大学出版社，2010.

［15］ 王爽 . 汇编语言 ［M］. 4 版 . 北京：清华大学出版社，2019.

［16］ Apache Software Foundation. Apache TVM Documentation ［R/OL］：https：//tvm. apache. org.